心理实验技术丛书

E-Prime实验设计技术

曾祥炎 陈军 著

暨南大學出版社
JINAN UNIVERSITY PRESS
中国·广州

图书在版编目（CIP）数据

E-Prime 实验设计技术/曾祥炎，陈军著．—广州：暨南大学出版社，2009.10（2021.3 重印）
（心理实验技术丛书）
ISBN 978－7－81135－392－1

Ⅰ．E…　Ⅱ．①曾…②陈…　Ⅲ．实验心理学—应用软件，E-Prime　Ⅳ．B84－39

中国版本图书馆 CIP 数据核字(2009)第 165500 号

E-Prime 实验设计技术
E-Prime SHIYAN SHEJI JISHU
著　者：曾祥炎　陈　军

出 版 人：张晋升
责任编辑：黄　倩
责任校对：李　洁　黄海燕
责任印制：周一丹　郑玉婷

出版发行：暨南大学出版社（510630）
电　　话：总编室（8620）85221601
营销部（8620）85225284　85228291　85228292　85226712
传　　真：（8620）85221583（办公室）　85223774（营销部）
网　　址：http：//www. jnupress. com
排　　版：暨南大学出版社照排中心
印　　刷：佛山市浩文彩色印刷有限公司
开　　本：787mm×1092mm　1/16
印　　张：14. 375
字　　数：346 千
版　　次：2009 年 10 月第 1 版
印　　次：2021 年 3 月第 8 次
印　　数：14501—15500 册
定　　价：38. 00 元

序

20 世纪 50 ~60 年代，计算机技术的发展和认知心理学的兴起使心理学实验研究的技术思路产生了根本性的变化，传统的反应时测量技术与计算机技术结合使反应时测量技术成为信息加工心理学研究的主要手段之一。20 世纪 90 年代以来，随着计算机技术的高速发展，现代计算机技术和高科技医学技术的发展为现代心理学实验研究提供了新的研究方法和技术手段。通过以计算机为核心的多种设备的配合使用，科学家们正逐步实现对心理实验的全面而有效的控制，如今，大量的行为研究、认知研究和认知神经科学研究都是通过计算机实现对心理实验各个环节的高精度控制，如实验材料的编辑与制作、实验参数的控制、实验过程的控制、实验数据的采集和处理等。

因此，计算机已成为心理实验不可或缺的设备，在心理学研究中起着举足轻重的作用。心理实验的计算机化在早期大多都是用计算机的各种高级编程语言，如 C 语言、Pascal语言、VisualBasic、Delphi 等高级程序设计语言或汇编语言，进行心理实验程序的编制，达到对刺激的呈现和数据的收集。

可是，利用这些为数众多、各自为政的计算机编程语言进行心理实验程序设计存在着不可避免的、难以克服的缺陷和致命弱点。比如，某些高级语言程序对时间精度和误差的处理存在缺陷；不同语言编制的实验程序在刺激呈现和数据记录方面无法比较或求得一致；非熟练编程者对刺激呈现的精确控制和数据记录等方面随机误差大等等。因此，心理实验程序的设计需要统一的、全球通用的专业性软件，即标准的心理实验生成系统的诞生。全球通用的心理实验生成系统 E-Prime 就在这个背景下应运而生。

E-Prime 作为全球通用的心理实验生成系统，在全球范围内应用广泛，它拥有多个多功能的扩展包，能与许多心理学前沿领域的技术和设备（如 ERP、fMRI、眼动）相结合。目前，E-Prime 公司已开发大量扩展包，能与美国 NeuroScan 的 EGI 脑电产品、德国 BP 公司的 ERP 脑电产品、瑞典的 Tobii 眼动仪、德国 SMI 的 IviewX HiSpeed 高速眼动仪等大型科研仪器设备对接，作为刺激呈现和数据收集的软件。

在国内，各大院校的心理学院系或相关科研单位都购置了 E-Prime 软件系统，E-Prime 用户在国内也越来越多。

如今，越来越多的心理学研究者倾向于使用 E-Prime 软件进行实验实现。在此背景下，急需一本能够深入浅出、简明扼要地介绍 E-Prime 的基本知识、实验设计技术的教材，于是这本《E-Prime 实验设计技术》知时而生。

曾祥炎、陈军编著的这本教材，分四篇详细地介绍了 E-Prime 的实验设计技术。教材内容全面系统，实用性强。涵盖 E-Prime 的基本实验设计和高级实验设计，既有文本型、图片型的实验设计，又有语音型、视频型的实验设计；既介绍了基本的实验设计技术，又介绍了高级的实验编程技巧。教材结合众多具体的设计示例，并配以丰富的图片，大大方便了读者对 E-Prime 设计技术的理解与掌握。尤其是在第一章“心理实验程序设计的模式化方法”中，作者提出了实验程序设计的“12345 理论”，具有创新性，体现了作者对实验程序设计的深厚积累和潜心钻研，体现了作者对心理实验程序设计的独到见解。该“模式化方法”对编程能力相对薄弱的心理学专业学生来说具有很强的指导性。

我们有充分的理由相信，无论是刚涉足 E-Prime 的读者，还是已使用过 E-Prime 的研究人员，在读完本教材之后都会有所收获，因为本书的内容不仅系统完整，而且各种实验设计技术全面丰富，实用性、参考性极强。因此，对于对 E-Prime 感兴趣的读者来说，本书的确是雪中送炭！

“工欲善其事，必先利其器。”实验编程，是将研究者的研究设想具体化、操作化的阶段，是心理学研究中的一个重要环节，往往又是心理学工作者相对薄弱的一个环节，是研究过程中的绊脚石、拦路虎。本书介绍的 E-Prime 实验程序设计的理论、方法和技术，就像一把利剑，披荆斩棘，能为你的实验研究开创坦途！

杨治良

2009 年 8 月于华东师范大学

前　言

想不到自己会跟心理学结缘！笔者于1995年大学毕业后就分配到华南师范大学心理学系工作，从此走上了心理实验程序设计的道路。

2000年以前，笔者用高级程序设计语言 Visual Basic 6.0 为同事和在读的研究生设计实验程序。2000年，为与国际心理学接轨，我系购买了两套单机版1.0版本的E-Prime，并由笔者负责学习、试用、掌握和开展E-Prime的培训。也是从2000年开始，每年在本科生和研究生中开展E-Prime实验设计技术的培训，至今恰逢十年。于是，又与E-Prime结下不解之缘！

在每年一次的培训中，很多同学询问有没有教材，方便他们日后使用和参考。笔者向他们推荐两本E-Prime的英文版参考书，他们看后都表示要花很多时间去看却又看不明白。的确，因为随软件配套的 *User's Guide* 和 *Reference Guide* 是两本非常厚实的书，学生为了做实验要花很多时间和精力去看这两本书，而且看了也未必能看懂、学会。一是这两本书对一些英文水平不是很好的学生来说确实有点困难；二是学生缺乏编程经验比较难看懂这些书；三是书中的案例太少，不便于对设计技术的理解和把握；四是这两本外文手册的编写习惯和体系结构与我们不一样。当然，最主要的还是更多的学生不愿意花这么多的时间和这么大的力气去看两本E-Prime的英文版的配套使用手册。

所以，为学生着想，为E-Prime的使用者着想，撰写一本E-Prime的中文教程很有必要，以方便他们教学、自学和参考之用。于是，笔者经过近两三年来的努力，整理上课的课件、资料，收集和整理设计过的程序，整理辅导学生的记录等，形成书稿体系，使E-Prime的中文教程《E-Prime实验设计技术》终于得以付梓出版。

本书共四编八章。第一编是"心理实验程序设计的理论框架"，介绍心理实验程序设计的模式化方法，用于指导E-Prime的实验程序设计，也可用于指导用其他软件设计心理实验程序。本编也是本书的精华，是笔者从事十几年实验程序设计实践的经验总结，具有很强的指导性和一定的创新性。第二编是"E-Prime基本实验程序设计"，重点介绍E-Prime的基本知识和基本设计技巧，包括E-Prime基本介绍、E-Prime基本实验设计、E-Prime图片、语音和视频实验的设计三章内容。第三编是"E-Prime的数据处理"，介绍E-Prime数据的合并、提取和修复。第四编是"E-Prime高级实验程序设计"，着重介绍心理实验程序设计的常用技术和高级使用技巧，包括E-Prime的扩展—E-Basic的使用、E-Prime实验设计的四种模式、E-Prime实验设计的常用技术等章节内容。

本书在撰写过程中，注意把握了以下几个方面：

第一，全面性和系统性。本书从心理实验的组成、过程、类型、控制要素和设计原则讲起，依次介绍了E-Prime的基本实验程序设计、E-Prime的高级实验程序设计和E-Prime的数据处理方法。既有心理实验程序设计的理论指导，又有具体的实验程序设计的模式、方法和技术，对心理实验程序的设计作了全面系统的介绍，体现教材理论性与技术性的结合。

第二，技术性。实验编程，是指将心理学的研究计划或设想转变成计算机可识别的语言或程序的过程，是一项技术性很强的工作。而实验编程往往又是心理学工作者相对薄弱的一个环节。因此，本书在撰写过程中，深入浅出地着重介绍了实验设计中所用到的各种基本设计技术和高级设计技巧，并对设计中需要学会和掌握的各种技术作了明确的标注，以提醒读者朋友。

第三，实用性。教材内容均选择心理学的经典实验范式和学生编程时常碰到的各种问题、难点进行详细分解、阐述，使学生掌握其中的各种设计技术与设计范式，提供“活生生”的实验案例，力图使本书成为一本实用的心理实验程序设计的技术手册和参考手册。

第四，易学性。一方面，为使读者能更好地掌握E-Prime实验设计的各种技术方法，书中列举了众多的实验设计的具体实例，另一方面，对各种技术、方法均配以丰富的图片加以详解，直观的图解方式便于读者的理解和掌握。而且，在教材编排上，先进行心理实验程序设计的理论指导，让读者对实验设计有总体的印象和感悟，然后由浅入深地依次介绍E-Prime的基本实验设计、E-Prime的数据处理和E-Prime的高级设计技巧。通过这三方面的安排，力图做到教材的学术性和易读性的结合、生动性与形象性的结合。

在本书的编写过程中得到了华东师范大学心理与认知科学学院博士生导师杨治良教授和华南师范大学心理系博士生导师莫雷教授的大力鼓励和热情指导，在此，谨向两位教授致以由衷的感谢！

本书第一、三、四、六、七、八章由曾祥炎撰写，第二、五章由陈军撰写。尽管笔者努力想给读者奉献一本好书，但由于水平有限，书中的错漏恐难避免，恳请读者批评斧正。

曾祥炎

2009年8月于华南师范大学

目 录

第三编　E-Prime的数据处理

第四编　E-Prime高级实验程序设计

第一编

心理实验程序设计的理论框架

第一章　心理实验程序设计的模式化方法

随着计算机技术高度、缜密地发展，当前心理学研究的各种技术，如前沿研究技术中的ERP技术、fMRI技术、眼动技术、虚拟现实技术和传统的行为研究技术，均是利用计算机来精确呈现刺激和收集反应数据的。全球通用的、标准化的实验程序设计专门软件——E-Prime在心理学实验中也得到越来越广泛的应用。因此，心理学实验正朝着计算机化的趋势发展。目前，如何利用计算机的各种高级程序语言（包括专门软件），将心理学的研究设想转变成计算机可执行的程序，即实验编程，已是心理学研究中的一个重要环节，但实验编程往往又是心理学工作者相对薄弱的一个环节。目前有关实验设计和实验方法的教材很少涉及心理实验程序设计的理论、方法和具体技术，它们多是从实验条件（处理）设置，如单因素或多因素，被试内或被试间，从具体的实验操作步骤，即实验实施过程的角度来阐明心理学的实验研究设计。因而，在设计实验程序时，研究人员仍会感到无从下手，找不到实验设计和实验实施之间的桥梁，不能整体把握实验设计的目的、程序和控制要素等问题，缺乏心理实验程序设计的方法借鉴和理论指导。

心理实验程序设计是指将心理学的研究计划或设想转变成计算机可识别的语言或程序的过程。心理实验程序即计算机程序或计算机语言。我们根据十多年来从事心理实验程序设计和教学的实践经验，概括出心理实验程序设计的模式化方法，以期为心理学研究者采用计算机设计心理实验程序提供参考和帮助。该模式化方法可概括为心理实验程序设计的“12345”理论，即“一个过程、两种类型、三大原则、四种模式、五个要素”。“一个过程”是指实验程序设计中的一个“核心实验过程”；“两种类型”是指“单一实验”和“复合实验”两种实验设计类型；“三大原则”是指心理实验程序设计需要遵循的“结构化原则”、“模式化原则”和“流程化原则”等基本原则；“四种模式”是指实验程序设计的“串联模式”、“并联模式”、“相嵌模式”和“平衡模式”；“五个要素”是指实验设计中需要控制的五个基本要素，包括“呈现时间”、“呈现方式”、“呈现格式”、“反应方式”和“数据收集”。为更好地体现心理实验程序设计的基本过程，本书在阐述上述五方面内容时适当调整了各个方面的阐述顺序。

第一节　心理实验程序设计的基本原则

【技术导航】

1. 掌握实验程序设计的三大基本原则。
2. 运用三大原则进行程序设计前的前期“纸上”设计。

心理实验程序设计是将心理学的研究计划或设想转变成计算机可识别的语言或程序的过程。心理实验程序设计的基本理念是：进行心理实验程序的设计，画出实验运行流程示意图，明确实验的各个组成成分及其相应控制，使实验程序结构化、流程化、模式化，具有可操作性。心理实验程序的设计应遵循以下三个原则。

一、结构化原则

心理实验具有结构性，是由一部分一部分的实验单元组成的，每个单元完成独立而又相互联系的功能。心理实验程序通常由以下 10 个部分组成：指导语（Instruction）、注视点（Fixation）、刺激界面（Stimulus）、探测线索（Probecueing）、探测界面（Probe）、反馈界面（Feedback）、刺激间隔（ISI、SOA、Interval）、实验缓冲（BufferInterval）、结语界面（ExpEnd）、掩蔽界面（Mask）。

以上各个实验组成部分在实验程序运行中表现为一个个界面（在程序设计时常常称为"界面"，所以以下又称"界面"），一个界面消失，接着呈现另一个界面（即另一个组成部分）。进行心理实验程序的设计，首先要明确实验程序包括了哪些组成部分。

二、模式化原则

组成心理实验程序的各个部分能顺利地完成实验的功能，依赖于对各个组成部分的有效控制。通常，对各组成部分的有效控制包括五个方面，我们称之为实验程序控制的"五要素"：呈现时间（Duration）、呈现方式（Mode）、呈现格式（Format）、反应方式（Response）和数据收集（Data Logging）。从这五个方面对程序中的各个组成部分做好设计和控制，就完成了该组成部分的设计和控制。

明确实验程序要设计什么、控制什么，按照上述实验控制的五个要素的模式设计每个实验程序的各个组成部分，就能完整、流畅、快捷地设计出所需的实验。

三、流程化原则

实验是由各个组成部分构成的。组成实验程序的各个部分的运作符合一定的时间顺序，随着实验的运行逐步完成各部分的功能。把实验程序的各部分按实验运行的先后顺序进行描绘即可画出实验流程图（或称为实验运行示意图、实验结构流程图）。

图 1－1 中的两幅小图表示的是实验运行的流程示意图。其中，图 A 是一次 Trial 运行的流程示意图，图 B 是一个完整实验或一个 Block 的运行示意图。

实验结构流程图是实验设计的蓝本，使实验程序的设计变得有章可循、有本可依，具有可操作性。实验程序的设计正是通过勾勒出的实验结构流程图，按实验运行的顺序，对各部分逐一加以设计和制作，并对各部分的控制进行设置，使实验符合要求。画出实验程序的流程图是实验设计的开始，也是实验研究人员与程序设计人员进行沟通的桥梁。

根据研究实验的要求，确认实验程序的各个组成部分，勾勒出流程图，按照"五要素"的控制模式，就可以用 E－Prime、DPES 等专用心理实验设计软件或其他计算机语言如 VC、VB 等高级语言进行实验程序设计了。

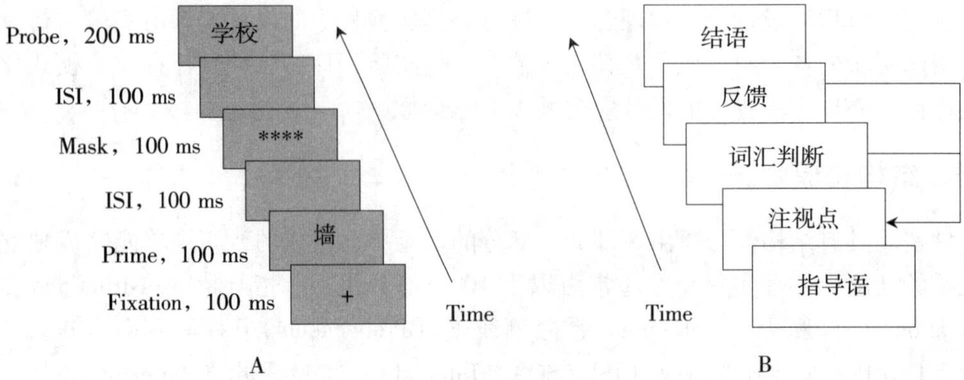

图 1－1　实验流程示意图

第二节　实验控制的五个要素

【技术导航】

1. 掌握实验程序设计的五个要素。
2. 能运用实验控制的五个要素完整地设计每一个实验界面。

如上所述，按照“五要素”的模式控制实验程序的每一个界面，就能完善地控制并设计出符合实验需求的程序。本节我们具体讲述实验控制的五个要素。

一、呈现时间（Duration）

呈现时间是指一个界面呈现在被试面前的持续时间，有长至几分钟（如探测界面的等待反应），也有短至几十毫秒（如瞬时记忆实验中刺激呈现界面为 50 ms）不等。呈现时间有三种形式：固定时间形式、变化时间形式和无限时间形式。

1. 固定时间

界面的呈现时间在整个实验运行过程中应始终保持一致。如图 1－2 注意线索技术实验范式中，“＋”符号注视点的呈现时间为 800 ms。在设计时，只要把界面的呈现时间设置成相应的时间值即可。

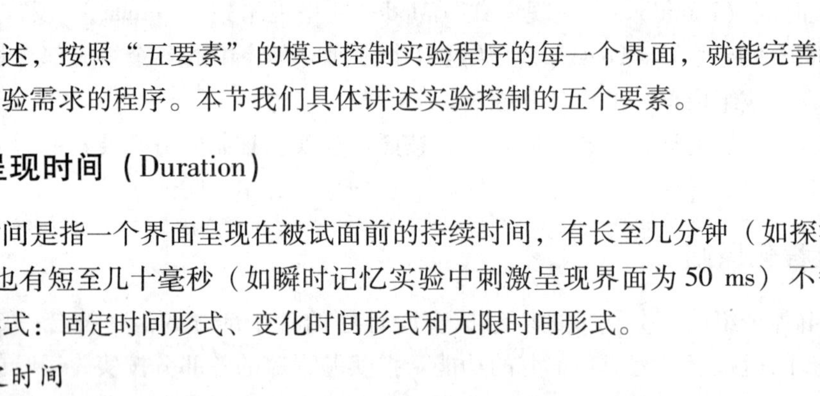

图 1－2　注意线索技术实验流程图

2. 变化时间

界面的呈现时间在整个实验运行过程中会随条件的变化而变化。如图1-2，注意线索技术实验研究中线索（红色菱形块）的呈现时间有500 ms、1 000 ms和1 500 ms三种变化。在设计时，需要把变化的时间定义成一个“变量”或一个“数组”，界面的呈现时间通过调用“变量”或“数组”得以实现变化。

3. 无限时间

界面的呈现时间是无限的，在被试没有作出按键或反应之前，界面一直都在呈现。如指导语的呈现时间即是无限的，因为实验者要求被试必须看清楚指导语后方能按键进行练习或实验。多数实验的探测界面的呈现时间也设置成无限时间，因为必须要收集到被试的反应。在实验设计时，需要把该界面的呈现时间设置成无限时间（在E-Prime程序设计中，设置为“-1”或“infinite”），同时还必须有呈现方式的配合设置，即还需要把该界面的呈现方式设置成按键消失或反应消失。

二、呈现方式（Mode）

呈现方式是指一个界面在被试面前呈现完毕后将怎样消失。界面的呈现方式通常有四种形式：自动消失、按键消失、反应消失和“自动+反应”。

1. 自动消失

呈现时间到点后即自动消失该界面。如图1-2中，“+”注视点呈现800 ms后即自动消失，接着呈现注意线索菱形块。在进行程序设计时，对呈现方式的控制，只需要设置该界面的呈现时间即可，呈现方式无需设置。

2. 按键消失

按键后该界面消失。如移动窗口技术中的篇章阅读界面，按空格键后当前阅读句消失，后一句呈现。通常在刺激界面中设置该种呈现方式。在程序设计时，对呈现方式的控制既需要设置该界面呈现时间为无限时间（infinite），又需要设置相应按键，使指定的键值起作用。

3. 反应消失

它是探测界面中采用的一种呈现方式。即被试必须作出某种反应后该界面才消失，否则将继续呈现，直到被试作出反应为止。在进行程序设计时，对该呈现方式的控制不仅需要设置界面的呈现时间为无限时间，还需要设置反应键。如图1-2中，中文词对界面的呈现方式可设置成反应消失。

反应消失和按键消失这两种呈现方式的区别在于：反应消失应用于探测界面中，通常设置有两个或多个反应键供被试作出反应，必须记录被试的反应结果和反应时的数据；而按键消失通常应用在刺激界面中，常常设置单个按键进行操作，不一定需要记录按键的反应时等数据。

4. 自动+反应

它也是探测界面中采用的一种呈现方式。被试在规定的呈现时间（如3 s）内，如果没有作出反应，则该界面自动消失；如果在规定的呈现时间内作出了反应，该界面也消失。在程序设计时，对该呈现方式的控制，需要把该界面呈现时间设置为固定值（如3 s），同时还需要设置相应的反应键。

三、呈现格式（Format）

呈现格式是指一个界面中的各种信息（包括刺激和非刺激等）应设置成怎样的格式。通常需要考虑和设置以下三个方面：

1. 大小、颜色等刺激物的物理属性

由于刺激材料的性质不同，需要考虑和设置的刺激材料的物理属性也不一样。

字符型材料必须考虑字体、大小、前景颜色、背景颜色、粗斜体、是否带下划线等属性。

图片材料必须考虑和设置图片的尺寸大小、文件大小及图片的亮度、饱和度、色调、灰度和对比度等属性。

听觉材料必须考虑和设置声音的声学特性，包括声音的频率、振幅和波形。在录音制作和播放时必须考虑声音的采样频率、量化位数和声道数等属性及声音的长短。

2. 位置

必须设置刺激物在屏幕中或被试视野中的位置，包括屏幕或视野的中央位置，中央的正上、正下、正左、正右位置，中央的左上、左下、右上、右下等位置。

3. 边框

主要是图片材料是否要加上边框及边框的大小、颜色等。

四、反应方式（Response）

反应方式是指在探测界面中被试将对刺激如何进行反应。探测界面的反应方式通常有如下四种形式：

1. 键盘反应

这是最为常用的反应方式。反应键可设置成电脑键盘的字母键、数字键或功能键。

2. 语音反应

被试的反应设置成通过麦克风进行反应，记录被试的口头反应时间及相应的口头报告内容。如“Stroop效应”实验的反应方式通常设置为“语音反应”。

3. 外接按键反应

被试通过专门的外接键盘的按键进行反应。如E-Prime的语音响应盒（SRBOX）和眼动仪系统自带的反应操纵杆等，都是外接反应键。

4. 脚踏板反应

用脚踩踏脚踏板进行反应。如 DMaster 系统和 E-Prime 系统都可选配脚踏板。

五、数据收集（Data Logging）

数据收集是指在探测界面中将要设置收集哪些数据。有些刺激界面可能有时也需要收集被试的反应数据，比如在移动窗口范式中，有的实验要求记录被试在某个或某些句子的阅读时间。研究者进行实验研究需要收集的数据通常有以下三项：

1. 反应时（RT：Response Time）

反应时是心理学研究中最为经典和最为永恒的指标。

2. 正确与错误（ACC：Accuracy）

记录被试反应的正误，进而可算出数据的错误率及正确率等指标。

3. 被试的反应（RESP：Response）

记录被试反应时的按键值，即被试的实际按键，或记录被试语音反应中的口头报告内容。

第三节　实验过程与实验类型

【技术导航】

1. 理解实验程序设计中的实验过程与实验类型。
2. 确认自己的实验设计属何种实验类型。

一、实验过程（Procedure）

实验过程是指实验从开始到结束的时间进程。进行心理学的实验设计，需要区分实验过程的两种形式：一是全过程或总过程，二是核心实验过程。

1. 全过程（Session Procedure）

全过程是指实验从指导语开始到结语界面结束的整个过程，或称总过程。第一节图 1－1B 中描述的实验过程就是实验的全过程。

2. 核心实验过程（CEP：Core Experimental Procedure）

核心实验过程是指一个刺激单元能够运作完成的、最小的、可重复的实验程序组成过程。一个刺激在核心实验过程运行完成即完成一次 Trial，有多少个刺激就运行多少次核心实验过程。在这个过程中，刺激得以呈现，反应得以收集。第一节图 1－1A 中描述的实验过程就是某一启动效应实验的核心实验过程。

在实验设计过程中，实验设计的关键在于核心实验过程的设计，因为只有在核心实验过程中才能够获得所需的实验数据。全过程包含核心实验过程，对心理实验程序设计来说，一个 Block 的全过程就等于“指导语”、“核心实验过程”和“结语”之和。

二、实验类型（Type）

从实验程序设计的过程来分，心理实验又分为单一实验和复合实验两种类型。

1. 单一实验

单一实验是指整个实验由一个核心实验过程组成，被试完成一个实验任务即结束实验。被试间实验设计就属单一实验类型设计。第一节图 1－1B 描述的实验就是单一实验。

2. 复合实验

复合实验是指整个实验由几个核心实验过程或几个分实验组成，被试必须完成所有的分实验任务才能结束实验。被试内实验设计就属复合实验类型的设计。图 1－3 所示的实验就是复合实验，该实验由两个分实验组成，被试从总指导语开始，要依次做完实验一和实验二，实验才结束。

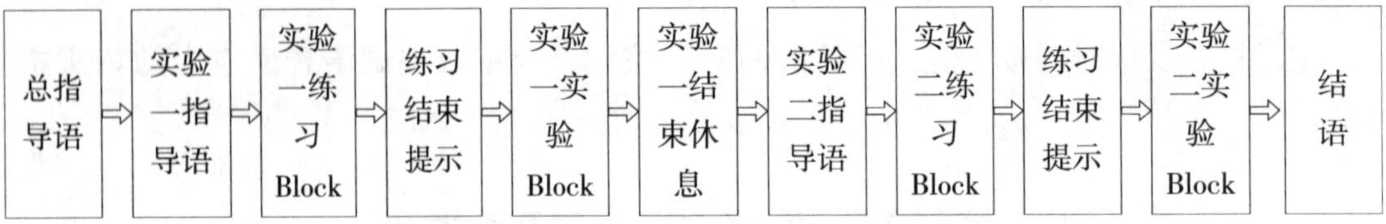

图 1－3　复合实验示意图

区分不同的实验过程和实验类型对指导实验程序的设计有重要意义。因为，心理实验程序的设计是采用结构化的方式进行设计的，不同的实验过程，其组成和结构不一样，不同的实验类型也有不同的程序结构。图 1－4 就是 E-Prime 编程软件结构化的实验设计方式。

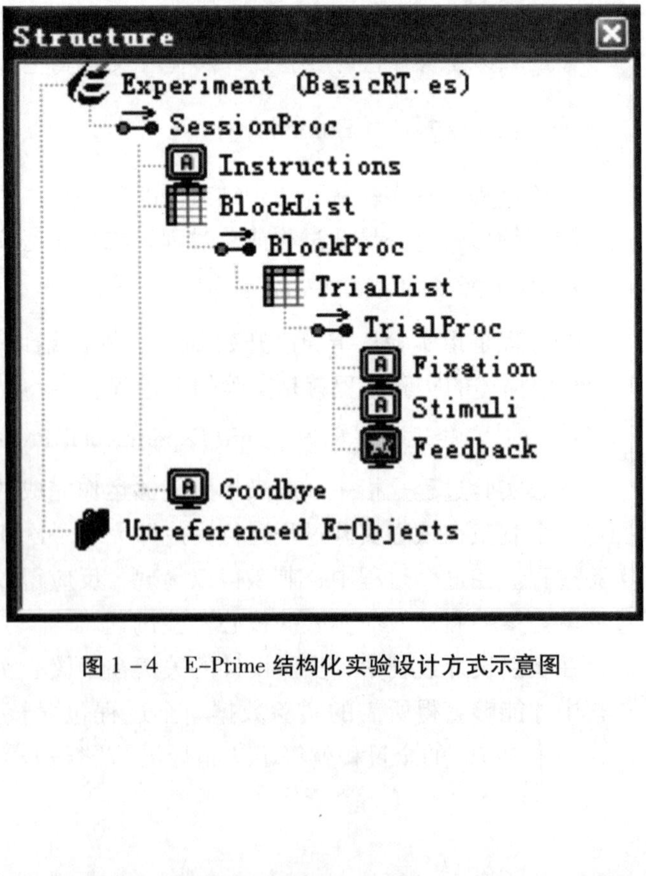

图 1－4　E-Prime 结构化实验设计方式示意图

第四节　心理实验程序设计的四种模式

【技术导航】

1. 掌握实验程序设计的四种模式。
2. 进行实验程序设计前，确定自己的实验属何种实验设计模式。

按照心理实验程序的结构和核心实验过程设计的复杂性，可以把心理实验设计分类成并联模式、串联模式、相嵌模式、平衡模式四种不同的设计模式。

一、并联模式（Paralleling）

并联模式如图 1－5B 所示。该模式的实验设计由两个存储不同实验材料及相关控制的 List（在 E-Prime 实验程序设计中，刺激及刺激的相关属性由类似于电子表格的 List 控件进行存放和调用）和两个 CEP 组成，两个过程上下组成并联关系。如信号检测实验就属并联模式的实验设计。List 1 和 CEP 1 完成学习阶段的任务，List 2 和 CEP 2 完成测试阶段的任务。

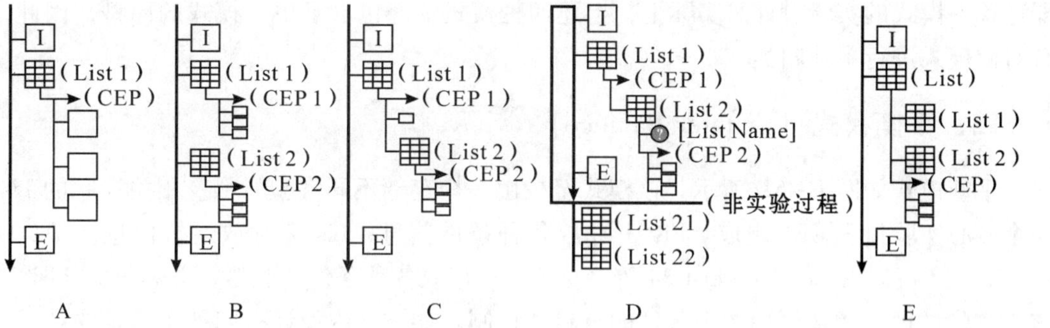

图例：I——指导语，E——结语界面，表格 List 为实验材料及相关控制，CEP 为核心实验过程，空白框为各界面

图 1－5　心理实验程序设计的模式

二、串联模式（Series）

串联模式如图 1－5C 所示。该模式的实验设计由两个存储不同实验材料及相关控制的 List 和两个不同核心实验过程 CEP 组成，两个过程上下组成串联关系。如个性判断实验就属串联模式的实验设计。实验要求对 30 个人物做 50 种个性有无的判断。List 1 用来存储 30 个人物及其相关信息（如性别、职业等），CEP 1 用来呈现注视点及人物出场介绍。List 2 用来存放 50 种个性（如“足智多谋”、“吝啬”等），CEP 2 则用来完成个性的有无判断。每个人物都需进行 50 种个性判断，完成后另一个人物出场又进行 50 次判断，依次循环。因此，该模式也称为“循环模式”。

三、相嵌模式（Nesting）

相嵌模式如图1－5E所示。该模式至少由二个存储不同实验材料及相关控制的List和一个核心实验过程CEP组成（图中呈现三个），两个存放着不同实验材料和控制的List 1和List 2相嵌在总的List中，CEP调用List中的材料和控制，而List即调用List 1和List 2的材料与控制。该模式适合较为复杂的实验设计，特别是刺激物的颜色、方位、大小等属性或变量都需要完全随机化结合的实验设计。例如，不同语言对图片认知的影响实验就可用此模式进行实验设计。该实验过程是在电脑屏幕上随机呈现四幅物品图片，并同时呈现图片中某一物品名称的普通话或粤语的文字或声音，要求被试选择该图片的代码。该实验要求20幅目标图片随机呈现，并随机搭配40幅干扰图片中的3幅，目标在屏幕中的位置（左上、右上、左下、右下）要求随机呈现。该实验有三种随机和随机搭配要求，属控制复杂的实验。进行实验设计时，将20个目标刺激放置于List 1中，随机抽取，40个干扰刺激放置于List 2中，也随机选取，目标在屏幕中的位置人工均衡安排在List中，并在实验时随机选取。通过List 1、List 2和List的各自随机并相嵌调用实现了随机化搭配的实验设计要求。

图1－5A所示的模式是最为简单的心理实验设计模式——单一模式。单一模式由一个存储实验材料及相关控制的List和一个核心实验过程CEP组成。图1－1B的词汇判断实验即是单一模式的实验设计。实际上，上述四种模式中都包含了单一模式的原型，因此，没有对此模式进行单独归类。

四、平衡模式（Counter Balance）

平衡模式如图1－5D所示。该模式至少由三个存储不同实验材料及相关控制的List和两个核心实验过程CEP组成。List 1存放各种条件信息；List 2存放运行信息，List 21和List 22（还可以有List 23、List 24等多个List）存放各种条件的刺激，并相嵌在List 2中；核心实验过程CEP 2调用选中条件的材料和控制。如被试内设计有四种实验条件（或有四种实验材料），为了消除顺序效应，条件间的顺序达到平衡，即四种条件必须随机安排，这种实验就必须采用图1－5D所示的平衡模式进行设计。同时，平衡模式设计方式还可用作选择性的实验程序设计。例如，有10种实验材料，每个被试随机抽取5种实验材料进行实验，这种实验也需要采用平衡模式进行设计。因此，该模式又称为“选择模式”。对比图1－5C、1－5D和1－5E三图可知，平衡模式其实是串联模式和相嵌模式的综合，在串联中带有相嵌。

运用上述四种模式基本上可以设计出目前心理学研究中各种范式的相应实验。因此，在进行实验程序设计前，确定研究实验属于四种设计模式中的哪一种，将有助于设计人员快速准确地设计出所需要的实验。

上面分析了心理实验程序设计的具体过程、方法和技术，提出了心理实验程序设计的“12345”模式化的理论与方法，即“一个过程、两种类型、三大原则、四种模式、五个要素”。该模式化方法为心理学研究人员进行实验程序设计提供了参考框架和思考方向，具有较强的指导性和操作性。同时，“12345”理论也有助于促进心理实验程序设计的规范化或标准化，对把心理实验程序设计统一到同一体系上来作出了有益的探讨。

第五节　心理实验常用组成部分的功能与制作

【技术导航】

1. 理解心理实验常用成分的形式与功能。
2. 掌握心理实验常用成分的实验设计。

心理实验程序是由功能上相互独立又相互联系及制约的各个部分组成的。每个组成部分构成被试视野中的一个个独立的界面。心理实验程序常有以下10个组成部分：指导语（Instruction）、注视点（Fixation）、刺激界面（Stimulus）、探测线索（Probecueing）、探测界面（Probe）、反馈界面（Feedback）、刺激间隔（ISI、SOA、Interval）、实验缓冲（BufferInterval）、结语界面（ExpEnd）及掩蔽界面（Mask）。以下分别介绍这些组成部分的功能和制作方法。

一、指导语（Instruction）

1. 作用

用于告诉被试实验将怎样进行，指示被试该怎样进行反应。

2. 实验设计

（1）呈现时间。

指导语的呈现时间设置成“无限时间”。

被试只有看清楚和理解透指导语后方能进行练习或实验，所以指导语的呈现时间是无限的。

（2）呈现方式。

指导语的呈现方式设置成“按键消失”。指导语使用按键消失，旨在使被试能充分理解指导语，明白实验的过程，掌握反应的规则，形成良好的反应习惯。

要注意的是，避免使用空格键作为指导语的按键。因为空格键是电脑键盘中最大最长的一个键，最易触碰，被试常常会由于不经意的触碰使指导语消失，导致被试没有看清楚指导语。因此，最好使用键盘上比较偏僻的键如“Q”键等作为指导语的按键。

（3）呈现格式。

指导语的呈现格式为图片形式。

图片可以用边框加以美化。不管用哪一种程序设计实验，把指导语做成图片的格式加以调用会更加方便实验程序的制作，而且图片格式的指导语易于在程序中排版，能使界面设计看起来更加美观。

（4）反应方式。

反应方式：无。

指导语无须被试进行反应，只要求被试按键开始练习或正式实验。

（5）数据收集。

数据收集：无。

指导语无须收集被试的按键情况和反应数据。

3. 写指导语应注意的问题

指导语是实验程序的第一个界面，也是告诉被试实验将怎样运行、指导被试该做怎样的反应的唯一界面。因此，写好指导语很重要，好的指导语能让被试一看就明白实验的过程和反应的规则。写好指导语需要注意如下四个原则：

（1）人性化原则。

指导语的口气不要太生硬，要柔和，亲和力强。

（2）简约化原则。

指导语要简洁、易懂，条理清晰，事项明确。删除不必要的话语。

（3）操作性原则。

要交代清楚整个实验流程，先出现什么，后出现什么，被试应怎样反应及注意事项。

（4）定稿原则。

实验指导语的最后定稿是在整个实验程序设计完成后才定稿。因为只有实验程序设计完成后，才能最终确定整个实验的流程。

为了便于读者理解写好指导语的上述四个原则，现以一个学生在实验程序设计前后写的指导语变化情况为例，如图1－6和1－7所示。实验前写的指导语明显存在两个严重的问题：一是没有向被试交代清楚实验的过程；二是没有向被试交代清楚反应的规则，被试看后无法进行实验。实验设计完成后，定稿的指导语则将实验过程交代明朗、反应规则交代明确，操作性强，被试一看就能明白实验是怎样进行的及该作怎样的反应。

以下你将会看到一系列只带姓氏的称呼，你并不认识其中任何一个，按照你自己的想法，请你快速地对每个人的性格进行评价。性格的词语已经给出，你认为这个人具有给出词语的性格就按“是”，不具有就按“否”。 现在先进行一个小练习。

图1－6　实验设计前的指导语

欢迎你参加我们的实验！

实验首先在电脑屏幕弹出一个红色“+”符号注视点，提醒你开始实验，接着呈现一个带姓氏的称呼，你并不认识其中任何一个人，按照你自己的想法，请你快速地对每个人的性格进行评价。描述性格的词语呈现在姓氏下面，如果你认为这个人的性格与给出词语相符合就按“J”键，不相符合就按“F”键。刺激呈现时间很短，请你集中注意力，并又快又准地作出判断。

明白上述指导语后，请你坐好，将双手放在键盘上，把左手的食指放在“F”键，右手的食指放在“J”键上，实验要求你使用这两个键回答问题。记住，右手作“相符合”的判断，左手作“不相符合”的判断。

准备好后，现在请你按“F”键开始练习，然后进入正式的实验。

图1－7 实验设计完成后定稿的指导语

二、注视点（Fixation）

1. 作用

通过醒目的注视点符号提醒被试开始集中精神注视屏幕，不要分散注意力，实验刺激即刻呈现。

2. 实验设计

（1）呈现时间。

呈现时间一般设置成500～800 ms。

注视点的作用在于提醒被试开始集中精神注视屏幕。时间太短被试不易觉察，时间太长又易引起被试的注意力分散，因此，呈现时间设置成500～800 ms比较合适。

（2）呈现方式。

呈现方式设置成自动消失。

注视点的呈现方式设置成自动消失，而不设置成按键或反应消失，目的在于随着注视点的消失，被试的注意能即时转移到下一界面中。

（3）呈现格式。

呈现格式为“+”（或者“*”）、红色、30号字号以上。

注视点通常用“+”符号或“*”号来表示。有的实验还用“★”、“■”等符号表示。为了更醒目地吸引被试，注视点的颜色通常设置成较强烈的颜色，如常用红色表示，同时，注视点的字号不能太小，因为太小不利于引起被试的注意。

（4）反应方式。

反应方式：无。

由于注视点的呈现方式是自动消失，因而无须进行按键或反应。

（5）数据收集。

数据收集：无

注视点呈现时间到点后自动消失，无须收集被试的按键情况和反应数据。

三、刺激界面（Stimulus）

1. 作用

刺激界面的作用是呈现实验材料。如移动窗口技术中的每个句子呈现的界面就是刺激界面，启动效应中的启动词呈现的界面也是刺激界面。这一类界面一般不要求被试作按键反应，但有的实验要求被试按键进行刺激的变化或界面的变换。在一个实验中可能会有一个或多个刺激界面。

2. 实验设计

（1）呈现时间。

刺激界面的呈现时间设置要根据实验的要求来确定。

刺激界面的呈现时间因不同的实验要求而作不同的设置。主要有固定时间和变化时间两种设置。如在阈下知觉研究实验中，刺激界面的呈现时间应设置为固定的 30 ms；又如在注意线索技术实验范式的研究中，刺激界面的呈现时间有 500 ms、1 000 ms 和 1 500 ms 三种变化。

（2）呈现方式。

呈现方式设置成自动消失或按键消失。

刺激界面的呈现方式通常设置成自动消失或按键消失两种形式。如在篇章阅读实验中，每阅读完一个句子，被试需要按一下空格键才能阅读下一句，这是按键消失的呈现方式。而在信号检测的实验中，信号的呈现方式为自动消失，呈现时间为到点后信号便自动消失，随即呈现下一个信号。

（3）呈现格式。

呈现格式设置要根据实验的要求而定。

刺激界面中刺激材料的呈现格式要根据实验的要求，分别对字符型刺激材料的属性、图片型刺激材料的属性或听觉型刺激材料的属性加以相应的设置。同一 Block 中不同 Trial 的实验材料，其呈现格式要保持一致。

（4）反应方式。

反应方式：无。

刺激界面通常不要求被试进行反应。但有的实验要求被试对刺激界面作出按键以进行界面切换。

（5）数据收集。

数据收集应根据实验的要求而定。

一般情况下，刺激界面不需要被试进行反应，因此数据收集无须设置。个别实验要求被试对刺激界面作出按键反应，同时需要记录被试的按键或反应时间等数据。如篇章阅读实验中，被试每按一次空格键阅读一个句子，在这个过程中，研究者可能需要收集篇章中某一句或某两句的阅读时间。

四、探测界面（Probe）

1. 作用

用来探测被试的反应和收集反应的数据。在每个心理学实验中都有这一组成部分，它是实验者研究目的得以实现的载体。

2. 实验设计

（1）呈现时间。

呈现时间设置要根据实验的要求来确定。

探测界面的呈现时间也因不同的实验要求而作不同的设置，主要有固定时间和无限时间两种形式。固定时间要求被试在固定时间内作出反应，如若没有作出反应，探测界面会自动消失，转入到下一个 Trial 中。如启动效应中的探测界面要求被试必须在 1 秒内作出反应。无限时间即要求被试必须对研究者的探测问题作出反应，方能继续余下的实验。

（2）呈现方式。

呈现方式设置成反应消失或“自动 + 反应”。

探测界面的呈现方式通常设置成反应消失或“自动 + 反应”这两种形式。反应消失即要求被试在实验中必须按照指导语的要求按键作出反应。“自动 + 反应”方式即要求被试必须在规定的时间内作出反应，否则反应无效或反应缺失。

（3）呈现格式。

呈现格式设置要根据实验的要求而定。

探测界面中探测材料或问题的呈现格式，如没有研究的特别要求，一般与刺激界面的呈现格式保持一致。

（4）反应方式。

反应方式：键盘反应、语音反应及其他反应方式。

探测界面是研究者收集研究数据、实现研究目的的界面，必须设置反应方式供被试作出反应。可根据实验的要求设置成键盘反应、语音反应、外接按键反应、脚踏板反应中的一种，或设置成其他反应形式。

（5）数据收集。

数据收集：RT、ACC、RESP。

探测界面必须对数据收集进行设置。根据实验的要求，可收集反应时（RT）、反应正误（ACC）、被试响应值（RESP）或其他数据。

对探测界面，实验控制的五个要素都必须设置。

五、探测线索（Probecueing）

1. 作用

探测线索是在探测界面之前出现的一个界面，其作用有两点：

（1）反应的心向准备。用于提示被试，接下来的界面需要被试根据指导语的要求进行按键反应，要求被试做好充分的心理准备。

（2）去习惯化影响。去除在刺激界面中的按键习惯，在探测线索界面中停止按键，提示或告知被试，接下来的界面需要被试根据指导语的要求进行按键反应。

如在移动窗口技术实验范式中，实验通常设计成被试通过按空格键来阅读实验段落或故事情节中的每个句子，每按一次空格键，当前句子消失，新的句子呈现，要求被试在段落或故事情节阅读完毕后对句子的理解进行探测。若是在阅读界面和探测界面之间没有探测线索界面，由于阅读材料与探测材料的相似性，被试会误以为探测句也是阅读材料，而同样使用空格键进行阅读，从而造成反应错误或反应延误。

2. 形式

探测线索的形式一般有三种：

（1）文字形式。如图1－8A所示，文字的描述用于指示被试下一步实验该怎么做。

（2）符号形式。如图1－8B所示，用简单的符号引起被试反应的心向准备或去除习惯化的影响。符号一般用一串问号“?”或一串星号“＊”表示。符号通常也设置成红色，起提醒作用。有些实验还以喇叭符号和麦克风符号为线索，如图1－8C所示，用于提示被试注意听刺激或需要作出口头反应。

（3）声音形式。在语音材料的实验中，通常会以“叮”一声的纯音提示，提醒被试语音刺激结束，接下来需要被试进行反应。

3. 实验设计

（1）呈现时间。

对符号型和声音型探测线索，呈现时间通常设置为500～800 ms比较合适。时间太长则需要被试等待反应，容易分散其注意力；时间太短则不易觉察，起不到提示作用。对文字型探测线索，其呈现时间应设置成无限时间。

（2）呈现方式。

呈现方式设置成自动消失或按键消失。符号型和声音型探测线索（如图1－8B和图1－8C所示）通常设置成自动消失；文字型探测线索需要被试理解清楚字面的意思，因此，需要设置成按键消失。

（3）呈现格式。

探测线索中线索的呈现格式要根据实验要求、刺激材料属性和探测线索形式的不同加以设置。如问号“?”和星号“＊”型的探测线索即需要设置成红色的格式。需要注意的是，同一Block中不同Trial的实验材料的探测线索要保持一致。

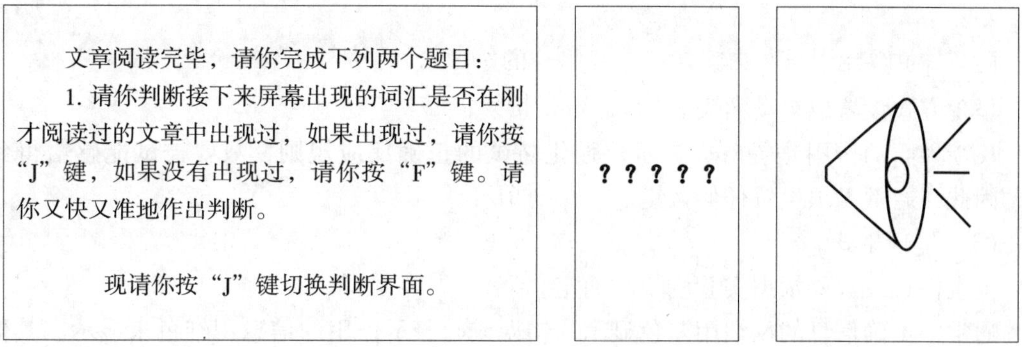

A　　B　　C

图 1－8　探测线索的三种形式

（4）反应方式。

探测线索通常不要求被试进行反应，无须设置反应方式。

（5）数据收集。

探测线索界面不需要被试进行反应，无须采集数据。

六、反馈（Feedback）

1. 作用

反馈界面的作用是用来对被试的反应作出正确或错误的反馈。对错误的反应作出提醒或警示，对正确的反馈进一步强化。通过反馈，使被试的反应尽可能地符合实验的反应规则和实验要求。

2. 内容与形式

通常，反馈界面的内容信息有如下几种：

一是正确与错误。给出被试反应的正确反应与错误信息，以强化或警醒被试该怎样进行反应。

二是反应时间。给出被试作出正确或错误反应的时间，让被试知道自己反应的快慢。

三是累计正确率。给出被试练习或实验开始后累计的正确率，让被试知道自己对实验总体的把握程度以及对实验的配合程度。

四是其他内容信息。如反应太快或太慢等信息。

反馈界面要呈现哪些信息，采用文字型、图片型、语音型三种信号形式中的何种形式来表达上述内容，应根据实验的要求确定。

3. 实验设计

（1）呈现时间。

呈现时间：1 000～2 000 ms。

反馈界面的呈现时间设置成 1 000～2 000 ms 比较合适。时间太长容易分散被试的注意，时间太短则被试来不及觉察，起不到应有的反馈作用。

（2）呈现方式。

呈现方式设置成自动消失。

反馈界面的作用是提醒、警示、强化被试的正确反应规则，只要被试能感悟得到即可，因此，通常无须设置任何按键。

（3）呈现格式。

呈现格式设置要根据实验的要求而定。

通常，正确信息的反馈用蓝色显示，错误或起警示作用的信息用红色来显示。其他格式的设置，如字体的大小、声音强度的大小等，应根据实验的要求进行设置。

（4）反应方式。

反应方式：无。

自动消失的呈现方式不要求被试作任何按键或反应。

（5）数据收集。

数据收集：无。

反馈界面不需要被试进行反应，无须采集数据。

4. 应用范围

反馈界面的应用范围主要在练习模块中应用较多，实验模块中应用较少。为了尽可能地降低被试在实验模块中的错误率，通常会在练习模块中设置反馈界面，以形成和强化被试在实验中的反应规则，较好地完成实验。当然，是否需要设置反馈界面，也应根据实验的需求决定，若实验任务简单，被试通过几个 Trial 的实验即可形成实验的反应规则，也可以不设置反馈界面。

七、刺激间隔（ISI、SOA、Interval）

1. 作用

刺激间隔的作用是按实验的需求，用来延迟下一界面（刺激或目标）的出现，如图 1－1A 中的刺激间隔 ISI（100 ms）。

2. 内容与形式

刺激间隔实际上是一个空白刺激或一段空白过渡，即为空屏。如图 1－9 所示，刺激间隔有下列三种形式：

一是 ISI：从前一个刺激的止点到后一个刺激的起点。

二是 SOA：从前一个刺激的起点到后一个刺激的起点。

SOA 和 ISI 的关系是：SOA = ISI + Duration（刺激的呈现时间）。

三是 Interval：刺激与目标、目标与其他界面间的间隔，而非刺激与刺激间的间隔。

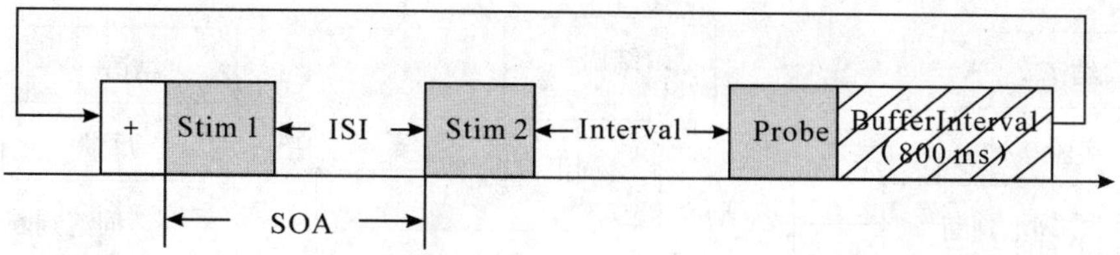

图 1－9　三种刺激间隔（ISI、SOA、Interval）示意图

3. 实验设计

（1）呈现时间。

呈现时间根据实验的要求而定。

刺激间隔呈现时间的长短取决于实验能否达到效果。

（2）呈现方式。

呈现方式设置成自动消失。

（3）呈现格式。

呈现格式：无。

刺激间隔为空白刺激，因此无须设置任何呈现格式。

（4）反应方式。

反应方式：无。

（5）数据收集。

数据收集：无。

八、实验缓冲（BufferInterval）

1. 作用

实验缓冲的作用是被试在作出反应之后延迟下一个 Trial 的呈现，这使整个实验过程变得舒缓而流畅，被试不会感到应接不暇，而能较好地适应实验过程，从而较好地配合主试的研究实验。如图 1－10 所示“真假词汇判断”实验中，图 1－10A 设置了实验缓冲，图 1－10B 则没有设置实验缓冲。通过按这两个流程图设计的实验进行比较，设置了实验缓冲的图 1－10A 的实验过程流畅，被试能较好地把握实验的节奏；而图 1－10B 的实验中，被试一旦作出反应后就进入到注视点，马上进行下一个词汇的判断，被试会因接二连三地进行实验而没有任何喘息的机会，感到急促和神经紧张，从而不利于实验的进行。

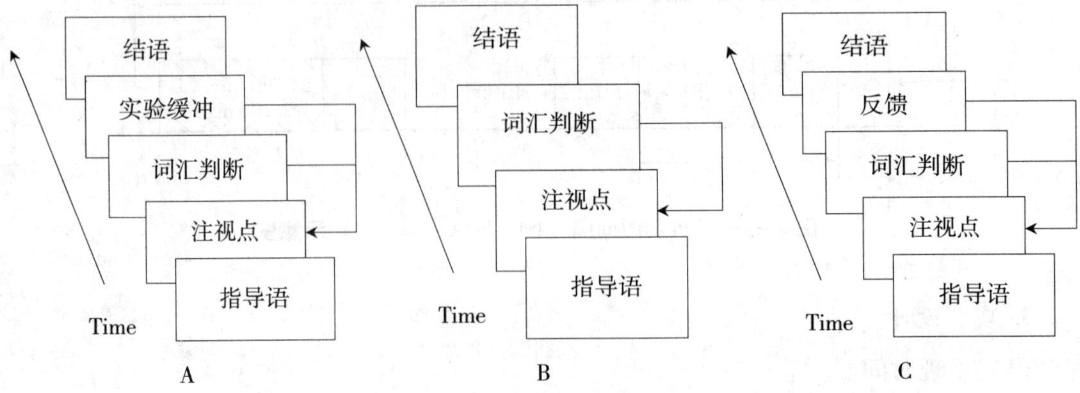

图 1－10 “真假词汇判断”实验流程示意图

2. 内容与形式

实验缓冲跟刺激间隔一样，内容上都是一个空白刺激或一段空白过渡，即为空屏。但实验缓冲又不同于刺激间隔。两者的主要区别是：两者的位置和作用不一样。刺激间隔是在一次 Trial 中的中间位置，如图 1－11 所示，可能有一个或多个，它是实验要求中不可或缺的。而实验缓冲则放在一次 Trial 的末尾位置，如图 1－12，只有一个，实验中不一定要求必须存在，只是起到美化和修饰实验过程作用。

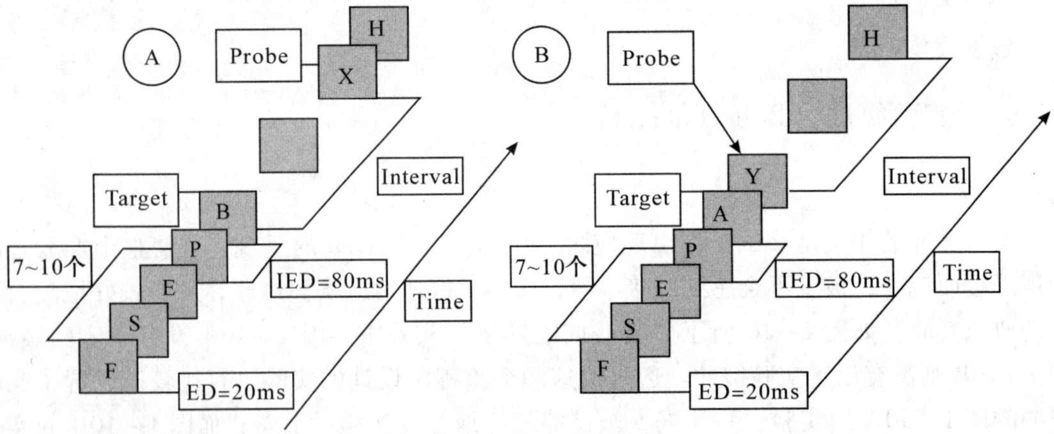

图 1－11 刺激间隔（ISI、Interval）在实验中的位置与作用

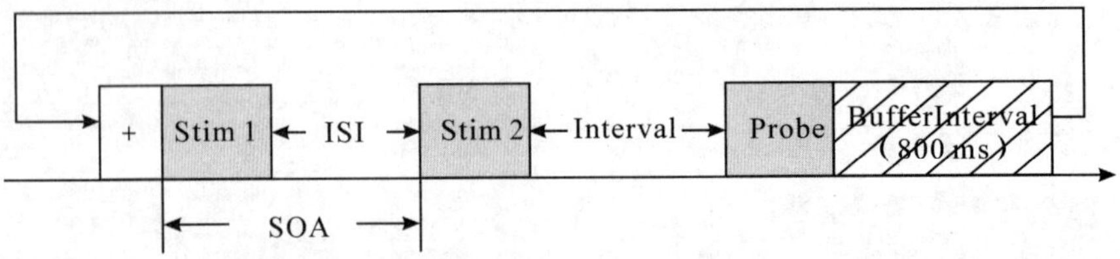

图 1－12 实验缓冲与刺激间隔（ISI、SOA、Interval）在实验中的位置与作用

其实，反馈界面也起到了实验缓冲的作用。如图 1－10C 词汇判断实验的练习模块使用反馈界面，实验模块即图 1－10A 由于不需要给被试提供反馈，则用实验缓冲来缓和实验。练习模块中由于使用了反馈界面，延缓了下一 Trial 的呈现，起到了实验缓冲的作用，因此也就可以不需要在练习模块的反馈界面后再增加一个实验缓冲界面了。

3. 实验设计

（1）呈现时间。

呈现时间：500～1 200 ms。

因为实验缓冲只是一个空屏，对实验缓冲的设计与控制，只要设置呈现时间即可，实验缓冲的呈现时间设置成 500～1 200 ms 较为合适。

（2）呈现方式。

呈现方式设置成自动消失。

（3）呈现格式。

呈现格式：无。

实验缓冲是空白刺激，无须设置任何呈现格式。

（4）反应方式。

反应方式：无。

（5）数据收集。

数据收集：无。

九、掩蔽界面（Mask）

1. 作用

掩蔽界面常在启动效应实验和记忆实验中出现。在启动效应实验中，掩蔽界面用来屏蔽、干扰或分散启动词的注意效果；而在记忆实验中，掩蔽界面的作用是消除刺激的感觉记忆。

2. 内容与形式

掩蔽界面的内容与形式根据实验的要求确定。在记忆实验中，掩蔽界面的内容常常是与实验刺激材料相似或易混淆的材料，如图 1－13A 所示，掩蔽界面呈“8”字形，与启动刺激“E”字形相似，而且掩蔽界面组成“8”字形的元素“8”与启动刺激组成“E”字形的元素“H”也相似。在启动效应实验中，掩蔽界面的内容常常是一串星号“*”，如图 1－13B 所示，Mask 界面为一串星号。

3. 实验设计

（1）呈现时间。

呈现时间：400～1 000 ms。

掩蔽界面的呈现时间需要根据实验的要求来确定。一般设置成 400～1 000 ms 较为合适。

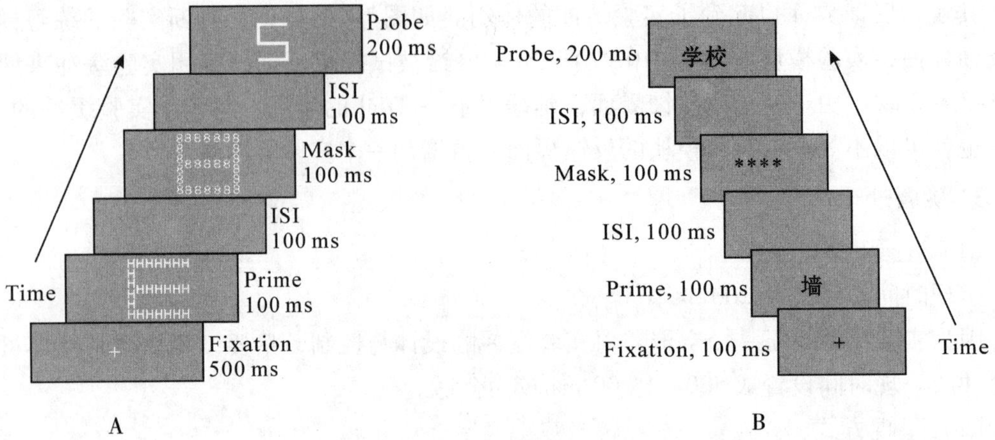

图 1-13　实验中的掩蔽界面 Mask

(2) 呈现方式。

呈现方式设置成自动消失。

(3) 呈现格式。

呈现格式根据实验要求确定。

掩蔽界面的呈现格式应根据实验的要求加以设置，通常要与刺激界面的格式设置保持一致。

(4) 反应方式。

反应方式：无。

(5) 数据收集。

数据收集：无。

十、结语（ExpEnd）

1. 作用

结语用来告诉被试实验结束，并感谢被试的参与。

2. 内容与形式

结语可采用文字或图片的形式，内容一般为“实验完毕，谢谢您的参与!”

3. 实验设计

(1) 呈现时间。

呈现时间：1 000 ~ 1 500 ms。

结语界面只是呈现实验结束的信息，呈现时间一般设置成 1 000 ~ 1 500 ms 较为合适。

(2) 呈现方式。

呈现方式设置成自动消失。

(3) 呈现格式。

呈现格式根据结语界面的呈现内容来确定。

根据文字型、图片型结语界面作相应的格式设置。

（4）反应方式。

反应方式：无。

（5）数据收集。

数据收集：无。

十一、其他界面（Others）

随着实验方法和实验技术的不断完善与发展，实验范式也不断得到创新或更新，每种实验范式都有其特性。因此，每种实验范式的构成也不一样，都有其特有的组成界面，对其过程的控制也应根据新实验范式的要求进行设置。如在篇章阅读实验中，要求出现篇章信息的界面，如"第 5 篇"等。

以上我们对心理实验常见的 10 个组成部分的功能与制作作了详细的介绍。我们把这 10 个组成部分的实验设计控制列于表 1 – 1 中。从表中我们可以看出，对所有的界面，"呈现时间"、"呈现方式"和"呈现格式"三个要素都必须设置，因实验缓冲和刺激间隔都是空屏，所以"呈现格式"无须设置。对探测界面则五个要素均须控制。对每一个心理实验来说，都必须包含有"指导语"、"刺激界面"、"探测界面"和"结语"四个界面，它们是心理实验的基本组成部分。在一些实验中，刺激界面和探测界面为同一界面，该界面既是刺激界面又是探测界面。如真假词判断实验中，刺激界面和探测界面就为同一界面。

表 1 – 1　常见实验组成成分的实验设计控制表

序号	界面	实验控制的五个要素					实验组成
		呈现时间	呈现方式	呈现格式	反应方式	数据收集	
1	指导语	●	●	●			●
2	注视点	●	●	●			
3	刺激界面	●	●	●			●
4	探测线索	●	●	●			
5	探测界面	●	●	●	●	●	●
6	反馈界面	●	●	●			
7	刺激间隔	●	●				
8	实验缓冲	●	●				
9	掩蔽界面	●	●	●			
10	结语	●	●	●			●

以上我们提出了心理实验程序设计的理论框架和方法论指导，详细介绍了心理实验的组成、类型、控制要素和具体的设计制作方法。接下来，我们借此理论和方法的指导，进行 E-Prime 具体的实验设计。

第二编

E-Prime 基本实验程序设计

第二章　E-Prime 基本介绍

E-Prime 软件是全球认可的心理实验程序专业设计软件，其计时精度可达到毫秒级。E-Prime 软件采用面向对象的、开放式的设计方式，通过设置对象的属性完成绝大部分的心理研究实验程序，摆脱了大量的、复杂的程序代码的编写，让实验研究者有更多的精力去关注实验本身，大大方便了研究者。因此，E-Prime 在心理学界和语言学界得到了广泛的应用，也越来越多地为人所熟知。

第一节　关于 E-Prime

【技术导航】

1. 利用 E-Prime 网站了解 E-Prime 的最新发布信息。
2. 利用 E-Prime 网站提供的技术支持寻求方法解决自己的实验设计问题。

一、E-Prime 的开发

E-Prime 是由美国 Pittsburgh 大学学习研究与发展中心和美国 PST 公司（心理学软件工具公司，Psychology Software Tools，Inc.）联合开发的一套用于计算机化行为研究的实验生成系统。该系统采用图形化的编辑界面，涵盖从实验生成到毫秒精度的数据收集与数据初步分析等功能。

二、E-Prime 的版本

E-Prime 目前的版本是 2.0。

E-Prime 2.0 版本有单机版和网络版两种。单机版又分专业版（Professional）和标准版（Standard）。专业版（Professional）和标准版（Standard）的功能支持、售后服务年限和价格不一样，具体功能的不同可参阅 E-Prime 网站的相关介绍，网址为：http：//www. pstnet. com/eprime. cfm。

E-Prime 单机版要求在进行实验设计时计算机必须插上 E-Prime 的 USB 接口或并行接口的加密狗，否则不能进行实验设计。那么，如果用户买了一套单机版 E-Prime，能不能进行团体实验呢？答案是：同样可以进行团体实验。E-Prime 采用设计和运行分离的模式，为购买单机版的用户解决了进行团体实验的问题。E-Prime 采用实验设计和实验运行分离的模式，使打开 E-Studio 进行实验设计时需要加密狗支持，实验设计完成后可以生成一个脚本文件，这个脚本文件就可以脱离加密狗单独运行。这样，只要在需要的计算机上装上了 E-Prime 的运行环境 E-Run，脚本文件就可以直接运行并进行实验了。当然，在被试机上安装 E-Prime 的运行环境 E-Run 时需要插入加密狗，安装完毕后可以拔出加密狗。

E-Prime 网络版是指在单位的内部局域网上可以同时有多人共用 E-Prime 进行实验设计。如果用户买了“10 seat”的网络版，表明只能同时允许 10 人共用 E-Prime 进行实验设计，第 11 人要同时共用时就被拒绝。当然，不管购买了多少个 seat 的网络版 E-Prime，要进行团体实验，都与单机版一样必须在所有的被试机上安装脚本文件的运行环境 E-Run。

三、E-Prime 的技术支持

作为专注于开发心理学教学与科研工具和软件的专业公司，PST 公司致力于把 E-Prime 软件做强做大，使其成为行业的标准。目前，E-Prime 软件已成为国际心理学界通用的标准化的心理实验设计软件。

在这个理念指导下，PST 公司开展了出色的技术支持工作，开通了多渠道的技术支持平台。首先是 E-mail 的技术支持。只要用户发送任何 PST 公司的 E-mail，都会转入该公司的技术支持团队并得到回复。其次是 E-Prime“Web Support site”。用户只要有问题，可随时进入 E-Prime 网站的“Web Support site”提交问题，能得到及时的回复。再次是 E-Prime 的论坛“PST User Forum”，用户有问题也可以在论坛中咨询和交流。最后，E-Prime 网站提供了大量的实验案例，供用户下载学习之用。

下面是 E-Prime 技术支持的相关网址：

E-Prime 网站：http：//www. pstnet. com/

技术支持：http：//www. pstnet. com/E-Prime/support/login. asp?

论坛：http：//support. pstnet. com/forum/

第二节　E-Prime 的软硬件系统

【技术导航】

1. 理解和运用 E-Prime 各个子程序的功能。
2. 能根据实验的需要选配 E-Prime 提供的相应配件。
3. 领会 E-Prime 2. 0 新增功能。

一、E-Prime 系统的组成与功能

E-Prime 系统由硬件系统和软件系统两部分组成。E-Prime 软件系统包括六个核心的功能模块：E-Studio、E-Basic、E-Run、E-Merge、E-DataAid 和 E-Recovery。表 2 - 1 列举了各功能模块的图标。

表 2-1　E-Prime 软件系统子模块图标

图标	模块	图标	模块	图标	模块
	E-Studio		E-DataAid		E-Basic
	E-Run		E-Merge		E-Recovery

1. E-Studio

E-Studio 是 E-Prime 实验设计的工作室，是 E-Prime 最为主要的一个功能模块，所有的实验设计都必须在 E-Studio 内完成。E-Studio 是面向对象的图形化的实验设计环境，通过拖动 E-Object 和设定其属性的方式设计实验，如图 2-1 所示。E-Prime 的 E-Object 有：Procedure、TextDisplay、ImageDisplay、MovieDisplay、Slide、List、SoundOut、SoundIn、FeedbackDisplay 和 InLine。E-Prime 就是通过这些 E-Object 组成我们的实验，并通过设置这些 E-Object 的属性来控制实验，达到完成实验设计的目的。

2. E-Run

E-Run 为脚本（Script）运行器。当实验程序在 E-Prime 中的 E-Studio 中设计好后，执行 E-Studio 中的"Genarate"编译功能，便编译生成一个与 E-Studio 设计文件同名的基于 E-Basic 语言的脚本文件（Script），这个脚本文件便可以脱离 E-Studio 设计环境在 E-Run 脚本运行器中运行。

当然，在 E-Studio 中也一样可以运行设计好的程序进行实验。那么，为什么还要生成一个脚本文件呢？这关系到 E-Prime 的版本和销售策略的问题。PST 公司把 E-Prime 设计成单机版（Single User License）和网络板（Network License）两种版本。单机版在进行 E-Studio设计时必须有 PST 公司提供的硬件加密狗，否则将不能进行实验设计。而 E-Run 则不需要硬件加密狗便可运行由 E-Studio 编译生成的脚本文件（Script），这样就解决了购买单机版的用户进行团体实验的问题了。因为 E-Run 是不需要加密狗的，只要给机房中的所有计算机都装上 E-Run，便可运行实验程序，进行团体实验了。这种经济型的设计和运行方式也给心理学工作者们带来了方便。这里要说明一点：在机房安装 E-Run时，需要插入加密狗一次。

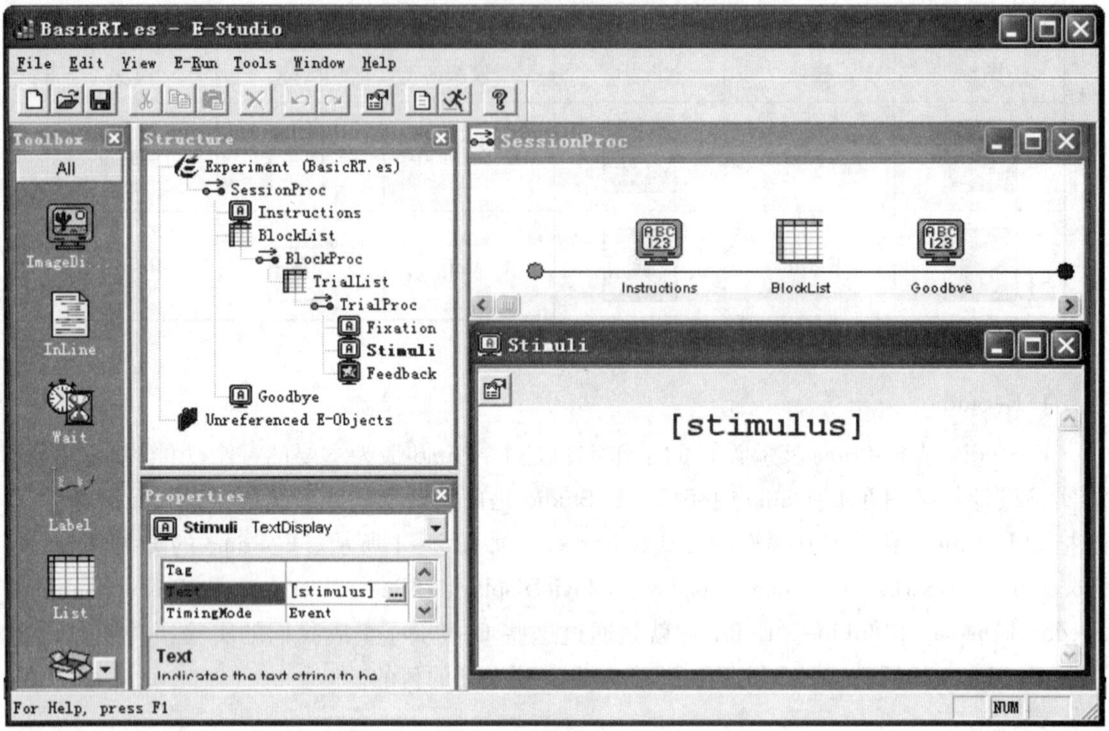

图 2 - 1　E-Prime 图形化的设计主界面

3. E-DataAid

E-DataAid 为 E-Prime 的数据助手，是类似 Excel 电子表格式的数据处理器。E-Prime 实验程序运行完毕后便生成一个后缀名为“edf”的数据文件，该文件由 E-DataAid 打开。E-DataAid 数据处理的功能包括查看、编辑、提取、筛选、分析和导出数据等功能。

4. E-Basic

我们在介绍 E-Studio 时讲到，E-Prime 的实验设计就是通过加入不同的 E-Object 组成我们的实验并通过设置这些对象的属性达到完成实验的目的。E-Prime 的这种实验设计方式——对实验的组成与控制只需要加入对象和设置对象属性便可完成，简单易学，避免了传统的用 VC、VB、Delphi 等高级编程语言编写实验程序时需要编写大量专业程序代码的麻烦。这种设计方式也为 PST 公司吸引了大量的使用客户。但这种设计方式对一些特殊要求或一些复杂的实验设计就显得无能为力。比如，我们心理学的实验常常会有“实验中途休息”和“返回继续熟悉练习模块”等一些必要的简单的功能，用 E-Object 设置对象属性的方式无法实现这些简单的功能。这时就必须借助 E-Prime 提供的 InLine 对象，在 InLine 对象中编写一定的代码才能实现这些功能。而这些代码的语言基础就是 E-Prime 的 E-Basic语言，E-Basic 语言体系实质就是大家所熟悉的最简单的高级编程语言——Basic 语言。

5. E-Merge

E-Merge 是 E-Prime 数据的合并工具。心理学实验通常需要一定数量的被试，同一个实验的所有被试的数据必须合并成一个文件，便于统计分析。E-Merge 的功能就是把同一实验的所有被试的数据合并成一个数据文件。

6. E-Recovery

E-Recovery 是 E-Prime 数据的修复工具。当 E-Prime 实验程序运行时临时中断或运行完成后提示不能生成数据文件时，便可用 E-Recovery 将不完整的实验运行结果文本文件转换成 E-Prime 的数据文件。在 E-Prime 运行实验程序时，由 E-Run 或 E-Studio 同步实时地生成一个实验运行结果的文本文件，该文件可由 E-Recovery 生成数据文件。

二、E-Prime 的硬件设备

E-Prime 的硬件设备包括响应盒（Serial Response BOX）、用户扩展工具包（Custom Expansion Kit）、脚踏板（Foot Pedal）。

1. 响应盒

响应盒是 E-Prime 最为常用的一个外接反应盒，包括 5 个按键和 1 个麦克风，如图 2-2 所示。目前，心理实验常用的反应方式主要有键盘反应和语音反应。如果是键盘反应则直接使用计算机自带的键盘即可；如需语音反应，则必须用 E-Prime 的响应盒（SR-BOX）中的麦克风进行反应。有些事件相关电位脑电仪即 ERP 系统也标配 E-Prime 系统作为刺激呈现和反应收集系统，则在相应的 ERP 实验中也需要用到响应盒进行反应。

图 2-2 响应盒

图 2-3 用户扩展工具包

图 2-4 脚踏板

2. 用户扩展工具包

用户扩展工具包如图 2-3 所示。用户扩展工具包用于创建适合用户自己的反应收集装置。用户扩展工具包最多可以扩展到 8 个按键和 8 盏指示灯。

3. 脚踏板

脚踏板如图 2-4 所示，主要用于接收被试脚反应的数据。对一些特殊人群的被试或一些特殊需要的实验，则需要使用脚踏板进行反应。

三、E-Prime 的新版本特性

PST 公司于 2008 年推出了 E-Prime 2.0 版本。与 E-Prime 1.x 版本相比，E-Prime 2.0 主要增加了两个 E-Object，一个是 MovieDisplay 对象，支持动态影像实验材料的播放；一个是 SoundIn 对象，支持录音功能，以记录被试口头报告的内容。

此外，E-Prime 2.0 版本还有一个重要改善，就是 E-Prime 2.0 版本支持 Unicode 和国际字体，这也为中国用户带来了福音和极大的方便。因为 E-Prime 1.x 版本不支持中文，不能在 E-Prime 实验设计中直接输入中文，否则存盘时会出错，严重的甚至会破坏原来设计好的程序。中文实验材料只能输入在脚本文件中。

E-Prime 新版本其余的特性主要体现在如下方面：

(1) 改进了图形化操作界面。

(2) 支持在不同实验间复制、粘贴 E-Objects。

(3) 提高了对位图（bitmap）的呈现速度。

(4) 支持更多格式的图片材料（如 JPEG、PNG 等）。

(5) 改进了对网络安装和 Ghost 安装的支持。

(6) 支持在多个视频显示器上呈现刺激。

(7) 改进了声音支持（支持更多的格式和更长的文件）。

(8) 支持新设备（如游戏杆、串口设备、网络设备等）。

(9) 支持更长的脚本编辑。

(10) 改进了帮助文档及在线帮助系统。

(11) 专业版将提供更为强大的功能。

同时，E-Prime 2.0 Professional 版本还在 E-Prime 2.0 的基础上新增了以下功能：

(1) 简化了外部设备接口。

(2) 提供快速调试工具。

(3) 提供实验和被试管理单元。

(4) 扩展了呈现方式的选项。

(5) 友好的包文件支持。

(6) 扩展了刺激的选项。

(7) 加强了脚本控制，可实现更为灵活的设计。

(8) 支持在多个视频显示器上呈现刺激。

(9) 改善了对语音文件的支持。

(10) 支持 Unicode 和国际字体。

(11) 支持一些新的输入输出设备（如游戏操纵杆、并行口设备、网络接口设备）。

(12) 支持大容量脚本编译。

(13) 完善了用户手册和在线目录索引。

(14) 增强了脚本语言的容错能力。

(15) 兼容性更强。

第三节　E-Prime 的安装

【技术导航】

1. 学会 E-Prime 的安装。
2. 把握 E-Prime 安装过程中的注意事项。

一、E-Prime 对机器的要求

E-Prime 对机器的要求不高，装配有 PentiumⅢ以上的处理器、32M 以上内存的机器都可以安装和运行 E-Prime。一般能兼容运行 Windows 95 系统以上的机器都能安装。

E-Prime 对计算机操作系统的要求也不高，E-Prime 软件能兼容目前市面上流行的操作系统，如 Windows 95、Windows 98、Windows Me、Windows 2000、Windows XP、Windows Vista 等操作系统均能支持 E-Prime。

二、E-Prime 的安装

1. E-Prime 1. x 的安装

对于 1. x 版本的 E-Prime，在安装过程中主要应注意以下四项：

(1) 用户名和机构名不能输入中文或全角字符。

如图 2－5 所示，E-Prime 1. x 在安装过程中，会提示用户输入用户名“User Name”

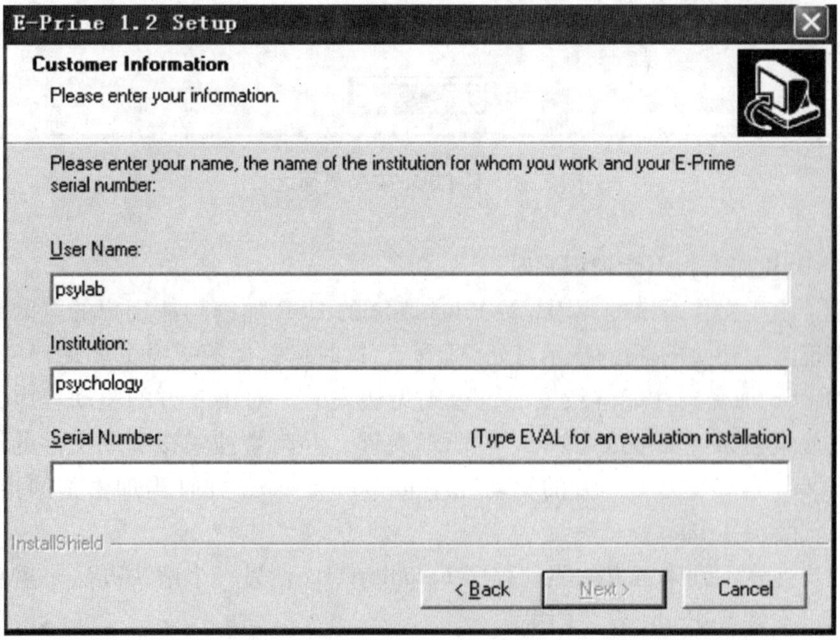

图 2－5　E-Prime 安装界面之一

和所属机构“Institution”。在这两个输入框内不能输入中文或全角字符，可输入半角的拼音字母、数字等。因为 E-Prime 1. x 版本不支持全角字符的中文字词，在用户名“User Name”和所属机构“Institution”中输入中文，会导致在实验设计存盘时死机，不能存盘，严重的甚至会破坏所有已设计好的程序，导致程序文件不能打开。

（2）不要在安装前就插入 USB 加密狗。

对 E-Prime 1. x 的 USB 加密狗，E-Prime 在其外包装上都有明显的警告（WARNING）提示：“Do not connect the USB key until the installation program indicates that the key is not attached.”即在 E-Prime 1. x 安装过程中，直到安装程序提示用户计算机上没有链接加密狗时，才插入 USB 加密狗进行安装。

如图 2－6 所示，当 E-Prime 1. x 在安装过程中出现图中方框所示的提示“Please connect the hardware key to your system now!”时，用户才可以插入 USB 加密狗，并等待加密狗由计算机系统识别，直到加密狗的指示灯亮时，才可以点击“确定”按钮进行下一步的安装。

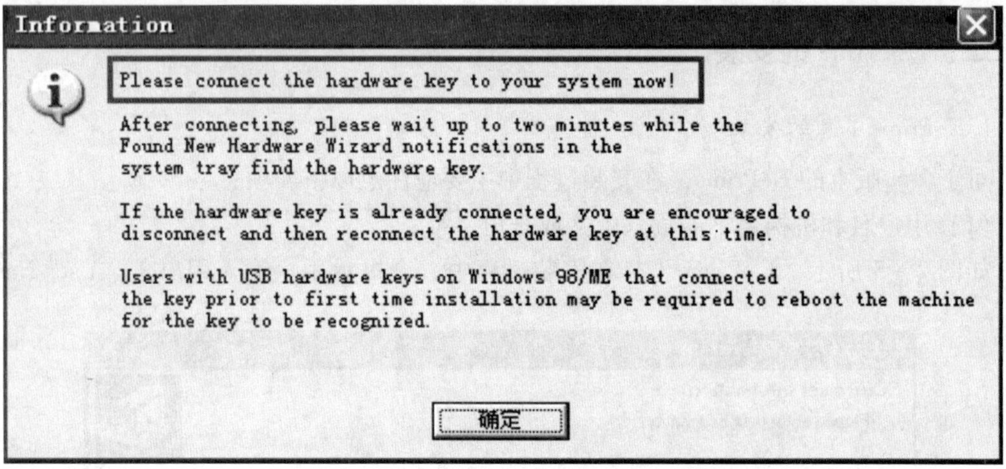

图 2－6　E-Prime 安装界面之二

（3）当 USB 加密狗不能被识别时。

有时候，由于操作系统的原因，E-Prime 1. x 的 USB 加密狗在用户的电脑系统中不能被识别，表现为 USB 加密狗的指示灯始终不亮。这时候需要第三方的驱动程序来驱动 E-Prime 1. x 的 USB 加密狗才能继续安装，否则无法安装。对第三方的驱动程序，用户可以在互联网上搜索名为“haspdinst. exe”的驱动文件，并附带搜索该驱动文件的用法，才能正确使用安装。当安装完第三方的驱动程序 haspdinst. exe，并且当加密狗的指示灯亮后，就可以重新安装 E-Prime。

如果用户搜索不到第三方的驱动程序 haspdinst. exe，另一个解决办法是重新安装操作系统，然后再安装 E-Prime 安装即可。

（4）在被试机上安装。

E-Prime 有网络版和单机版之分。如果你购买了单机版，想要进行团体实验时，那就需要在被试机上安装 E-Prime 的运行环境 E-Run，以运行 E-Studio 生成的脚本文件，而脚本文件的优越之处在于它可以脱离加密狗直接运行。安装被试机上的运行环境时，如图 2 -7所示，只需在安装 E-Prime 时选择“Subject Station”安装即可。

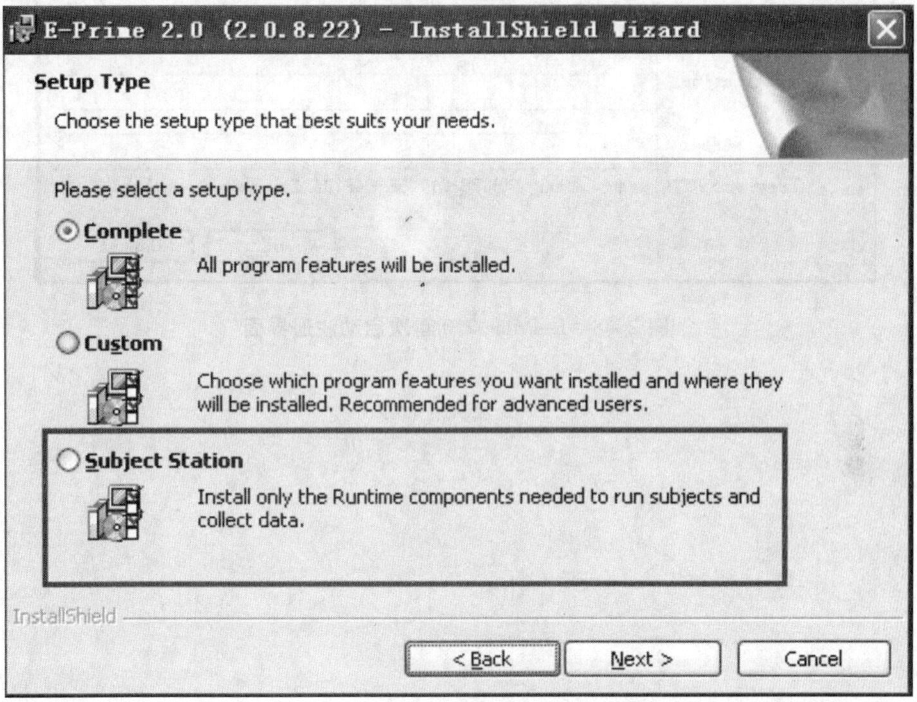

图 2 -7　选择在被试机上安装 E-Run

2. E-Prime 2. 0 的安装

E-Prime 2. 0 版本的安装与 1. x 版本的安装不同。首先，如果你的计算机上没有安装 Microsoft. NET Framework，E-Prime 2. 0 版本的安装过程会提示用户需要先安装MicroSoft. NET Framework；其次，E-Prime2. 0 版本安装不用输入序列号也不用插入加密狗。序列号只是在首次启动 E-Studio 时，如图 2 -8 所示，需要用户输入一次序列号（Serial Number）以激活 E-Studio 实验设计软件包。当然，在每次使用 E-Studio 时都需要插入加密狗。

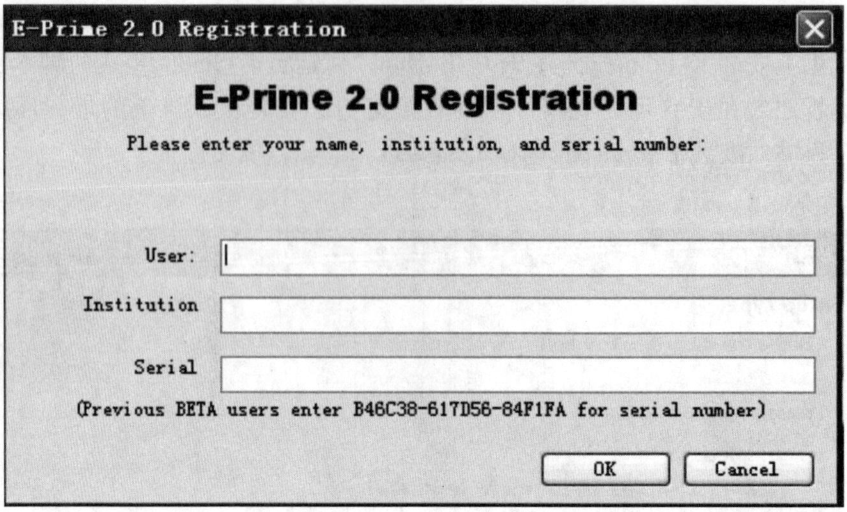

图 2－8　E-Prime 2.0 首次启动注册界面

第三章　E-Prime 基本实验设计

E-Prime 作为全球通用的标准化的心理实验生成系统，在全球范围内应用广泛，它是当今心理学界各种研究技术尤其是各种前沿研究技术，如 ERP、fMRI、眼动等技术或设备所标配的实验设计软件。如德国 BP 公司的 ERP 脑电产品、美国 EGI 脑电产品、德国 SMI 的 IviewX HiSpeed 高速眼动仪及瑞典的 Tobii 眼动仪等大型科研仪器设备都标配 E-Prime 作为刺激呈现和数据收集的软件。E-Prime 正全方位地渗透到心理学实验教学与科研的方方面面。

最主要的是，E-Prime 作为全球通用的标准化的心理实验生成系统，用其作实验程序所生成的论文，审稿人对实验技术本身和实验呈现与记录的精确性不会有任何的质疑。所以，国内各大院校的心理学院系或相关科研单位都购置了 E-Prime 软件系统，E-Prime 用户在国内也越来越多。因此，掌握好 E-Prime 的使用，对心理学的教学与科研有重要的现实意义。

第一节　设计软件 E-Studio

【技术导航】

1. 领会 E-Studio 中的一些界面技巧。
2. 掌握 E-Prime 各个控件（Object）的功能。

“Studio”——工作室。顾名思义，E-Studio 就是 E-Prime 的工作室，我们进行实验程序的设计就是在 E-Studio 软件包中进行的。

一、E-Studio 介绍

打开 E-Studio，呈现如图 3-1 所示的 E-Studio 主界面。

在 E-Studio 软件界面中，上面两行是 E-Studio 的主菜单和快捷工具栏。左边的“Toolbox”工具箱中的各个图标就是 E-Prime 的核心部分——E-Object，我们就是用它们来组成我们的实验。中间的“Structure”栏目呈现的是实验设计时建立的实验程序的流程结构，E-Prime 就是在“Structure”中按照实验的流程图搭建实验的结构。“Structure”下面的“Properties”栏目显示的是“Structure”中各个对象的各种属性，在实验设计时加以设定，以控制实验。右边的灰色区域是实验设计时的工作区间。

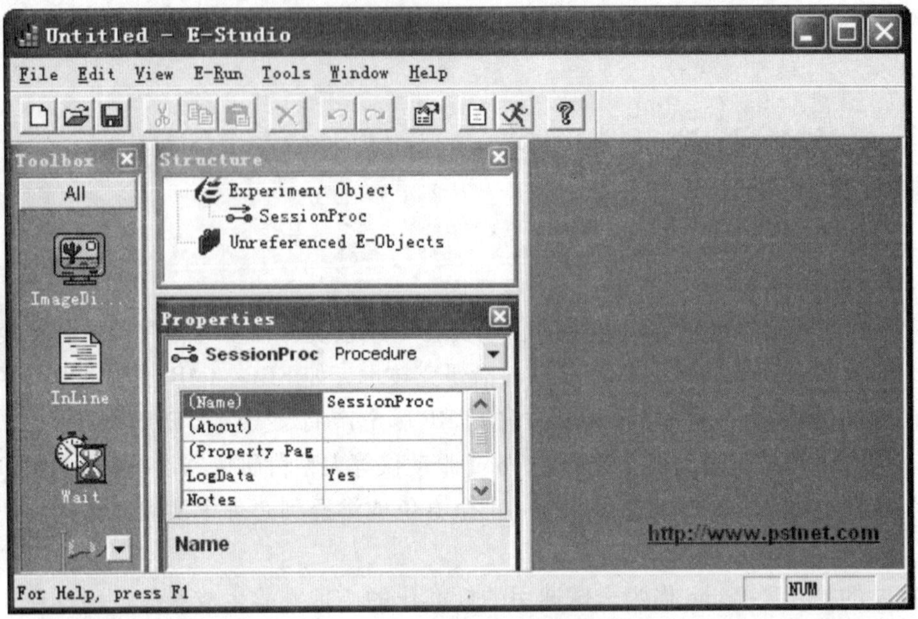

图 3-1 E-Studio 设计界面

当打开 E-Studio 软件时，界面中并没有呈现“Toolbox”、“Structure”、“Properties”等栏目，如图 3-2 所示，打开 E-Studio 主菜单的“View”菜单，点击相应的子菜单项目，E-Studio 的灰色区域就会呈现相应的栏目。

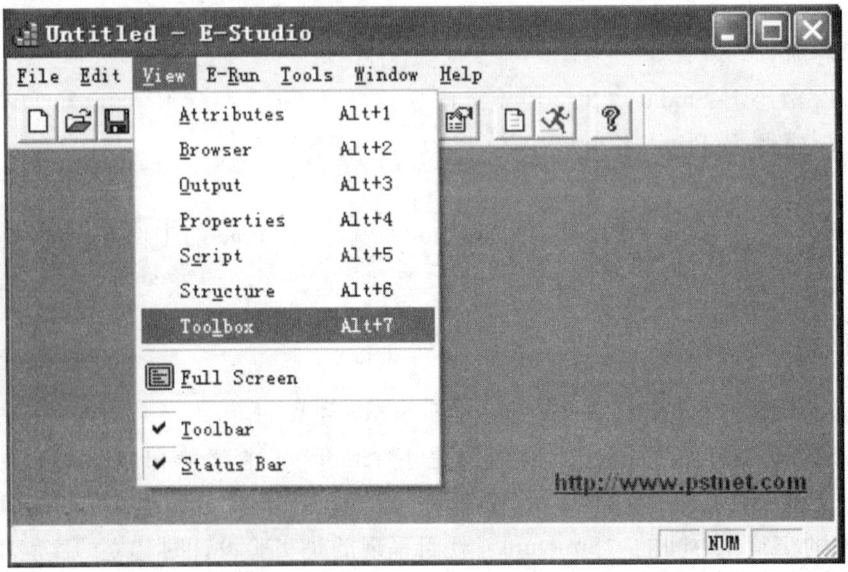

图 3-2 E-Studio 的“View”菜单

如图 3-3 中的 Structure 所示，当 E-Studio 中的 Structure 看不到实验结构时，可以点击图中 Structure 的总过程 SessionProc 前面的“+”符号，让设计好的实验结构逐层呈现或全部呈现。只要结构链接中有“+”符号的，都可以点击“+”符号，让隐藏的结构呈现出来。另一种方法是，把鼠标置于 Structure 空白处，点击右键，在弹出的菜单中，点击“Allow Collapsing”（允许折叠），让前面的“√”去掉，也可以让隐藏的实验结构全部呈现出来。

图 3-3 中的 Structure 所折叠的实验结构展开后如图 3-4 所示。在图 3-4 中的 Structure 中，部分连接处有“-”符号，表示下层结构可以折叠隐藏，只要点击不同链接处的“-”符号，相应的实验结构便可以逐层隐藏或全部隐藏。

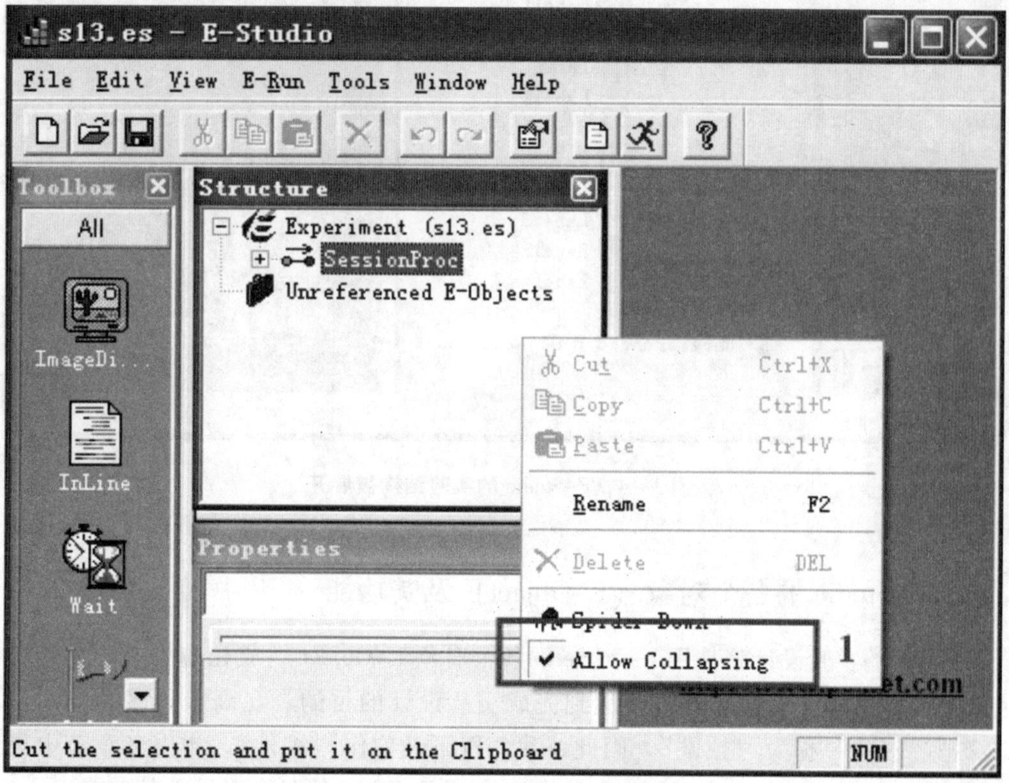

图 3-3　E-Studio 的实验结构被隐藏

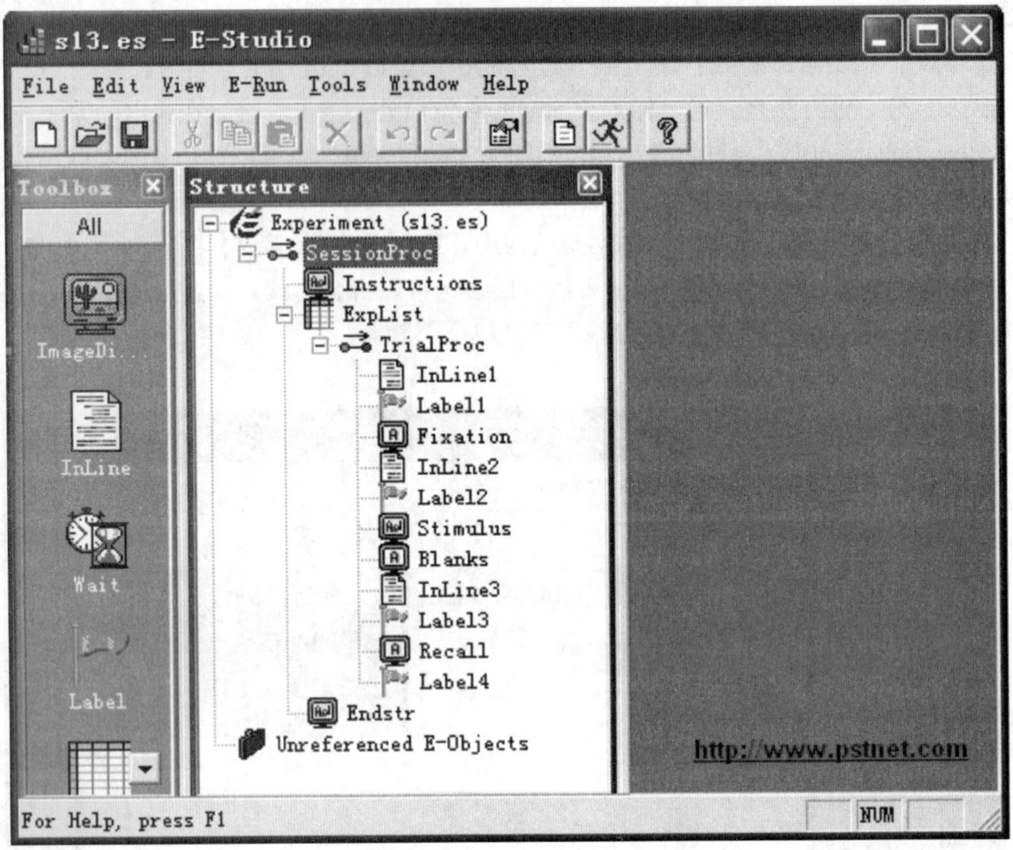

图 3－4　E-Studio 的实验结构被展开

二、E-Studio 的各个对象（E-Object）及其功能

E-Prime 的实验设计就是用 E-Prime 的各个对象 E-Object 组成相应的心理实验的各个组成部分，并通过设置对象的属性达到完成实验设计的目的。在高级程序语言编程术语中，又把“对象”称为“控件”，因此，我们以下又称作“控件”，本书各章节中提到的“控件”均指 E-Prime 的各个 E-Object。下面介绍 E-Prime 的各个对象及其功能。

1. Experiment

Experiment 也是一个控件，它是一个过程控件。虽然 Experiment 控件没有出现在 Toolbox 工具栏中，但 Experiment 控件却处于实验结构中的最高位置，是最高级别的过程控件。如图 3－4 中的 Structure 栏目中，“Experiment”处于实验结构中的最高位置。Experiment 控件掌管着 E-Prime 所使用到的各种对象、环境、变量和设备等信息的初始化，能进行启动信息、设置信息等信息的载入和设置。在 Structure 栏目中双击“Experiment”对象，即可打开如图 3－5 所示的 Experiment 对象的项目及属性设置。如图中打开的是设备“Devices”的属性设置，在这里可以添加需要用到的设备，并可对设备的属性进行调整与设置。

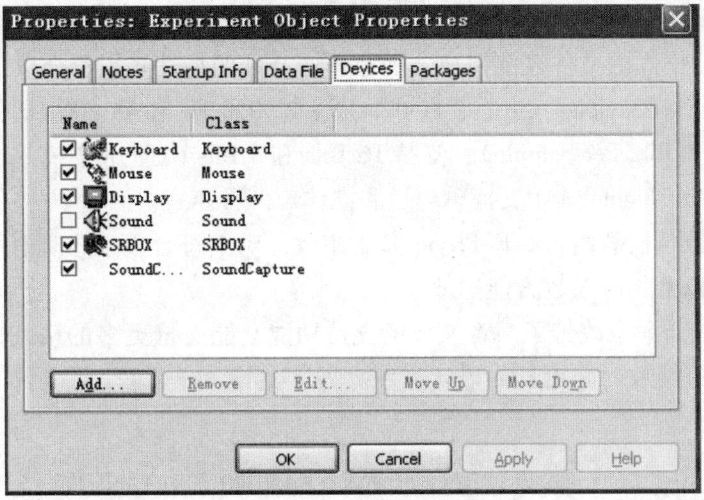

图 3-5　Experiment 对象的项目及属性设置

2. TextDisplay

TextDisplay 对象是 E-Prime 用来呈现文本实验材料的控件。心理实验的实验刺激通常有文本材料、图形图片材料、语音材料和影像动画材料等视听刺激材料。TextDisplay 只用来呈现文本型实验材料，包括文字、数字、字母、字符、句子和篇章等文本型材料。一个 TextDisplay 只能呈现同一属性（如字体的大小、颜色，刺激在屏幕中的位置等刺激的属性）的文本，不能呈现或同时呈现不同属性的文本。例如，实验要求文本刺激在电脑屏幕的左上、左下、右上和右下四个位置随机呈现，用 TextDisplay 控件则不能实现此功能。所以，TextDisplay 是“单刺激”型对象。

3. ImageDisplay

ImageDisplay 对象是 E-Prime 用来呈现图形图片实验材料的控件。同 TextDisplay 一样，ImageDisplay 只能呈现同一属性（如图片在屏幕中的位置、图片的背景是否加边框等刺激的属性）的单一图片，不能同时呈现两幅图片。在一个界面中要呈现多幅图片，则需用 Slide 控件来实现。ImageDisplay 也是“单刺激”型对象。

1. x 版本的 E-Prime 只能支持 Windows 位图格式的图片文件（. bmp），不能支持 JPG 等常用格式的图片，对非 BMP 格式的图片需要转换成 BMP 格式的文件才能使用。E-Prime 2. 0 改善了图片支持的功能，能支持更多格式的图片材料，包括 *. bmp，*. jpg，*. jpeg，*. gif，*. png，*. tif，*. tiff，*. emf，*. wmf 等格式图片。

4. SoundOut

SoundOut 对象是 E-Prime 用来播放语音刺激的控件。同 TextDisplay 一样，SoundOut 只能播放同一属性（如语音的采样率、分辨率和声道数等刺激的属性）的单一文件的语音，不能同时播放两个以上的语音刺激。在一个界面中需要同时播放两个或两个以上的语音刺激，则需用 Slide 控件来实现。因此，SoundOut 也是“单刺激”型对象。

1. x 版本的 E-Prime 只能支持播放 WAV 格式的声音文件，对非 WAV 格式的声音文件需要转换成 WAV 格式的文件才能播放。而且声音文件的特性必须符合以下参数要求：

（1）声音频率（Samples）：支持 11 025 Hz、22 050 Hz 和 44 100 Hz 三种频率。

（2）分辨率（Bits Per Sample）：支持 16 Bits 和 8 Bits 两种分辨率。

（3）声道数（Channels）：支持单声道和立体声两种声音。

以上三个参数可任意组合，E-Prime 都能播放；对不符合以上参数任意组合的声音文件均需要转换成以上相应参数方能播放。

新版 E-Prime 2.0 也改善了声音文件的支持功能，能支持更多的格式，包括 mp3 格式在内，同时也支持播放时间更长的语音文件。

5. Slide

Slide 对象是 E-Prime 实验设计中最为灵活、用途最广的一个控件，它既可以呈现文本型、图片型、语音型、视频型四种刺激中的任一类型的刺激，也可以同时呈现上述四种类型的刺激，还可以同时呈现多个同一类型或多个不同类型的刺激。例如，实验要求文本刺激或图片刺激在电脑屏幕的左上、左下、右上和右下四个位置随机呈现或同时呈现，则只能用 Slide 控件来实现。因此，Slide 是一个“富刺激”型的控件。

6. List

List 对象，我们可以称之为“材料过程容器”，是 E-Prime 的过程控件，也是 E-Prime 实验设计中不能缺少的一个控件。如图 3－6 所示的“真假词判断”实验中，A 为实验的结构图，B 为 List 控件 TrialList 的展开图。从图中我们可以看出，List 控件类似于我们熟悉的 Excel 电子表格，由行和列组成。E-Prime 称“行”为“Level”（水平），一行就是实验中的一个实验刺激、一次 Trial；E-Prime 称“列”为“Attribute”（属性），一列就是实验刺激的一个属性，如刺激的“刺激编号”、“刺激类型”、“答案”等属性。在高级程序语言设计中，通常又把“列”称为“字段”，所以，以下均称为“字段”，书中出现的“字段”均指 List 中的“列”。

List 控件的主要作用有三个方面：

一是指定和生成核心实验过程，如图 3－6A 中的 Structure 栏目的“TrialProc”就是本实验的核心实验过程。TrialProc 的生成需要在 List 控件中默认字段（Attribute）——Procedure 中输入核心实验过程的名字“TrialProc”，然后按回车键指定和生成，如图 3－6B 中方框 1 所示。

二是存放实验材料及实验材料的属性等相关内容。如图 3－6B 中方框 2 所示，实验刺激材料存放在“stimulus”字段中，刺激的答案存放在“Answer”字段中。

三是设置实验材料在实验时的呈现效果，包括呈现方式和呈现数量等。List 对实验材料的呈现方式有 Sequential（顺序呈现）、Random（随机呈现）、Random with Replacement（带重复的随机）、CounterBlance（平衡顺序）、Offset（分支顺序）和 Permutation（数列顺序）等六种方式可供选择。如图 3－6B 中方框 3 所示，本实验设置的材料呈现顺序为“Random Selection”，即材料随机呈现。List 控件对呈现数量的设置主要是对材料的全部呈现或部分呈现的设置。如图 3－6B 中方框 4 所示，实验材料共呈现 4 个（4 Samples）。我们从 List 中“Weight”字段的设置来看，2 号刺激和 4 号刺激的“Weight”字段值设为“0”，即该材料不呈现，所以 6 个材料只呈现 4 个。

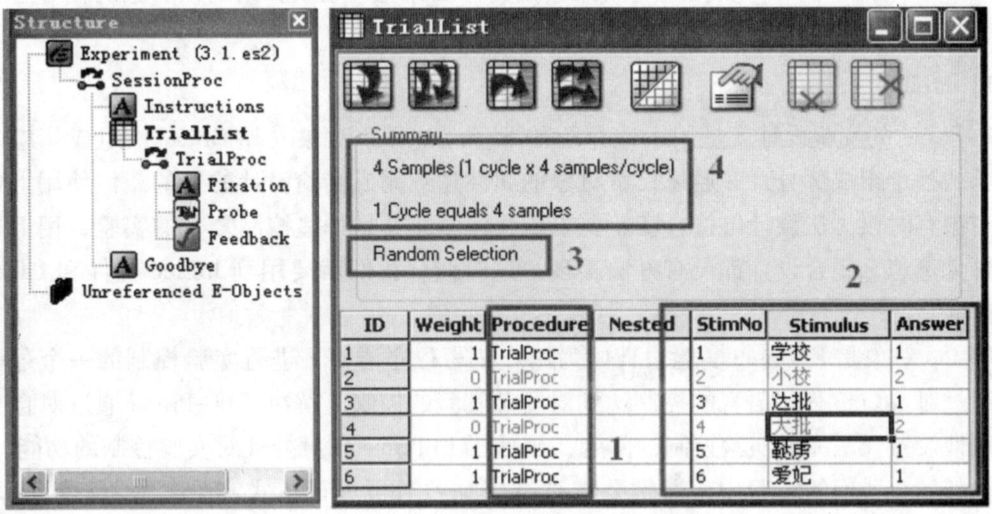

A　　B

图 3－6　“真假词判断”实验设计中 List 控件信息示意图

因此，从 List 控件的作用来看，List 控件在实验设计中占有很重要的地位，这部分的设计是 E-Prime 实验程序设计中的重点。

7. FeedbackDisplay

FeedbackDisplay 对象是 E-Prime 实验设计中的反馈控件。反馈的作用是用来对被试的反应作出正确或错误的反馈。对错误的反应作出提醒或警示，对正确的反馈进一步强化。通过反馈，使被试的反应尽可能地符合实验的反应规则和实验要求。通常在练习模块中会设置反馈界面，在实验模块中一般较少使用反馈界面。因此，对于有反馈需要的实验或模块，直接添加 FeedbackDisplay 对象，并设置对哪一个界面进行反馈即可。通常是对“探测界面”进行反馈，因此，反馈界面必须对探测界面设置绑定关系。

8. PackageCall

PackageCall 对象是 E-Prime 实验设计中用来调用一段子程序的控件，为实验过程控件。例如，当一系列实验都能用到或调用同一过程时，可以对这一过程进行打包，生成一个子程序包，则这一系列实验就可加入 PackageCall 对象调用这一子程序，这样，为系列实验作程序设计时就可省去诸多相同的设计步骤。

9. Wait

Wait 对象的作用有两点：一是延长前一对象的呈现过程，二是探测和收集被试对前一对象的反应情况。Wait 控件主要用在一些有特殊需求的实验设计中，或用在以 InLine 编程来呈现刺激的实验设计中。Wait 对象的使用必须有另一实体对象共同作用才能实现对前一对象的反应探测。

10. Procedure

Procedure 为 E-Prime 实验过程控件。在实验设计时一般较少用到，实验的核心过程都是由 List 控件来创建的。

11. InLine

E-Prime 的实验设计就是用上述介绍的 E-Prime 各个对象（E-Object）组成相应的心理实验的各个组成部分，并通过设置对象的属性达到完成实验设计的目的。但使用上述的各个对象有时候无法设计出符合实验要求的程序，尤其是一些控制复杂的实验，用上述各个控件无论怎么组合设计都没有办法实现。这时候，我们就要用到 InLine 控件和 Label 控件了。

InLine 对象是 E-Prime 实验设计中为用户编写程序语言、进行实验控制的一个过程控件，通过对 InLine 程序语言的控制达到对复杂实验的控制，解决了 E-Prime 通过对自身对象的属性设置无法完成实验控制的问题，延伸了 E-Prime 自身控件对实验控制的功能。

比如，在我们的实验中，通常要求被试先练习后再进行正式实验，练习材料通常较少，被试有可能做完了练习还是没有明白实验的过程和实验的反应规则。这时，为了避免被试直接进入正式实验，通常会在练习结束之后设计一个“询问界面”，如图 3－7 所示的“LxEnd”（由 Slide 控件制作）就是“询问界面”。如方框 1 所示，询问被试是否清楚实验的过程及要求，如果还不清楚，则可以返回继续阅读实验指导语和继续进行练习训练；如果被试明白实验该怎样进行了，即可按相应的键进行正式的实验。这种“询问和决策”（决策返回练习还是开始实验）的功能，需要使用 InLine 控件编写一定的程序代码才能实现。“询问和决策”功能的程序代码如图 3－7 中的 InLine 2 中的程序代码（如方框 2 所示），用来判断询问界面 LxEnd 中被试按的是“P”键还是“Q”键。又比如，心理实验中常常用到一些功能，如练习的正确率达到多少以后才能进入正式的实验，否则继续练习；正式实验中被试每完成 40 个 Trial 休息一次，休息完后再继续做余下的实验；还有移动窗口技术；反应太快太慢的判断等等，这些功能的实现都需要借助 InLine 控件编写一定的程序代码才能实现，而使用其他控件都无办法实现上述功能。

InLine 对象中使用的程序语言为最简单的高级编程语言——Basic 语言，以方便使用者学习和应用。这也是 E-Prime 简单易学的体现。

12. Label

Label 对象是 E-Prime 实验设计中用来指引程序运行方向的一个过程控件，它相当于一个路牌或路标的作用。在前面举例的“询问和决策”功能的实现中，就需要用到两个 Label 控件，如图 3－7 中的“Lable 1”和“Label 2”。当 InLine 控件判断到询问界面 LxEnd 中被试按的是“Q”键，则进入到 Label 1（goto Label 1），执行返回继续进行练习训练的过程（LxProc）；如果被试按的是“P”键，则进入到 Label 2（goto Label 2），开始正式实验的过程（ExpProc），如图 3－7 所示。

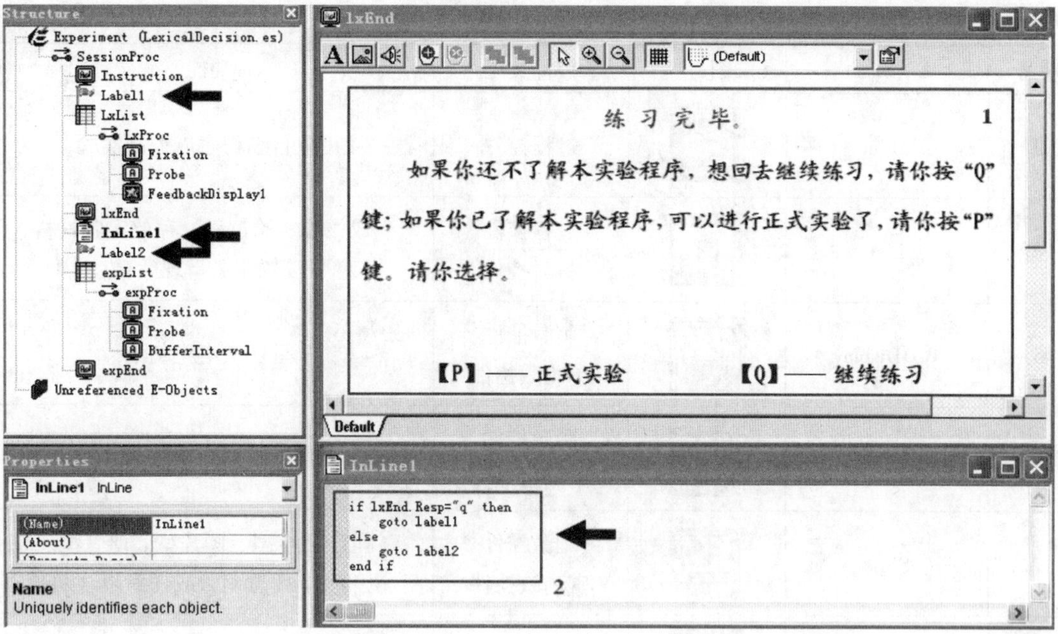

图 3-7　E-Prime 中的 InLine 控件和 Label 控件使用示意图

三、E-Prime 2.0 新增的两个控件

1. MovieDisplay

MovieDisplay 对象是 E-Prime 用来播放动态影像材料的一个控件。该控件支持 *.mpeg、*.avi、*.wmv 等格式的视频文件，可以进行动态影像实验的研究，这是新版本的主要突破，扩大了实验研究的支持范围。

2. SoundIn

SoundIn 对象采用数字式录音记录被试的声音反应，用于录制被试口头报告的内容。录制被试的口头报告内容是在实验的同时用计算机进行同步录制，较之于 E-Prime 1.x 版本需要主试用外部录音机进行录制是一大进步，大大方便了研究者。

以上我们详细介绍了 E-Prime 所有对象的功能及其类型，现把 E-Prime 所用到的各个控件的类型和功能简要列表如下：

表 3-1　E-Prime 控件类型与功能简介

序号	E-Object	图标	控件类型	功能
1	Experiment		过程控件	掌管运行信息的初始化，进行启动信息的设置和设备的载入与设置
2	Procedure		过程控件	生成一过程

（续上表）

序号	E-Object	图标	控件类型	功能
3	InLine		过程控件	用户自编程序以控制实验
4	List		过程控件 材料控件	生成核心实验过程、存放实验材料、设置刺激呈现效果
5	TextDisplay		刺激控件 单刺激控件	呈现文本型刺激
6	ImageDisplay		刺激控件 单刺激控件	呈现图片型刺激
7	Slide		刺激控件 富刺激控件	呈现文本型、图片型、语音型、视频型等任意刺激或任意组合刺激
8	Wait		过程控件	等待反应
9	SoundOut		刺激控件 单刺激控件	呈现语音刺激
10	FeedbackDisplay		刺激控件 富刺激控件	反馈被试的反应信息
11	Label		过程控件	路牌作用
12	PackageCall		过程控件	子程序打包调用
13	SoundIn		刺激控件	语音录制
14	MovieDisplay		刺激控件 单刺激控件	视频、动画播放

第二节　E-Prime 实验设计理念与步骤

【技术导航】

1. 理解 E-Prime 的实验设计理念。
2. 掌握 E-Prime 实验设计的基本步骤。

一、E-Prime 实验设计理念

E-Prime 的实验设计理念是：E-Prime 实验设计的过程，就是把整个实验分解成一系列对象，通过设置对象的相关属性来控制实验，达到完成实验的目的。正是由于复杂的实验控制或实验过程可以通过对象的属性来设置，避免了复杂的程序代码的编写过程，从而使 E-Prime 实验设计变得简单、易学。

这种设计理念建立在 E-Prime 优越的设计方式上。E-Prime 优越的设计方式体现在如下两个方面：

1. 面向对象的设计方式

E-Prime 采用面向对象（E-Prime 中的 E-Object，即实验的组成部分）的设计方式，并通过对对象属性的设置来达到对实验的控制。实验的设计所见即所得，操作相当方便，简单易学。如图 3-8 所示，实验设计时用了 E-Prime 的 TextDisplay、List 及 FeedbackDisplay 三个 E-Object 组成我们的“词汇判断”实验。指导语（Instructions）、注视点（Fixation）和结语界面（Goodbye）都由 TextDisplay 对象制作；存放实验材料和核心实验过程的 TrialList 由 List 控件制作，刺激界面（Stimuli）由 TextDisplay 控件制作，反馈界面 Feedback 由 FeedbackDisplay 控件制作。

图 3-9 中方框框住的项目就是对探测界面 Stimulus 进行呈现时间、呈现方式、呈现格式、反应方式和数据收集等五个要素进行属性的直接设置。这种在图形界面中直接设置实验控制的设计方式避免了用 VB、VC 等高级编程语言编写大量专业代码的繁琐步骤。

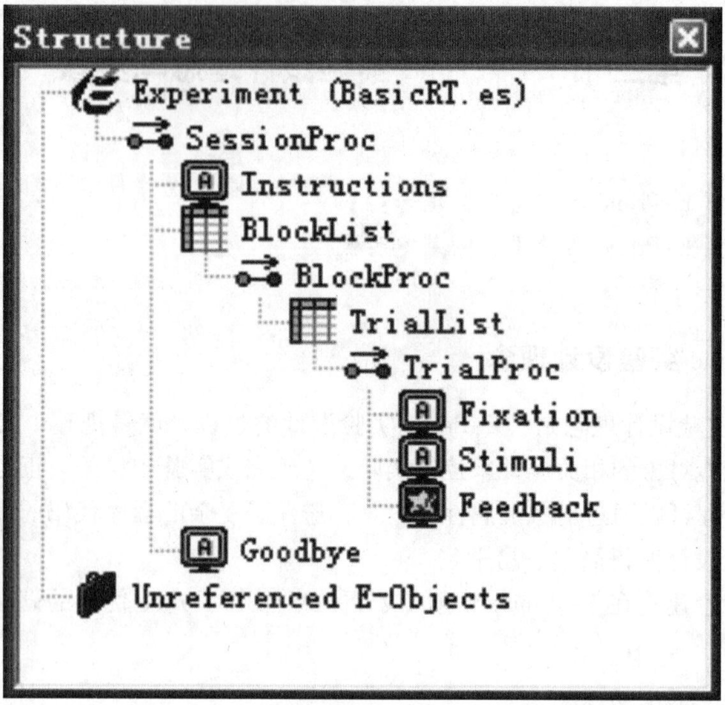

图 3－8　E-Prime 面向对象的结构化的实验设计方式

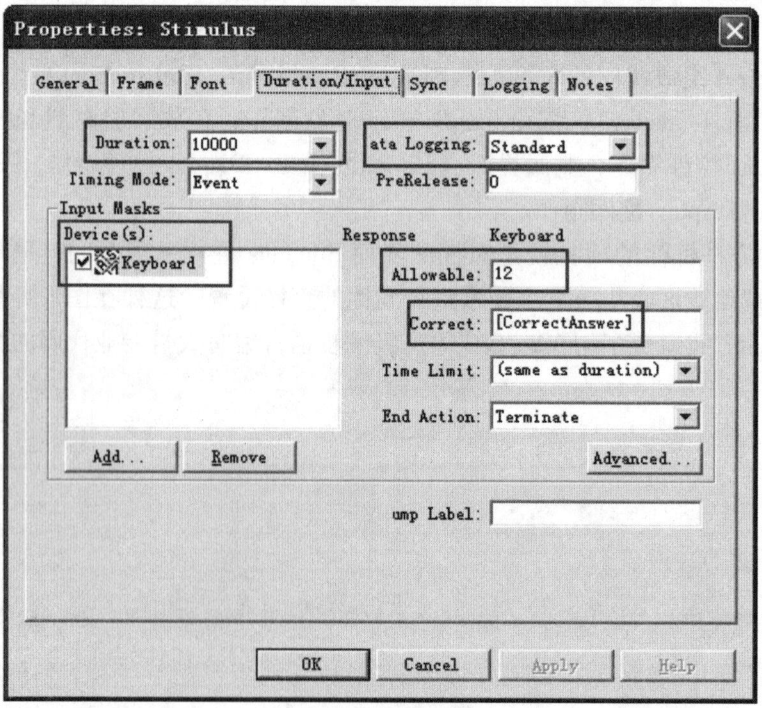

图 3－9　对象属性设置示意图

2. 结构化的设计方式

E-Prime 采用结构化的方式设计实验。我们知道，心理实验是时间的函数，随着时间的推进，依次逐步地完成实验各组成部分的功能。E-Prime 用 SessionProc 对象把实验运行的前后顺序连接起来，实验程序结构流程图一目了然，先呈现什么后呈现什么，实验有哪些组成部分，有哪些程序模块（如练习模块、实验模块、分实验模块等）也一目了然。如图 3-8 所示“词汇判断”实验结构，该实验结构由总过程 SessionProc 和核心实验过程 TrialProc 组成，总过程由指导语（Instructions）、TrialList（包含核心实验过程和实验材料）和结语（Goodbye）组成，核心实验过程由注视点（Fixation）、刺激界面（Stimuli）和反馈界面（Feedback）组成。E-Prime 采用结构化的设计方式，使设计人员和非设计人员都能容易理解实验的流程及其细节，容易把握对实验的设计与控制。

二、E-Prime 实验设计步骤

进行 E-Prime 实验设计主要由以下十个步骤组成：

第一步，画出实验流程图。

第二步，新建目录，存储本实验程序的相关文件。

第三步，在总过程 SessionProc 中创建指导语（Slide 控件）。

第四步，用 List Object 指定和生成流程图中的核心实验过程。

第五步，在 List Object 输入刺激材料及其相关属性。

第六步，在核心实验过程中创建核心实验过程的各个组成部分，并设置相应的呈现时间、反应方式、需要记录的数据等实验控制要素。

第七步，在总过程 SessionProc 中创建结语。

第八步，运行、调试和修改实验程序（多次）直至符合实验要求。

第九步，创建实验模块或练习模块。

第十步，编译程序生成脚本文件，拷贝中文材料、属性等控制内容到脚本文件中，运行实验。

第三节　E-Prime 实验设计

【技术导航】

1. 运用 E-Prime 实验设计的十个步骤进行实验设计。
2. 掌握文本型刺激的 E-Prime 实验设计的一般方法。

下面以“词汇判断”实验为例介绍 E-Prime 的基本实验设计。

实验刺激如表 3-2 所示。

表 3 - 2　词汇判断实验刺激

序号	条件	刺激	答案
1	word	cat	j
2	nonword	Jop	f
3	word	Job	j
4	nonword	cop	f

实验指导语如图 3 - 10 所示。

欢迎你参加我们的实验！

实验首先在电脑屏幕出来一个红色“+”号注视点，提醒你开始实验，并集中注视电脑屏幕中央。接着呈现一串字符，请你判断这串字符是一个真词还是假词，如果是真词请你按键盘上的“J”键，如果是假词请你按键盘上的“F”键。实验呈现时间很短，请你集中注意，又快又准地作出判断。

明白上述指导语后，请你坐好，将双手放在键盘上，把左手的食指放在“F”键上，右手的食指放在“J”键上，实验要求你使用这两个键回答问题。记住，左手作“假词”的判断，右手作“真词”的判断。

准备好后，现请你按“Q”键开始练习，然后进入正式的实验。

图 3 - 10　“词汇判断”实验指导语

下面结合 E-Prime 的实验程序设计的十个步骤逐步讲述“词汇判断”实验的设计。

一、画出实验流程图

实验流程图是实验设计的蓝本，勾勒实验流程图是 E-Prime 实验设计的开始。同时，E-Prime 结构化的设计方式也要求设计人员必须很清楚实验组成和实验流程及相应的实验控制。

根据实验的要求，我们勾勒出如图 3 - 11 所示的“词汇判断”实验的流程图。实验全过程由五个界面组成，分别是“指导语”、“注视点”、“判断词汇”（即探测界面）、“反馈”界面和“结语”界面，其中，核心实验过程由“注视点”、“判断词汇”（即探测界面）和“反馈”界面组成。

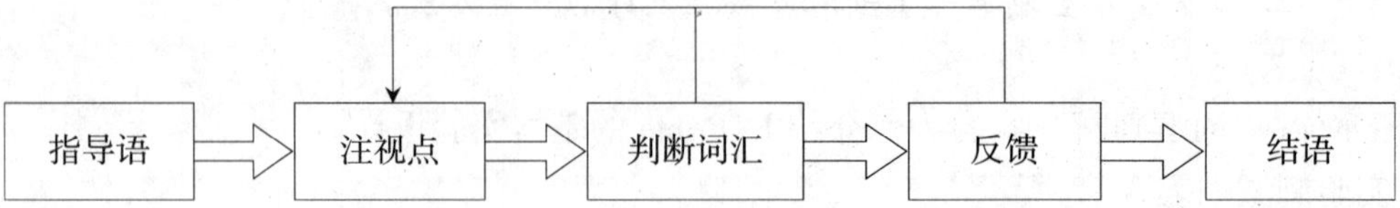

图 3 - 11　“词汇判断”实验流程图

二、新建一个目录，存储本实验程序的相关文件

我们必须养成一个良好的习惯，就是每设计一个 E-Prime 实验程序，都必须建一个相应的目录，用来存储本实验程序的相关文件，包括设计文件、脚本文件、图片刺激文件、声音刺激文件、指导语图片等。由于 2.0 以下版本的 E-Prime 不支持 Unicode 编码，所以也就不支持中文，因此，设计时一旦在 E-Prime 中出现中文，保存时会出现错误，严重时甚至会破坏掉整个设计文件（文件变成 0 字节），原先的设计将毁于一旦，前功尽弃。因此，我们在进行 E-Prime 设计时，通常将指导语、指示语、休息语等中文信息都做成图片的形式由 E-Prime 进行呈现，一个实验程序设计出来之后通常会有包含指导语在内的多幅图片，这些图片最好存放在本实验程序的文件夹中，如果存放在其他目录中，当设计好的实验程序拷贝到实验室中的计算机上运行时，会因 E-Prime 程序找不到图片的相应路径而使程序运行出错。初学者常犯这种错误，因此，必须养成一个良好的使用习惯——建一个程序设计的专用目录。

三、用 Slide 控件在总过程中建立实验指导语

在心理实验中，“指导语”是实验中最先呈现的界面，它置于实验的总过程中，如图 3－12 中的“Instruction”界面即为指导语界面。我们通常会将指导语做成图片的形式，因而常用 Slide 控件来设计指导语。具体操作方法如下：

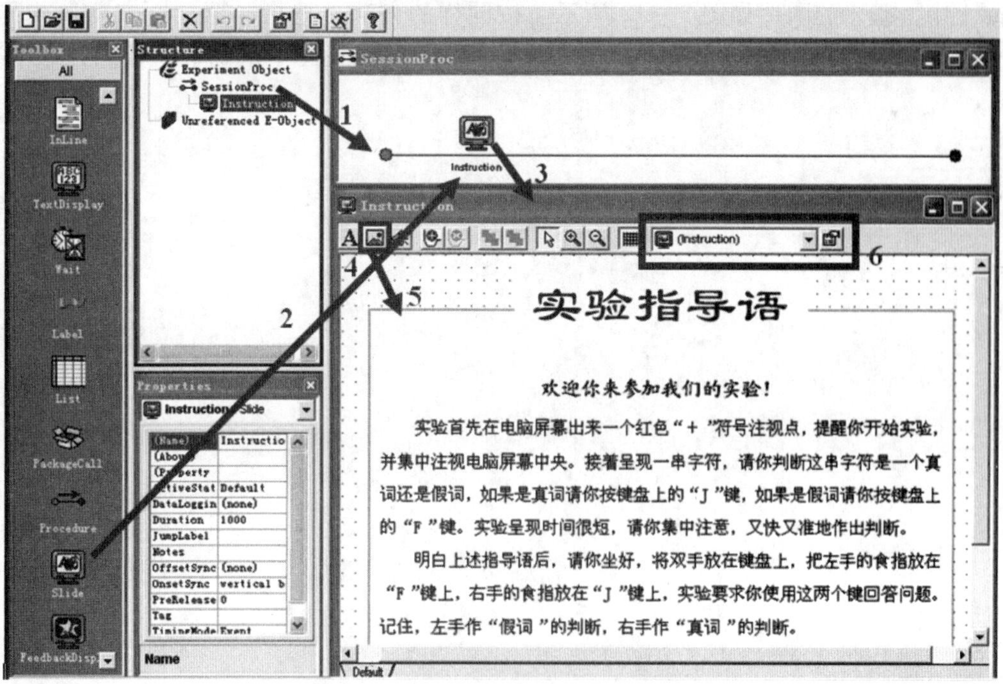

图 3－12　“实验指导语”界面设计示意图

1. 打开总过程

双击 Structure 中的总过程 “SessionProc”，即在 E-Prime 的灰色工作区域中出现一个绿点起始红点结束的实验总过程流程线，操作过程如图 3 - 12 中的箭头 1 所示。

2. 拖放 Slide 对象至总过程作实验指导语

在 Toolbox 中选中 “Slide” 控件，按住鼠标左键，拖至实验总过程 SessionProc 流程线中，如图 3 - 12 中的箭头 2 所示，即在 SessionProc 流程线中生成 Slide 1 界面。选中 Slide 1，按鼠标右键选择 “Rename”，将 “Slide 1” 改名为 “Instruction”（指导语）。

3. 载入指导语图片

双击 “Instruction”，即弹出指导语设计界面。在这个界面的标题下面有一排工具栏，我们用鼠标单击图 3 - 12 中方框 4 所示的 “SlideImage” 工具，然后将鼠标移至 “Instruction” 的空白区域，单击鼠标左键，将 “SlideImage” 图片工具置于空白区域中，即出现图 3 - 13 中蓝色的图片框 “Image 1”。选中该图片框，单击鼠标右键，选中 “Properties”，即出现图中的 “Properties：Image 1” 对话框，在该对话框中有 “General” 和 “Frame” 两个属性页。在 “General” 属性页中需要把图 3 - 10 所示的实验指导语的图片载入到 Image 1 中的图片框中来，即需要在 “Filename” 中指定实验指导语的图片放置的位置及其名称。执行这一步操作时先点击 “Filename” 空白行后面的 “Open” 按钮（垂直箭头所示），在弹出的对话框中找到第二步中建立的文件夹，双击该文件夹中的指导语图片（进行实验设计之前，指导语图片事先已做好并存放在本实验的文件夹中），即可把指导语图片载入到 Image 1 中，载入的图片如图 3 - 12 所示。按同样的方法，把指导语标题 “实验指导语” 五个字的图片也载入到指导语界面中来。可以通过拉伸 Image 1 的边界，使图片全部呈现出来。

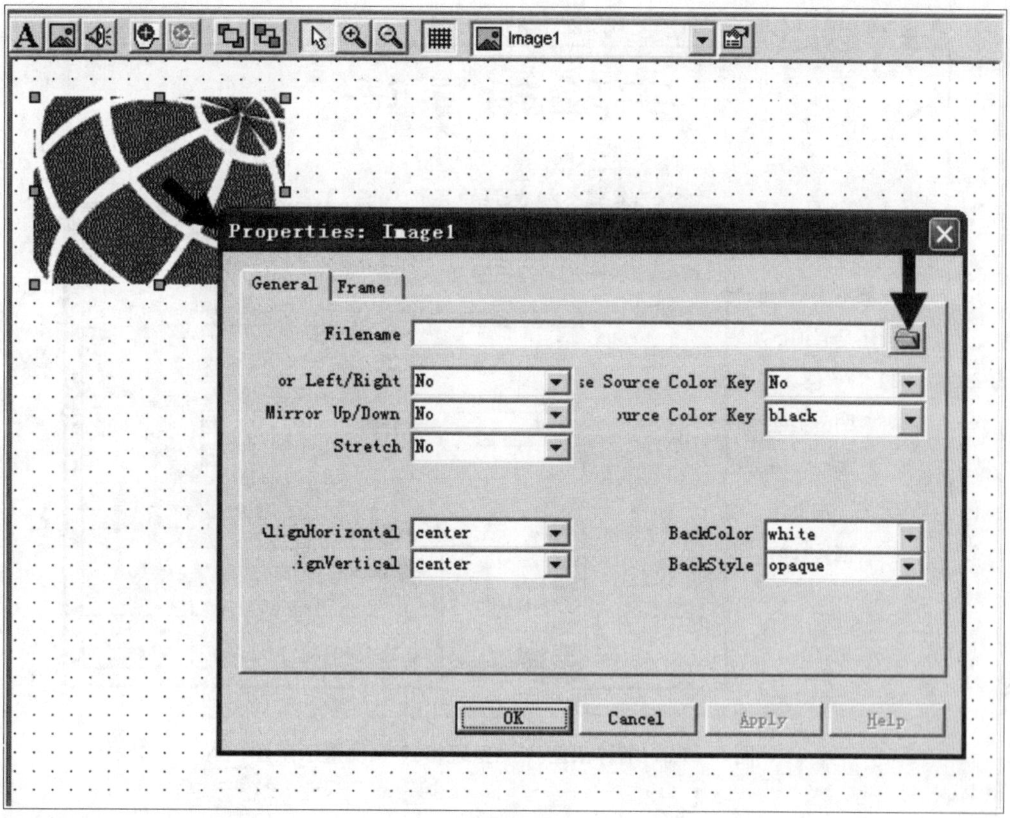

图 3－13　指导语图片载入示意图

接下来我们需要设置指导语界面实验控制的五个要素。

4. 设置指导语实验控制的“五要素”

(1)“呈现格式”设置。

呈现格式是指一个界面中的各个信息（包括刺激和非刺激等）设置成怎样的格式。对于实验指导语界面，我们只要设置图片的格式就行了，因为该界面有两幅图片，我们可以考虑将指导语内容的图片加边框，指导语标题“实验指导语”不加边框，并将两幅图片在屏幕中的位置设置成水平居中，垂直位置通过手动调节至适中即可。

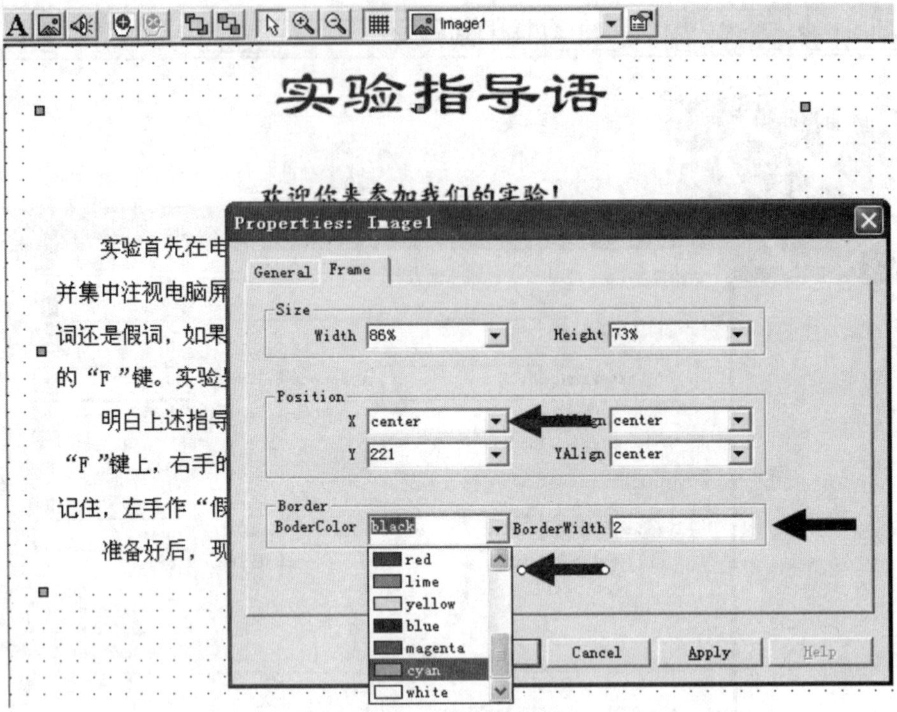

图 3－14 指导语图片“呈现格式”设置示意图

具体的设置方法如下：

选中图片框 Image 1，单击鼠标右键，选中“Properties”，即出现“Properties：Image 1”对话框，如图 3－14 所示。单击“Frame”属性页。在“Frame”属性页中把“Position”（在屏幕中的位置）中的“X”（水平位置）指定为“center”。在“Border”（边界）选项中，选中一个边界的颜色（BorderColor）并设定边界的宽度（BorderWidth）为“2”即可。其余属性保持默认值。在图 3－14 中，需要设置的属性都用粗黑箭头作了标志（请注意，本书的其他图片中的箭头含义相同，都表示需要设置的属性）。用同样的方法设置指导语的标题“实验指导语”图片的呈现格式。

（2）“呈现时间”设置。

呈现时间是指一个界面呈现在被试面前的持续时间。对于实验指导语界面，因为被试必须看清楚实验指导语才能开始练习或实验，因此，指导语的呈现时间一般设置成“无限时间”。

具体的设置方法如下：

在图 3－12 方框 6 中点击下拉菜单按钮（黑色向下小三角按钮）选择“Instruction”指导语对象，然后点击方框 6 中右边的“Propery Pages”（属性页）按钮，弹出图 3－15 所示的对话框。单击“Duration/Input”属性页，在“Duration”（呈现时间）属性中通过点击下拉菜单按钮将默认的 1 000 ms 设定为“(Infinite)”（无限时间），“呈现时间”控制要素则设置完成。

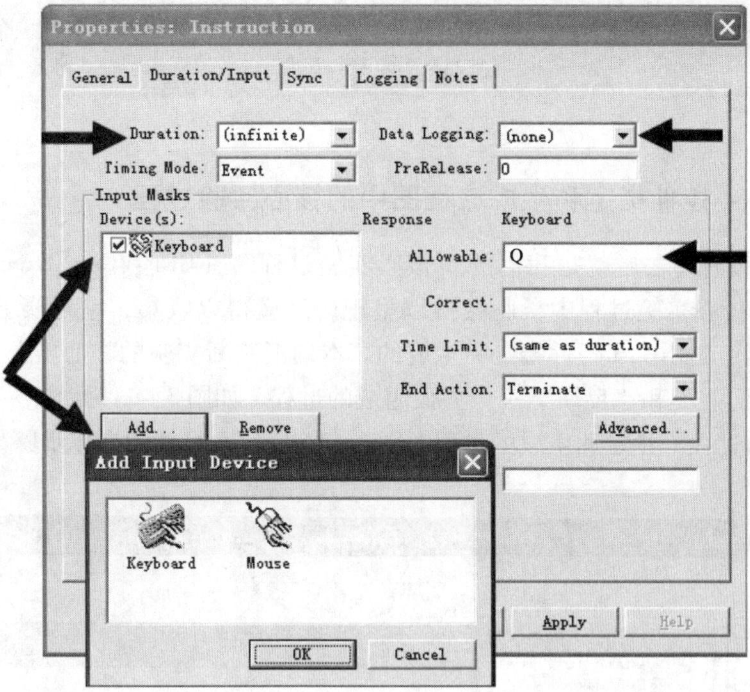

图 3－15　指导语界面实验控制“五要素”设置示意图

（3）“呈现方式”设置。

呈现方式是指一个界面在被试面前呈现完毕后消失的方式。对于实验指导语界面，因为指导语的呈现时间是无限的，所以呈现方式是“按键消失”，按键通常设置成按“Q”键消失。

具体的设置方法如下：

在图 3－15 所示的属性页的“Input Masks”选项中，点击“Add”按钮，弹出如图所示的“Add Input Device”（添加输入设备）对话框，选择“Keyboard”（键盘）作为我们的反应输入设备，单击“OK”后，“Keyboard”随即出现在“Device（s）”设备栏中。在右侧的“Allowable”栏中输入“Q”键，则指导语界面按“Q”键消失。至此，“呈现方式”控制要素设置完成。

（4）“反应方式”和“数据收集”设置。

因指导语界面无须被试进行反应，只需按键消失即可，所以，无须设置反应方式和数据收集（Data Logging）两个要素，即图中所示的“Data Logging”属性保持默认的“none”（不收集）值即可。

因此，在图 3－15 属性页中的各个属性，除前三个要素的属性设置外，其余属性保持 E-Prime 默认值即可。

至此，实验指导语界面的设计便已完成。

【提示】因为指导语由 Slide 对象制作，我们也就相应地介绍了 Slide 控件的一般使用方法，包括创建方法和属性设置。

四、用 List 控件指定和生成流程图中的核心实验过程

指导语界面消失之后就是我们的“核心实验过程”（CEP：Core Experimental Procedure），在这个核心实验过程中，刺激得以呈现，反应得以收集，它是实验的核心部分。“核心实验过程”是由 List 控件指定和生成的。本词汇判断实验的核心实验过程是由“注视点”、“判断词汇”和“反馈”三个界面组成的过程，如图 3－11 所示。

“核心实验过程”指定和生成的过程如图 3－16 所示，具体的操作步骤如下：

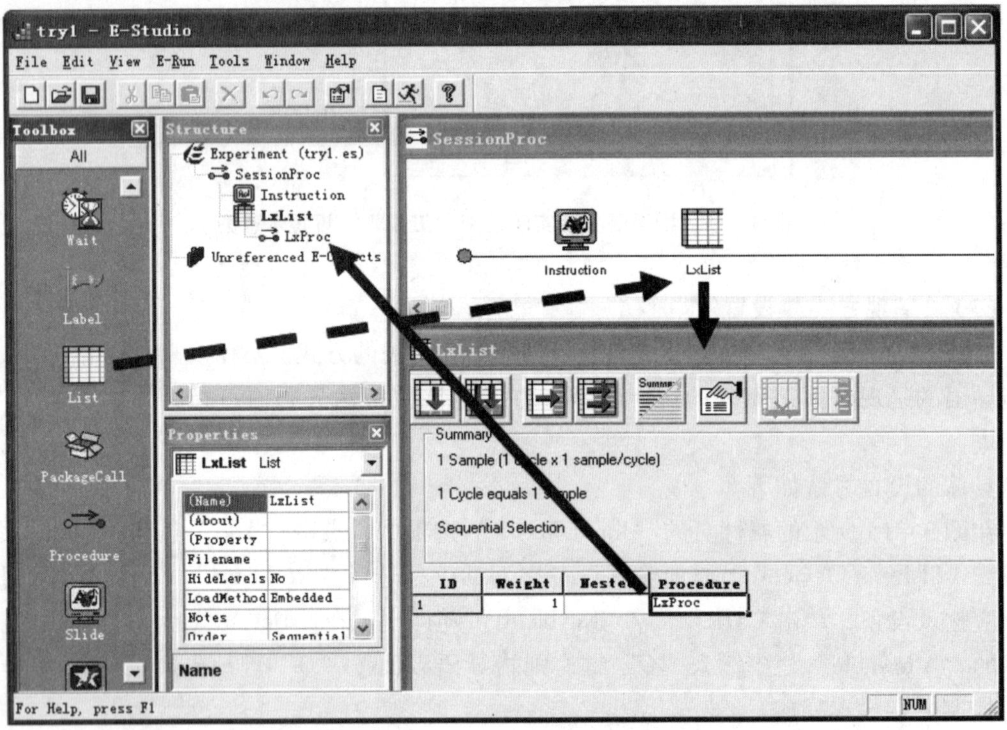

图 3－16　核心实验过程的指定与生成示意图

双击 Structure 中的“SessionProc”，在 Toolbox 中选中“List”控件，按住鼠标左键，拖至实验总过程 SessionProc 流程线中，即在 SessionProc 流程线中生成 List 1 对象。选中 List 1，按鼠标右键选择“Rename”，将“List 1”改名为“LxList”。双击 LxList，打开类似于大家所熟悉的 Excel 电子表格的 LxList 界面。在 LxList 界面中第一行的“Procedure”（过程）字段下输入本实验的核心实验过程名“LxProc”，输入完毕后按回车键（切记一定要键入“回车键”才能生成核心实验过程），询问确认后生成核心实验过程 LxProc。核心

实验过程 LxProc 也随即出现在“Structure”中，如图 3-16 所示。

【提示】掌握“核心实验过程”的创建方法。

五、在 List 控件中输入刺激材料、属性等控制内容

核心实验过程 LxProc 生成之后，我们便可以在 LxList 表格中输入实验材料了。如图 3-16 所示，在 LxList 表格中有默认的 1 行 4 列。在 List 控件中，“行”被称为“Level”（水平），这里的“行”代表“刺激”，有多少“行”就有多少个刺激；“列”被称为“Attribute”（属性），是指刺激的各种属性。如图 3-16 所示，默认的 4 列分别是“ID”、“Weight”、“Nested”、“Procedure”。“ID”是 E-Prime 默认的刺激的编号，自动生成。“Weight”（权重），是指该行刺激在实验中的运行次数，默认值为 1 即该刺激运行 1 次，如果把 1 改成 2，即该刺激在实验中出现两次。“Nested”（相嵌），是指刺激之间的相互嵌套、相互调用，默认值为空，即没有相互嵌套、相互调用，此功能将在以后的章节中详细介绍。“Procedure”（过程），用于指定和生成核心实验过程。

接下来我们需要在 List 表格中输入如表 3-2 所示的实验材料。表 3-2 所示词汇判断实验中有 4 行 4 列，即有 4 个刺激及刺激的相关属性，因此我们必须在 List 表格中添加 4 行 4 列。

在 List 控件中，最上端一行有 8 个工具按钮，其中左边的 4 个是用来往 List 表格中添加行和列的工具按钮。

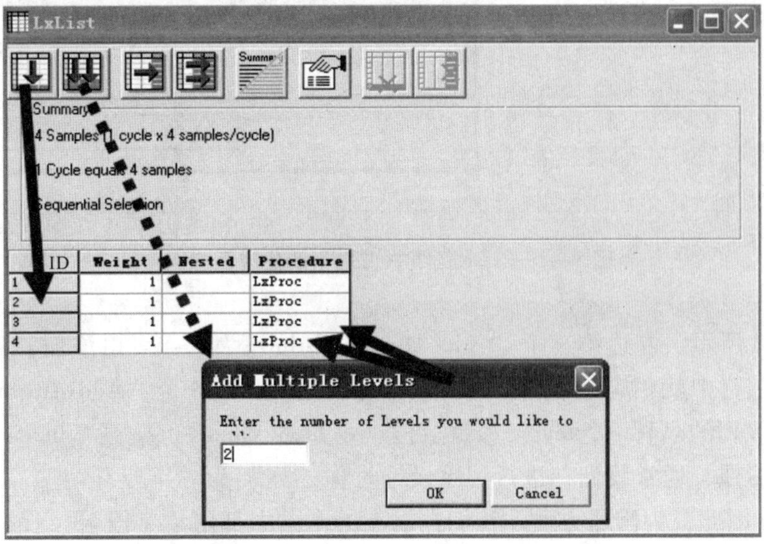

图 3-17　List 控件中“行”的生成示意图

如图 3-17 所示，左边第一个“Add Level”按钮为 List 表格添加“1 行”按钮，点击

一次，在 List 表格中就相应地增加 1 行，如图 3－17 中 ID 号为“2”的行就是第一次点击“Add Level”按钮生成的（LxList 表格中有默认的 1 行 4 列），点击多少次就相应地增加多少行。左边第二个“Add Multiple Levels”按钮为 List 表格增加多行按钮，点击此按钮便弹出一个“Add Multiple Levels”对话框，如图 3－17 所示，要求用户输入需要增加的行数。输入数字后，点击“OK”，List 表格就相应地增加了该数字所表示的行数。如本例中输入数字“2”后，点击“OK”，List 表格就相应地增加了 ID 号为“3”和“4”的 2 行表格。不管生成多少行，生成的行的“Weight”、“Nested”和“Procedure”三个字段的值都与第一行相同。

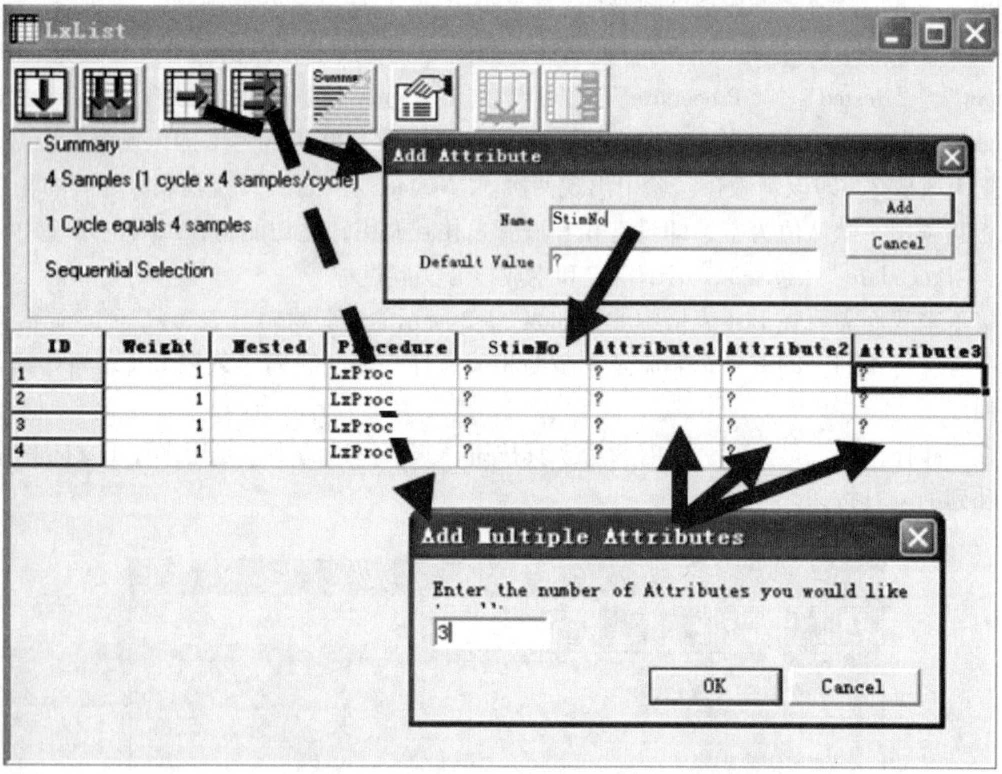

图 3－18　List 控件中“列”的生成示意图

如图 3－18 所示，左边第三个“Add Attribute”按钮为 List 表格添加一列按钮，点击一次，在 List 表格中就相应地增加一列。点击此按钮便弹出一个“Add Attribute”对话框，要求用户输入该列的名称（Name）和默认值（Default Value）。按照 Windows 高级编程语言一般的命名习惯，通常我们在进行程序设计时称“列”为“字段”，把“列”的名字称为“字段名”，因此，为沟通方便，我们在以下的术语中都用“字段名”代替“列”的名字。在“Name”处输入字段名为“StimNo”（序号或刺激编号），默认值一般无须输入，保持原有的问号不变，点击“OK”后，List 表格就相应地增加字段名为“StimNo”列，如图 3－18 所示。左边第四个“Add Multiple Attributes”按钮为 List 表格增加多列按钮，点击此按钮便弹出一个“Add Multiple Attributes”对话框，要求用户输入需要增加的列数。输入数字，点击“OK”后，List 表格就相应地增加了该数字所表示的列数。如本例中输入数字“3”后，点击“OK”，List 表格就相应地增加了字段名分别为“Attribute 1”、“Attribute 2”和“Attribute 3”的三列表格。

如图 3 – 19 所示，双击“Attribute 1”，在弹出的“Edit Attribute”对话框中，将“Attribute 1”改成“StimType”（刺激类型）。按同样的方法，依次将“Attribute 2”和“Attribute 3”更名为“Stimulus”（刺激）和“Answer”（答案）。在这里，“Answer”为各个刺激对应的被试正确的反应按键。

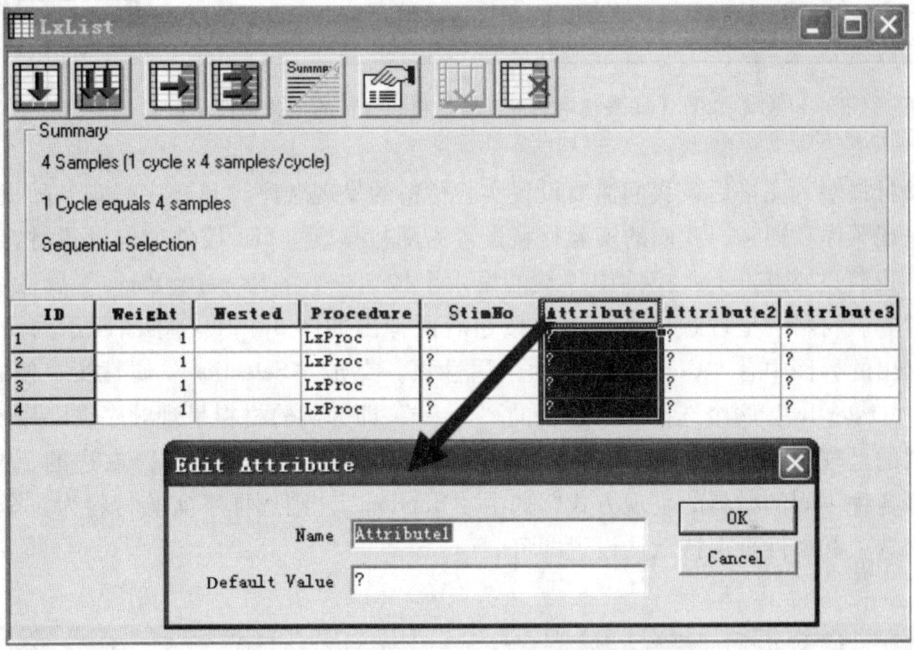

图 3 – 19　List 控件中“列”的更名示意图

至此，本例词汇判断实验中，List 控件中的表格已创建完毕。接下来需要在表格中输入表 3 – 20 中所示的实验材料时，则依次在“StimNo”、“StimType”、“Stimulus”和“Answer”中输入对应的实验材料和材料的相关属性即可，如图 3 – 20 所示。在这里，我们将刺激类型（StimType）定义为“1”为“真词”，“2”为“假词”。

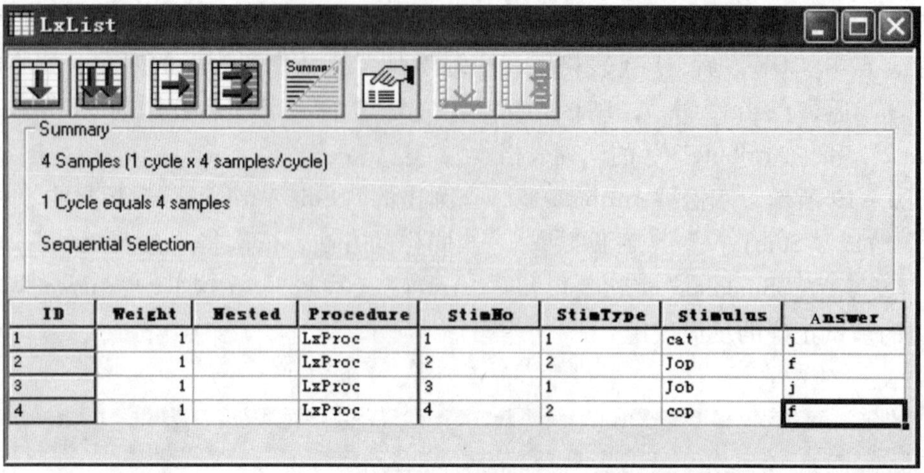

图 3－20　List 表格中输入实验材料和材料的相关属性示意图

实验材料输入完毕后，我们需要设置实验材料的呈现顺序，是顺序呈现、随机呈现还是别的呈现顺序。通常，我们的实验材料设置为随机呈现。List 控件如何设置材料的呈现顺序呢？我们只要点击 List 控件中顶端的第六个按钮——“Property Pages”属性页按钮，便可设置实验材料的呈现顺序。点击该按钮后便弹出如图 3－21 右半图所示的属性页界面。在弹出的界面中有“General”等六个属性页，点击“Selection”属性页，便有“Order”和“Order by”两个选择项，这里的“Order”即为实验材料呈现顺序，E-Prime 默认实验材料的呈现顺序为“Sequential”（顺序呈现）。点击“Sequential”右边的下拉按钮，可以选择各种不同的材料的呈现方式，选中“Random”，则选择了实验材料为完全随机呈现。其余选项和属性页保持默认设置即可。

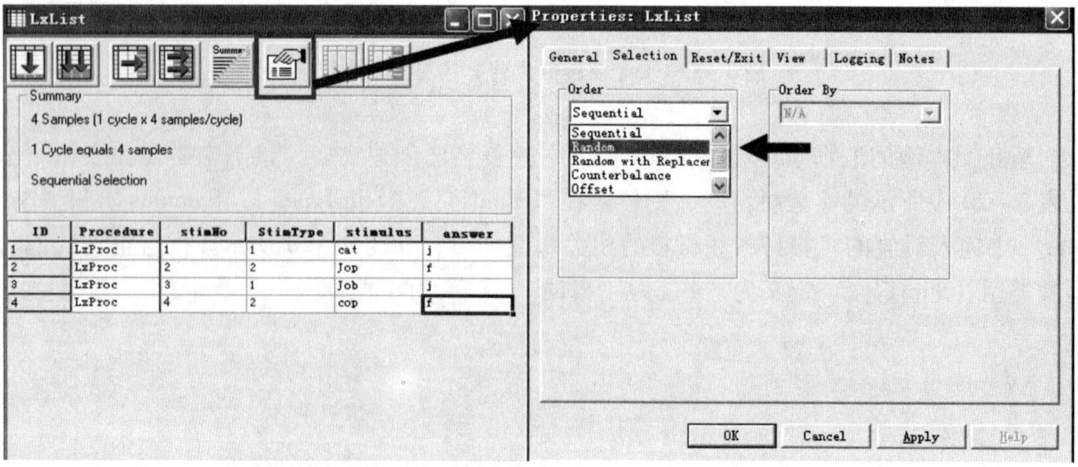

图 3－21　List 控件中材料随机呈现的设置示意图

至此，对实验材料的输入和呈现顺序的设置已完成。

【提示】掌握 List 控件制作与属性设置的一般方法。

六、在核心实验过程中创建核心实验过程的各个组成部分，并设置相应的呈现时间、反应方式、需要记录的数据等实验控制的五个要素

在第三步中，我们创建了本词汇判断实验的核心实验过程“LxProc”。从图 3－11 所示的“词汇判断”实验的流程图可知，该实验的核心实验过程“LxProc”由“注视点”、“判断词汇”和“反馈”三个界面组成。因此，我们需要在核心实验过程“LxProc”中分别创建以上三个组成部分，并逐个设置每个界面的实验控制的五个要素。

1. “注视点”界面的创建与设置

如图 3－22 所示，双击 Structure 中的“LxProc”，即在 E-Prime 工作区域呈现 LxProc 核心实验过程界面。在 Toolbox 中选中“TextDisplay”控件，按住鼠标左键，拖至核心实验过程 LxProc 流程线中，随即在 LxProc 流程线中生成 TextDisplay 1 对象。选中 TextDisplay 1 ，按鼠标右键选择“Rename”，将“TextDisplay 1”改名为“Fixation”（注视点）。双击 Fixation，打开 Fixation 界面，在光标闪烁处输入“ + ”作为注视点。

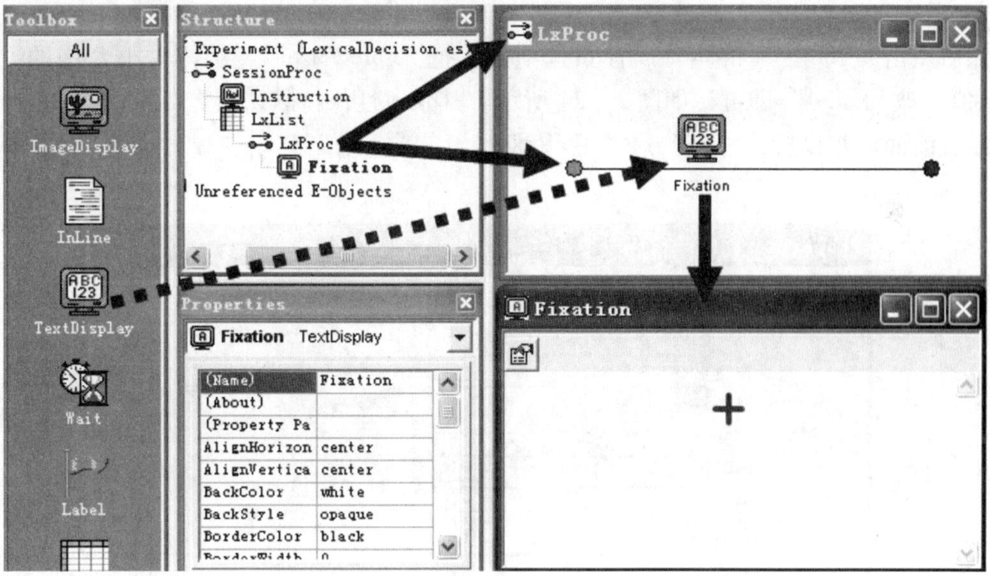

图 3－22　“注视点”界面的创建示意图

接下来需要对注视点界面进行实验控制“五要素”设置。

（1）“呈现格式”设置。

对于注视点的呈现格式，我们只要设置注视点符号的颜色和字号即可。

具体的设置方法如下：

单击 Fixation 界面左上角的“Property Pages”按钮，即出现“Properties：Fixation”对话框，如图 3－23 所示。在“General”属性页选项卡中，把“ForeColor”（前景颜色）中的“black”（黑色）通过下拉菜单改为“red”（红色），其余属性保持不变。

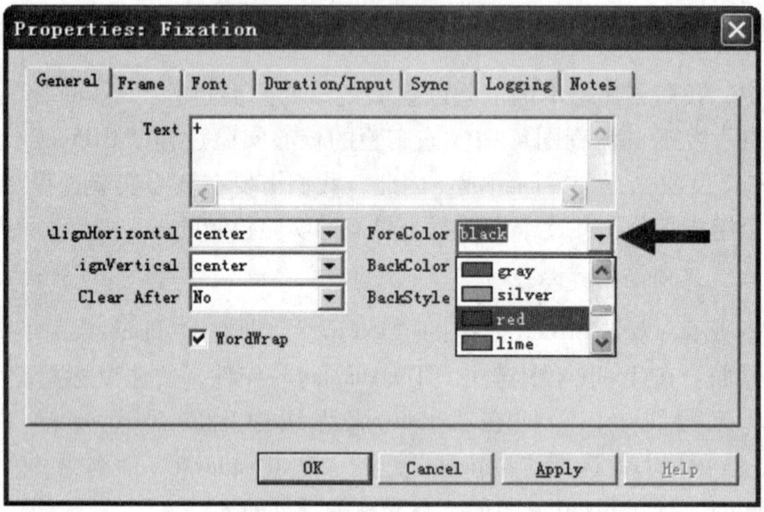

图 3－23　注视点“呈现格式”要素设置之一

然后点击“Font”（字体）属性页选项卡，把“Point Size”（字体大小）中的“18”（默认值）改为“34”即可，如图 3－24 所示。其余属性保持默认值。

经过前面两步设置，“呈现方式”要素便设置完成。

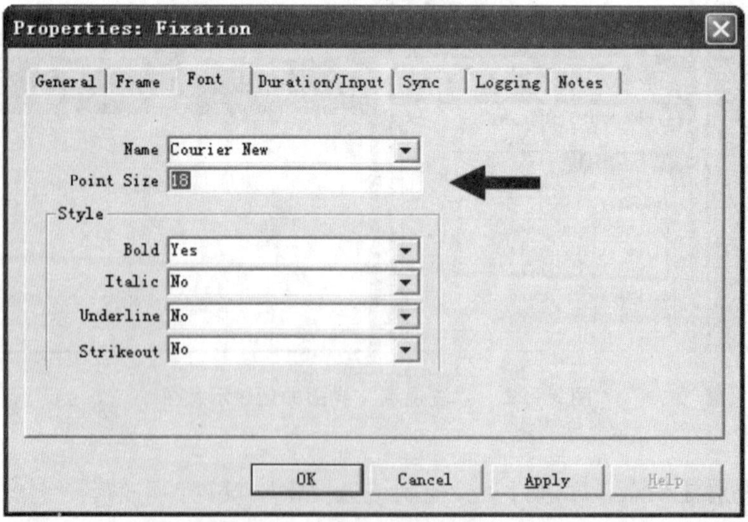

图 3－24　注视点“呈现格式”要素设置之二

（2）“呈现时间”设置。

注视点的呈现时间一般设置为 500 ~ 800 ms 较为合适，本例设为 800 ms。

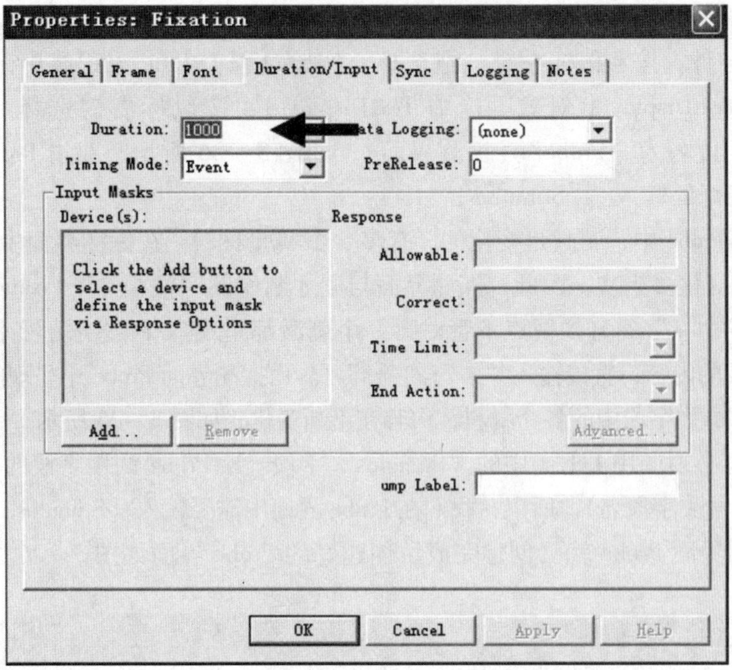

图 3 - 25　注视点界面“呈现时间”要素的设置示意图

具体的设置方法如下：

单击 Fixation 界面左上角的“Property Pages”按钮，在弹出的“Properties：Fixation”对话框中，单击“Duration/Input”属性页选项卡，如图 3 - 25 所示，将“Duration”（呈现时间）属性默认的 1 000 ms 数值直接修改为“800”即可，其余属性保持默认值。“呈现时间”控制要素则设置完成。

（3）“呈现方式”设置。

呈现方式是指一个界面在被试面前呈现完毕后消失的方式。对于注视点呈现界面，注视点呈现到预设时间 800 ms 后即自动消失，因此，无须设置“呈现方式”要素。

（4）“反应方式”和“数据收集”设置。

因注视点界面被试无须进行反应，所以，无须设置反应方式和数据收集两个实验控制要素。

至此，注视点界面的设计宣告完成。

2. “探测界面”的创建与设置

注视点消失之后，实验程序马上呈现一个词，要求被试进行真假词判断，并记录下被试的反应时间和反应正确与否等数据信息，因此，这个界面在心理实验程序设计中通常称为“探测界面”（Probe），意味着探测和记录被试的反应。在本实验中，探测界面也是

“刺激界面”，因为需要在探测界面中呈现刺激。

在本例中，探测界面中呈现的刺激是英文单词，为文本型刺激，因此，我们仍用“TextDisplay”控件来呈现英文词汇。探测界面的创建跟注视点的创建一样，如图 3－22 所示，双击 Structure 中的“LxProc”，即呈现 LxProc 核心实验过程界面。在 Toolbox 中选中“TextDisplay”控件，按住鼠标左键，拖至核心实验过程 LxProc 流程线中，随即在 LxProc 流程线中生成 TextDisplay 1 对象。选中 TextDisplay 1，按鼠标右键选择“Rename”，将“TextDisplay 1”改名为“Probe”（探测界面），如图 3－26 所示。双击 Probe，打开 Probe 界面，在光标闪烁处输入“[Stimulus]”。

在探测界面 Probe 中，刺激是变化的。有多少个实验材料，在探测界面中就出现多少次，即在探测界面中变化多少次。因此，探测界面与刚才制作的“注视点”Fixation 界面不一样，Fixation 界面中的“+”符号注视点不管对哪一个刺激都呈现“+”，永不变化。因此，对于 Fixation 界面呈现的内容，直接输入“+”符号即可。而探测界面 Probe 中呈现的内容是存放于 LxList 的“Stimulus”字段中的各个材料，内容在不断变化，如图 3－26 所示。因此，探测界面 Probe 的呈现内容必须调用 LxList 中的“Stimulus”字段。E-Prime 调用字段的方法是“[字段名]”（一对方括号＋字段名）。所以，我们在 Probe 界面中需要输入“[Stimulus]”。

至此，探测界面 Probe 就已创建完成，创建好的 Probe 界面如图 3－26 所示。

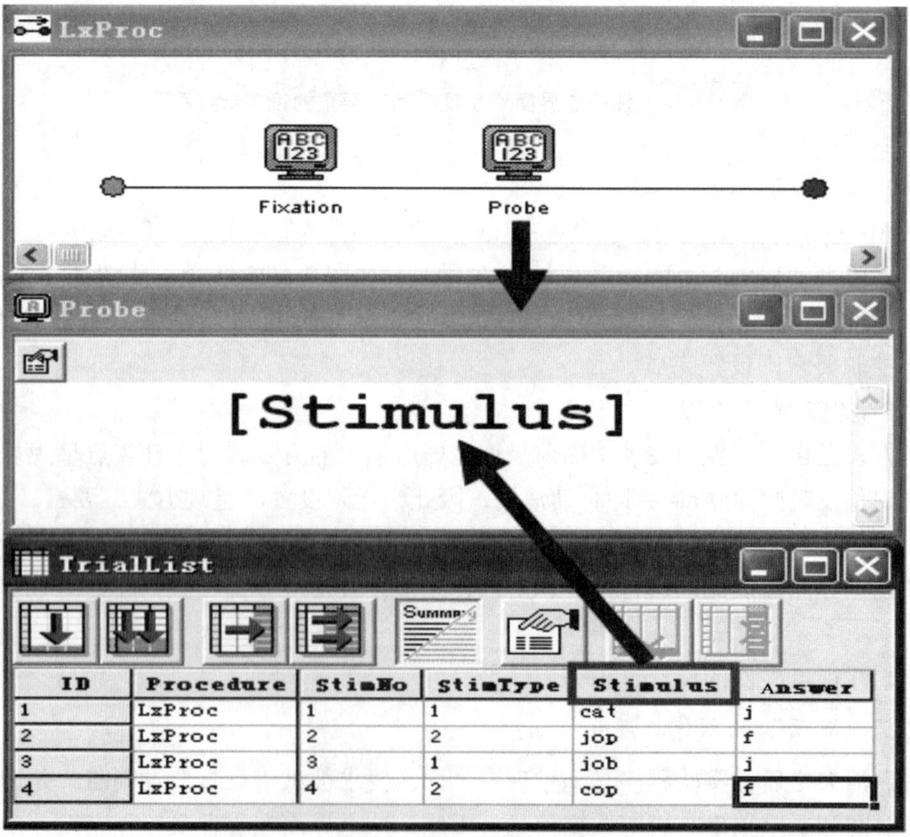

图 3－26　探测界面的创建

【提示】 掌握字段调用的原理与方法。

接下来需要对“探测界面”进行实验控制“五要素”设置。

（1）“呈现格式”设置。

对探测界面的“呈现格式”进行设置时，我们仍然只要设置探测词的字号和字的颜色即可，字号为“34”，字的颜色为“黑色”。这两个属性的设置与注视点界面“呈现格式”的设置方法一样，这里不再重复。探测界面的背景颜色保持默认的白色不变。

（2）“呈现时间”设置。

探测界面的呈现时间我们通常设置成“无限时间”或某一指定时间（如 3 s），对本例，我们可以把呈现时间设为“无限时间”。具体的设置方法与注视点界面“呈现时间”的设置一样。如图 3-27 所示，我们只要点击“Duration”右边的下拉框，选中“infinite”（无限时间）即可。

（3）“呈现方式”设置。

探测界面的呈现方式通常设置成“反应消失”或“自动+反应”方式，对本例，因为呈现时间设置成“无限时间”，因此，该探测界面的“呈现方式”为“反应消失”。对“反应消失”我们就需要设置反应键，即按什么反应键该界面就消失，这一设置需要借助第四个要素“反应方式”来设置。

（4）“反应方式”设置。

对本词汇判断实验，我们采用键盘进行反应，使用键盘上的“f”和“j”两个键对屏幕中出现的字符串进行真假词的判断。因此，我们必须把反应设备——键盘载入反应设备框中来。如图 3-27 所示，点击“Input Masks”属性中的“Device(s)”选项下的“Add”按钮，在弹出的界面中双击“Keyboard”，把键盘反应设备加入到“Device(s)”反应设备框中来。随着键盘的载入，“Device(s)”反应设备框右边的“Response”下属的各个属性也相应得到激活。

前面所做的动作只是把反应设备添加进来，接下来需要对被试使用的反应键进行设置。在右边激活的“Response”下属的各个属性中，“Allowable”属性就是指该界面中允许被试输入什么键，对本例则指允许被试输入什么反应键。E-Prime 默认为“{ANY}”，即按任何键都可以进行反应，对本例被试只能按“f”和“j”键进行判断，其他键无效，因此，需要把“Allowable”中的“{ANY}”值删除，输入“f j”即可，如图 3-27 所示。

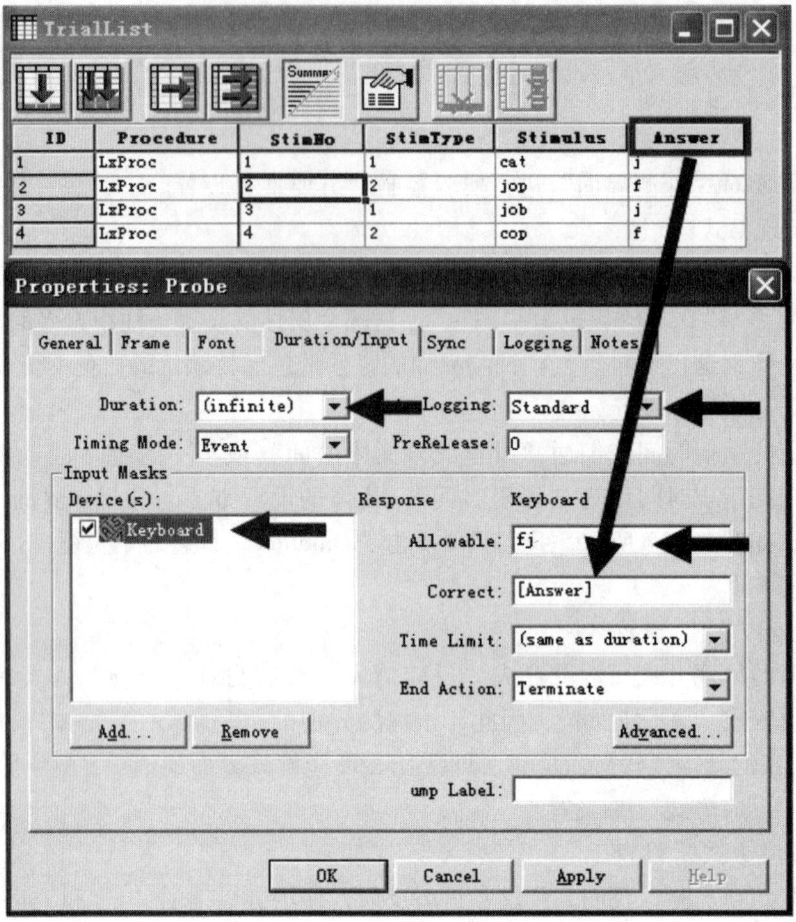

图 3－27　探测界面的设置

对被试的按键正确与否，实验程序需要作出判断。因此，我们必须在 E-Prime 程序中预设每一个 Trial 的答案，而“Correct”属性指的就是每一个 Trial 的答案。所以，我们必须在“Correct”属性框中输入“[Answer]”，如图 3－27 所示，“Answer”就是我们在“List”中输入的各个真假词的答案字段。在探测界面中，各个刺激是变化的，相应地，答案也是变化的，所以我们设置“Correct”属性也必须通过调用字段的方式（方括号＋字段名）实现变化，而不能直接输入“f j”。这一点也是初学者容易犯错的地方。

（5）“数据收集”设置。

探测界面是呈现刺激和收集数据的界面，因此必须设置“数据收集”要素。如图 3－27 所示，“Data Logging”属性就是“数据收集”要素的设置，默认值为“None”，即不用采集数据，点击右边的下拉按钮，有“Standard”、“Response Only”、“Time Audit Only”和“Custom”四种数据收集方式可供选择。作为初学者，我们可选择前面两项，都可以记录到我们所需要的“反应时”、“反应正误”等信息。至于这四个数据收集方式的区别，我们将在第五章中详细介绍。

以上是对探测界面的五个要素的设置，探测界面中，E-Prime 的其余各属性保持默认或不变即可。至此，探测界面的设计宣告完成。

【提示】1. 掌握“反应方式”的设置方法。
2. 掌握“数据收集”的设置方法。
3. 掌握“答案”的设置方法。
4. 掌握 TextDisplay 对象的制作与属性设置的一般方法。

3. “反馈界面”的创建与设置

反馈界面是对被试的反应正误作出反馈。心理实验的练习模块通常会设置一个反馈界面，以对被试的反应正误作出反馈，通过反馈以期被试能较快地形成正确的反应习惯。本例也在练习模块中加入反馈界面。

（1）反馈界面的创建。

反馈界面的创建跟注视点的创建一样，如图 3－22 所示，双击 Structure 中的“LxProc”，即弹出 LxProc 核心实验过程界面。在 Toolbox 中选中“FeedbackDisplay”控件，按住鼠标左键，拖至实验总过程 LxProc 流程线中的 Probe 对象后面，随即在 LxProc 流程线中生成 FeedbackDisplay1 对象。本实验中的反馈界面只有一个，因此，我们对 FeedbackDisplay1 对象不再改名，保持默认的“FeedbackDisplay1”名称。双击 FeedbackDisplay1，打开 FeedbackDisplay1 界面，如图 3－28 所示。

（2）反馈界面的内容。

如图 3－28 中方框 3 所示，反馈界面默认有四个相关的反馈信息，包括正确（Correct）、错误（Incorrect）、没反应（No Response）和自定义（Pending）四个方面的反馈内容。FeedbackDisplay 对象默认呈现反应正确的反馈信息，这些信息包括“Correct!”（反应正确）、“@ RT Seconds Response Time”（被试的反应时间）、“@ ACC. MEAN Average Percent Correct”（被试平均正确率）三项。这些正确的反馈信息 E-Prime 默认用蓝色呈现。FeedbackDisplay 对象错误（Incorrect）的反馈信息也包括与上述三项一样的内容，只不过错误的信息 E-Prime 默认用红色呈现，起到警示的作用。对正确（Correct）和错误（Incorrect）中的信息，设计人员也可以根据自己实验的需要作增减，如只想向被试呈现“正误”的信息，就可以把后两项信息删除。FeedbackDisplay 对象中没反应（No Response）的信息只向被试提示“No response detected”，并用醒目的红色起到提醒作用。对象中的自定义（Pending）信息为空，设计人员可以根据自己的实验需要添加相应的反馈信息，如“反应太快”、“反应太慢”等信息。

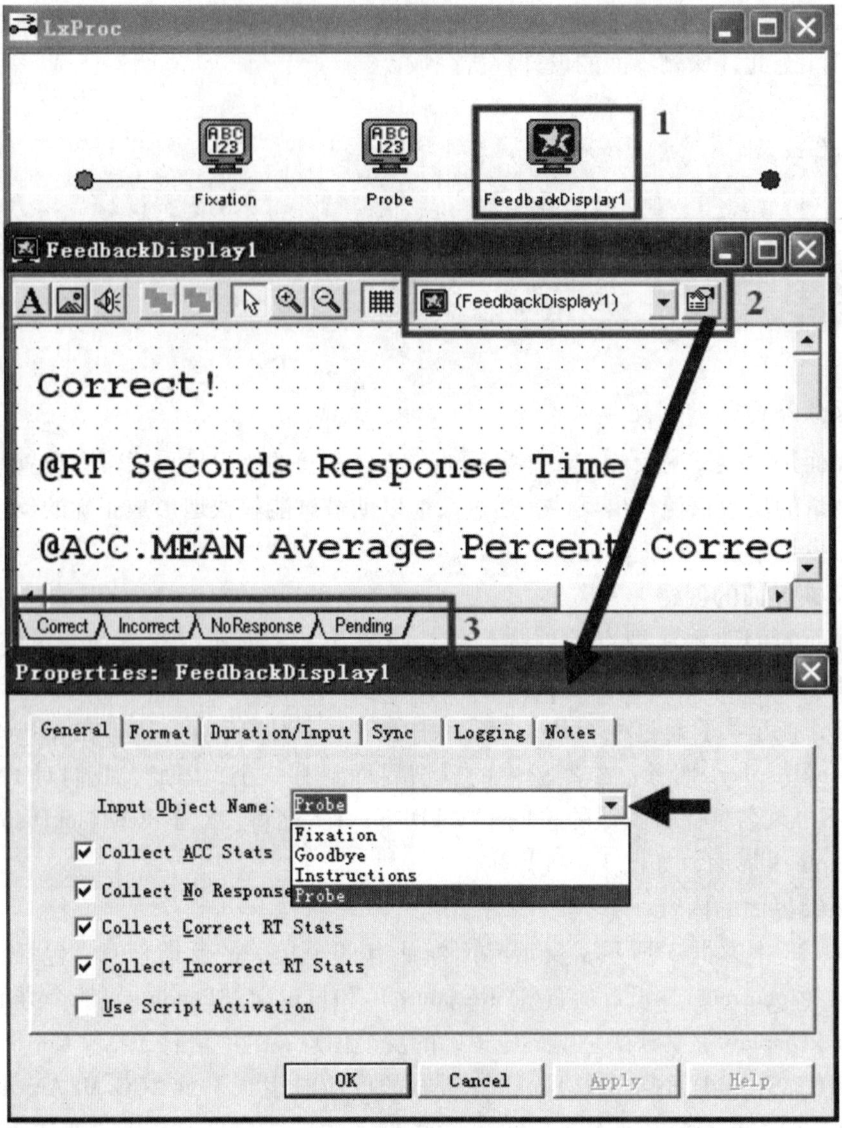

图 3－28　反馈界面的创建与设置

（3）反馈的关联设置。

在图 3－28 中，反馈界面 FeedbackDisplay1 是对前面的“Probe”探测界面中被试的反应情况进行反馈，因此，FeedbackDisplay1 和 Probe 两个对象之间必须建立关联，否则，反馈界面将起不了作用。反馈界面的关联设置在 E-Prime 中同样是通过对属性进行设置即可。如图 3－28 中方框 2 所示，点击黑色小三角下拉按钮，选中“(FeedbackDisplay1)”对象，然后点击右边的手形属性按钮，打开属性对话框，对“Properties: FeedbackDisplay1”进行属性设置，如图 3－28 中下半图所示。在属性页 General 中的第一个属性“Input Object Name”就是设置反馈界面的关联对象，点击右边的黑色小三角下拉按钮，将呈现目前程序中所建立的所有对象，包括注视点 Fixation、指导语 Instruction 和探测界面 Probe。因是对探测界面中被试的反应情况进行反馈，所以选中探测界面 Probe，则反馈界面的关联对象设置完成。初学者往往在这一点上容易忘记设置，造成运行出错，出错的提示语为“Input Object Name not specified”。

（4）反馈界面“五要素”的设置。

对反馈界面“五要素”进行设置，我们基本上可以用 E-Prime 默认的设置即可。对“呈现时间”要素，用 E-Prime 默认的 1 500 ms 即可。当然，如果需要改动，直接在“Duration/Input”属性页中设置即可。对“呈现格式”要素，我们在讲述反馈界面的内容时已经提到，E-Prime 已默认错误信息和无反应信息用红色呈现、正确信息用蓝色呈现。对“呈现方式”要素，反馈界面的呈现方式一般都要求自动消失，因此只要设置呈现时间即可。对“反应方式”和“数据收集”两个要素，因反馈界面无须被试进行反应，因此不需要设置反应方式和数据收集。

至此，核心实验过程 LxProc 中的各对象及对象的各个属性设置便大功告成了。接下来就是创建和设置最后一个实验组成部分——“结语”界面。

【提示】 掌握“反馈界面”的创建与设置的方法。

七、在总过程（SessionProc）中创建结语

结语是实验程序中的最后一个界面，它告诉被试实验完毕，并感谢被试的参与。结语界面的创建跟指导语界面的创建一样，如图 3－29 所示，双击 Structure 中的“SessionProc”，即弹出 SessionProc 实验总过程。在 Toolbox 中选中“Slide”控件，按住鼠标左键，拖至实验总过程 SessionProc 流程线中，随即在 SessionProc 流程线中生成 Slide1 对象。选中 Slide1，按鼠标右键选择“Rename”，将“Slide1”改名为“expEnd”。双击 expEnd，打开 expEnd 界面，将结语的图片添加到 expEnd 中去，具体添加的方法参阅指导语图片的添加方法，这里不再重复。至此，结语界面 expEnd 就已创建完成，创建好的结语界面 expEnd 如图 3－29 所示。这里需要提醒的是，初学者往往容易把结语界面创建在核心实验过程 LxProc 中，这样会造成每运行一个 Trial 就结束一次，这显然是错误的。因此，结语界面只能创建在总过程 SessionProc 中，而不能创建在核心实验过程中。

由于心理实验中的结语界面通常也不需要被试作出反应，因此无须设置“反应方式”和“数据收集”两个要素。对结语界面“呈现时间”要素，我们采用 E-Prime 默认的 1 000 ms 即可。对结语界面“呈现方式”要素，设置成自动消失即可，因此只需要设置“呈现时间”要素即可。对结语界面“呈现格式”要素的设置，我们只需要设置图片居中即可，具体的设置参阅指导语界面中图片的设置。

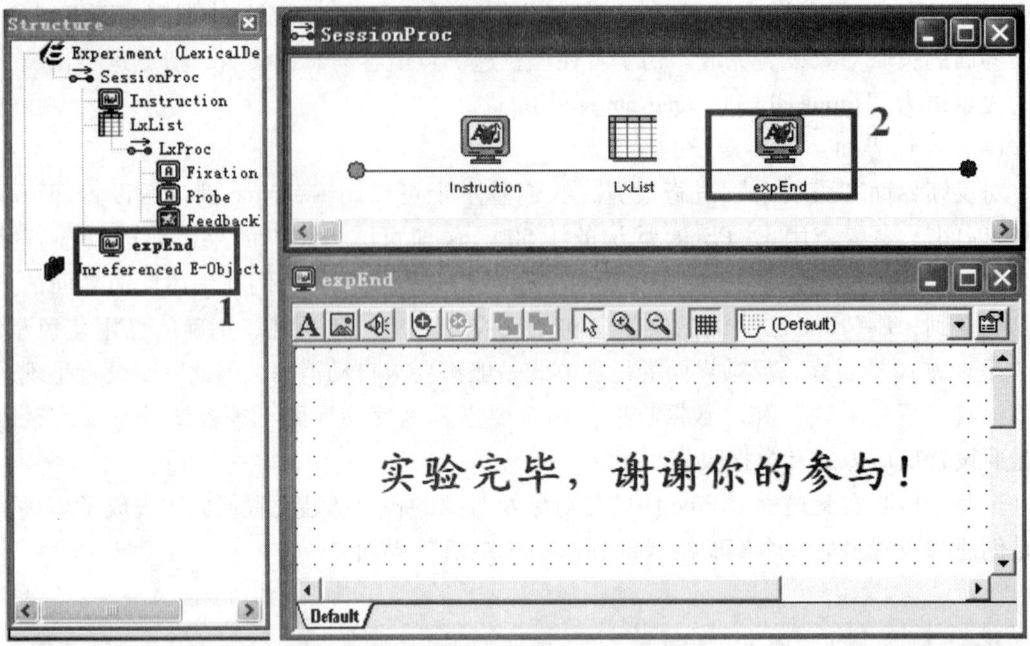

图 3-29　结语界面的创建与设置

至此，本词汇判断实验的 E-Prime 设计就宣告完成。设计好的实验程序结构图如图 3-30 所示。从图中可以看出，实验程序明显包括两个过程，一个是总过程 SessionProc，如图中向下的箭头 1 所示，一个是核心实验过程 LxProc，如图中方框 2 所示。总过程包含了核心实验过程。总过程包括指导语 Instruction、材料过程容器 LxList 和结语 expEnd 三个组成部分；核心实验过程包括注视点 Fixation、探测界面 Probe 和反馈界面 FeedbackDisplay1 三个组成部分。两个过程犹如两根线，将相应的组成部分串联起来。

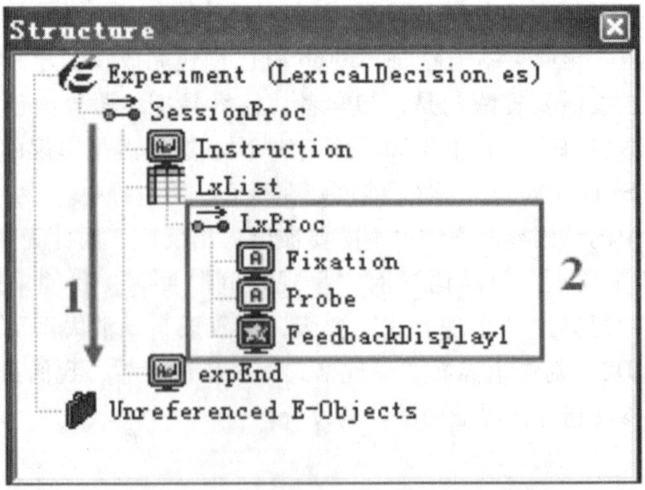

图 3-30　设计完成的词汇判断实验示意图

八、运行、调试和修改实验程序（多次）直至符合实验要求

实验的各组成部分创建和设置完成以后，程序设计得是否合理、有否错漏、是否符合实验的要求？对此我们需要试运行实验，查看程序的运行情况。点击 E-Prime 菜单工具栏中的“Run”按钮，运行程序。

点击“Run”按钮后，E-Prime 首先对设计好的程序进行编译，将各个可视化的图形界面设计（对象创建及属性设置）编译成一行行的程序脚本语言，并在相应的文件夹中生成一个同名且后缀名为“. ebs”的脚本文件。在此编译过程中，E-Prime 会很智能地检查各属性的设置及语法情况，如出现错误则会提示相应的出错信息，设计人员应根据出错信息进行相应的修改。如编译成功，E-Prime 随即运行程序，程序首先会弹出一个对话框，提示设计人员输入被试编号［“Please enter the Subject Number (1 - 32767):”］，默认为“1”，输入 1 ~ 32767 中的任何一个数据即可。输入完毕后按回车键，E-Prime 又弹出一个对话框，提示输入实验组别［“Please enter the Session Number (1 - 32767):”］，默认为“1”，此“Session”也可以理解成不同的实验或同一实验中的不同分实验。输入相应的编号并按回车后，E-Prime 又弹出一个对话框，如图 3 - 31 所示，要求确认刚才输入的信息，如没有错误即可点击“Yes”开始实验，如有错误即可点击“No”重新输入 Subject 和 Session 信息。

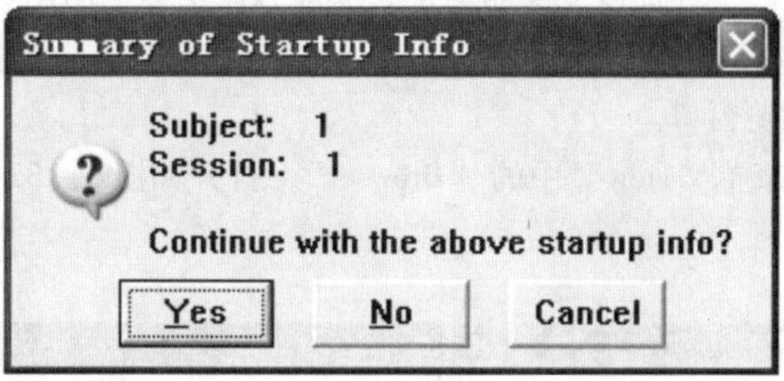

图 3 - 31　程序运行中被试信息确认图

程序运行后，E-Prime 会根据设计的顺序从指导语开始逐步运行。如果程序设计没有错误，程序会成功运行到结语界面结束实验。如果程序设计有错误，E-Prime 会提示出错信息，终止程序的运行。设计人员应根据出错的信息作相应的修改，修改完后再运行程序，检验和调试程序。如果还有错误，则还应根据出错信息作修改，然后再运行、再调试程序，直至所有的错误修改完毕和调试成功。

九、创建实验模块或练习模块

在我们的心理实验中，研究人员一般都会让被试在正式的实验（模块）前先进行适量的练习，而且练习（模块）中通常有反馈，这样，通过练习和反馈，让被试熟悉实验过程和反应规则，以便能在正式的实验中按研究人员的要求较好、较顺利地完成实验。正式实验模块对绝大部分的心理实验来说都不设置反馈。

1. 实验模块的创建

经过前面的八个步骤，我们成功创建、设置和调试好了带反馈界面的练习模块。接下来我们需要建一个正式的实验模块。如图 3 – 32 所示，本词汇判断实验的实验模块和练习模块的区别在于实验模块以实验缓冲取代了反馈，用于缓和实验进程、舒缓节奏。其余实验模块和练习模块都相同。

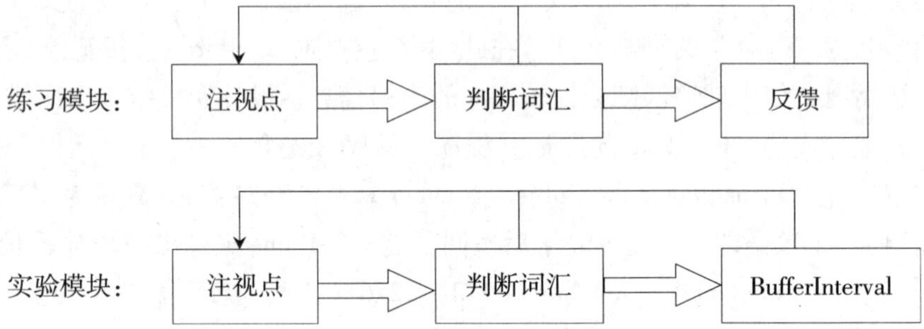

图 3 – 32　词汇判断实验的练习模块和实验模块的核心实验过程流程图

既然练习模块和实验模块大部分相同，那么我们可以从练习模块中复制一份，把复制的练习模块中的“反馈”界面改成实验缓冲，就能方便快捷地创建实验模块。为此，我们需要执行下列步骤。

（1）打开对象浏览窗口。

点击 E–Prime 主菜单“view”中的“Browser”，打开如图 3 – 33 右半部分所示的对象浏览窗口 Browser。

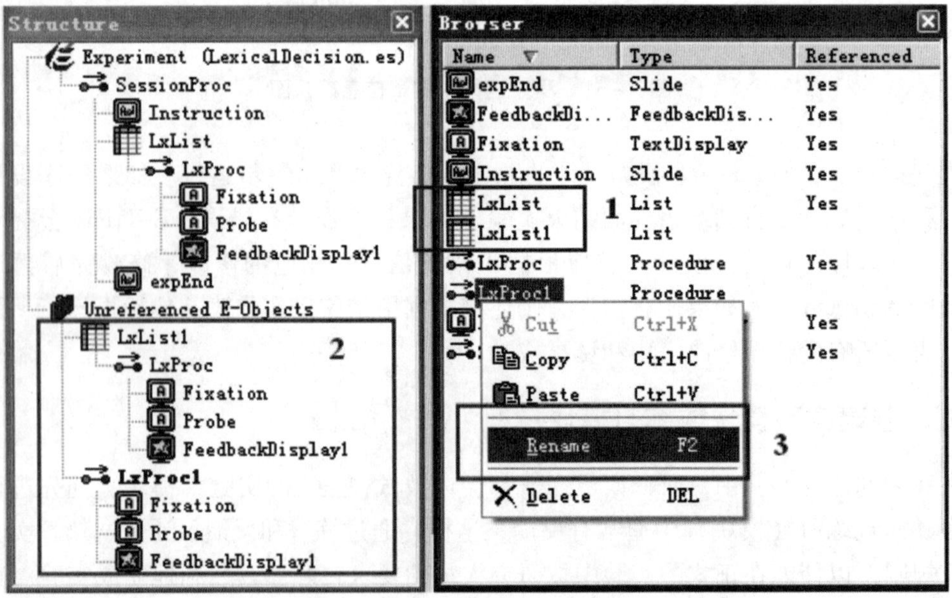

图 3 – 33　实验模块的制作过程之一

（2）复制练习模块。

为了创建实验模块，我们需要拷贝练习模块 List 和练习模块的核心实验过程 LxProc。这种复制就在 Browser 窗口里进行。为此，我们点击选中 LxList，然后按鼠标右键选择“Copy”，再将光标置于 Browser 窗口内，按鼠标右键选择“Paste”进行粘贴，随即在 Browser 窗口里生成一个名为 LxList1 的 List 对象，如图 3 – 33 中方框 1 所示。按同样拷贝粘贴的方法可以生成核心实验过程 LxProc 的拷贝对象 LxProc1。每复制生成一个对象，E-Prime 就在 Structure 中的“Unreferenced E-Objects”中相应地同步生成一个，如图 3 – 33 方框 2 所示。“Unreferenced E-Objects”是指没有被使用的对象或控件，它也相当于 Windows 操作系统的“回收站”功能，在 SessionProc 中删除的对象也会暂时回收在“Unreferenced E-Objects”中备用。

（3）为新生成的对象改名。

在 Browser 窗口里选中刚生成的对象，如 LxProc1，点击鼠标右键选择“Rename”进行改名，如图 3 – 33 中方框 3 所示。我们将 LxProc1 改名为 expProc，将 LxList1 改名为 expList。

（4）将生成的对象由非引用状态变成引用状态。

如图 3 – 33 所示，拷贝生成的两个对象都处于非引用状态“Unreferenced E-Objects”中，而要制作实验模块，必须把生成的对象由非引用状态变成引用状态，因此必须把它们移动到总过程 SessionProc 中去。为此，首先，我们把 Browser 窗口关闭，使整个操作界面更大，方便操作。然后，双击 Structure 中的 SessionProc，打开总过程 SessionProc，用鼠标选中“Unreferenced E-Objects”中的 expList 对象，将其拖至 SessionProc 中的 LxList 对象与结语界面 expEnd 之间，如图 3 – 34 中的方框 1 所示。双击打开 SessionProc 中的 expList，如图 3 – 34 右下半图所示，点击每个 Trial 中的 Procedure 字段，点击下拉框按钮，将 4 个 Trial 调用的核心实验过程由原来的 LxProc 改为“expProc”，如图中箭头所示。随着这一步操作的完成，如图中方框 2 所示，expList 对象由调用两个核心实验过程转变为如图 3 – 35 中的方框 2 所示的调用一个核心实验过程；同时，随着这一步操作的完成，如图 3 – 33 中方框 2 所示的非引用状态下的所有对象都移入到引用状态即总过程 SessionProc 中。

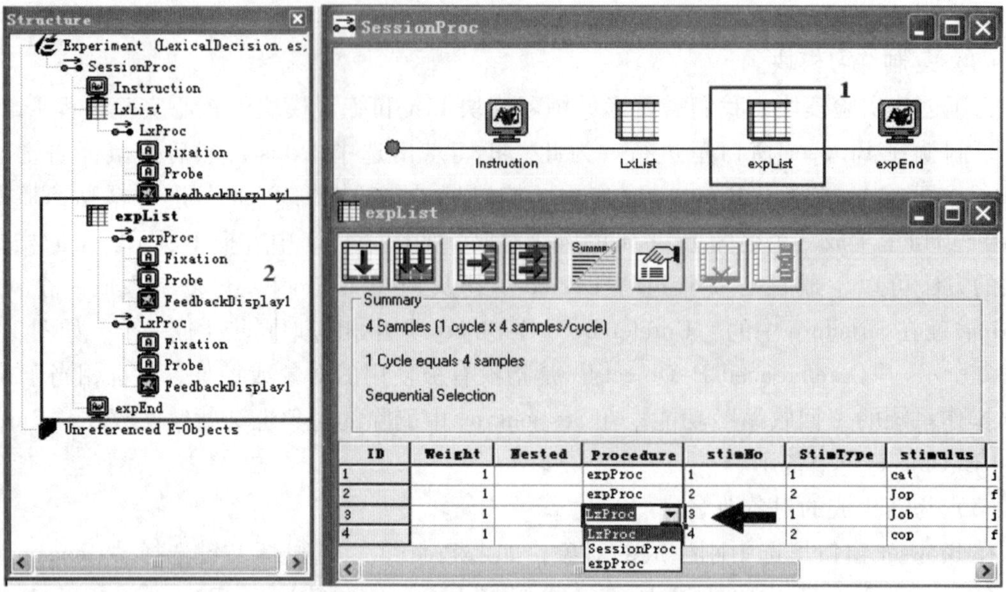

图 3－34　实验模块的制作过程之二

（5）在 expProc 中将反馈界面改成实验缓冲 BufferInterval。

因为实验模块不需要提供反馈，因此，我们将实验模块中的 FeedbackDisplay1 对象删除。可以直接选中 Structure 窗口的正式实验过程 expProc 中的 FeedbackDisplay1 对象，按鼠标右键，选择“Delete”即可删除。其他对象的删除也可使用此方法。然后，创建实验缓冲 BufferInterval。因为实验缓冲就是一个空屏，只是起到缓和实验节奏的作用，呈现时间为 500～800 ms 即可，自动消失不需要被试反应。为此，双击打开 Structure 窗口中的正式实验过程 expProc，如图 3－35 所示，从 Toolbox 工具箱中拖一个“TextDisplay”对象至 expProc 中的 Probe 对象后，改名为“BufferInterval”，设置其呈现时间为 800 ms。这样，正式实验过程中的实验缓冲就创建和设置成功了。

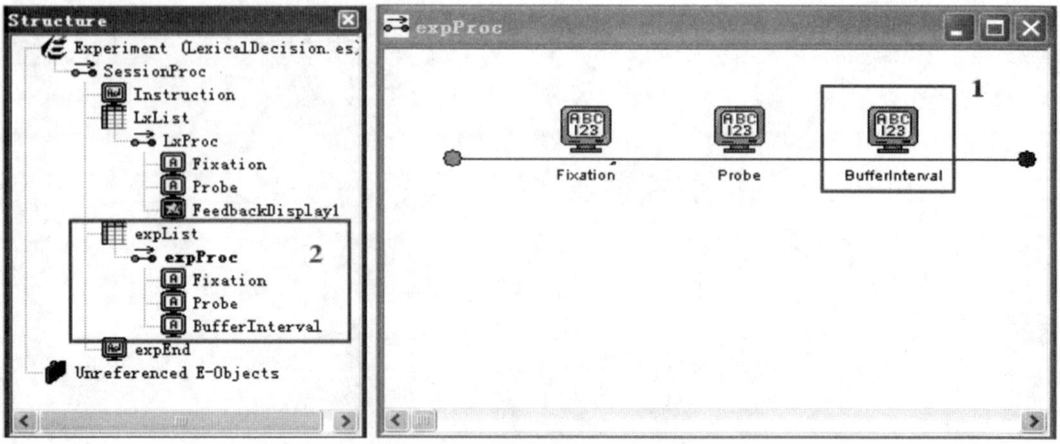

图 3－35　实验模块的制作过程之三

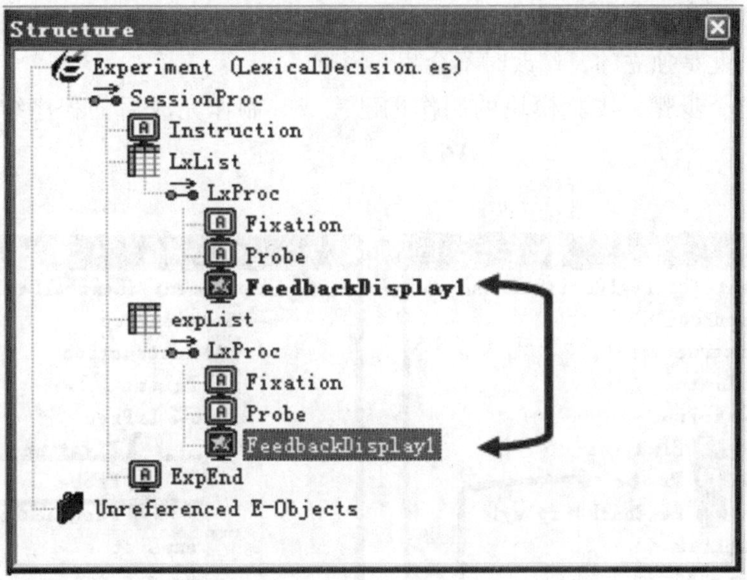

图 3－36　两个模块调用相同的过程

此处需要说明的是为什么要拷贝 LxList 和 LxProc 两个对象？首先，实验材料和练习不一样，所以需要拷贝 LxList 对象生成 expList，把正式实验材料放置于 expList。而拷贝 LxProc 生成 expProc 是因为两个过程既有相同的组成部分 Fixation 和 Probe，还有一个不同的组成部分，LxList 有 FeedbackDisplay，而 expProc 取而代之的是 BufferInterval。如果不拷贝 LxProc 生成 expProc，让 expList 也调用 LxProc 过程，进而会把 FeedbackDisplay 删除，添加 BufferInterval，这种方法将实现不了想要的功能。如图 3－36 所示，让 expList 也调用 LxProc 过程，选中 expList 中的 FeedbackDisplay1 进行删除，发现练习模块中的反馈界面 FeedbackDisplay1 也被删除了，原因是同一个核心实验过程 LxProc，选中实验模块 expList 中的 FeedbackDisplay1，也就选中了练习模块中的 FeedbackDisplay1，LxList 下的 FeedbackDisplay1 也被联动选中。因此，必须拷贝 LxProc 生成 expProc，进而把 expProc 中 FeedbackDisplay1 删除，才不会导致 LxProc 中 FeedbackDisplay1 被删除，因为 expProc 和 LxProc 已是两个不同的过程了。

另外，如图 3－37 所示，expProc 是由 LxProc 拷贝生成的，所以，练习模块 LxList 和实验模块 expList 的探测界面 Probe 是同一个界面，只要修改任何一个模块下的 Probe，另一模块的 Probe 也会作相应的修改，因为两者是同一模块，是联动的。如果要实现练习模块的探测界面不收集数据，即需要把 Probe 的“Data Logging”的属性值设为“none”，实验模块的探测界面要“Standard”收集数据，则图 3－37 中的实验设计不能实现此功能，要图 3－38 中的实验设计才能实现此功能。因为在图 3－38 中，两个模块的探测界面不一样，修改任一模块下的探测界面都不会影响到另一模块的探测界面，它们是相互独立的，彼此不关联。

以上两个问题是模块拷贝和核心实验过程拷贝后需要注意的问题。可以这样去理解这些问题：过程或对象的名字相同时，它们是联动的，修改时是相互影响的；过程或对象的名字不同，则彼此是独立的，修改时不会相互影响。

经过上述五个步骤，实验模块的制作也已完成。制作完成后的程序结构如图3－37所示。

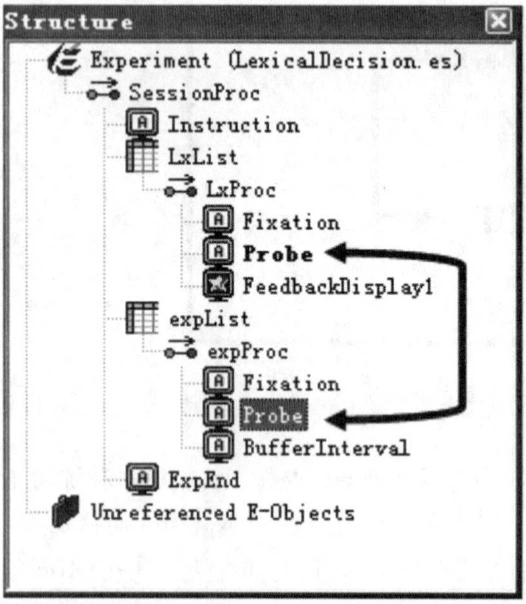

图3－37　两个模块调用相同的探测界面

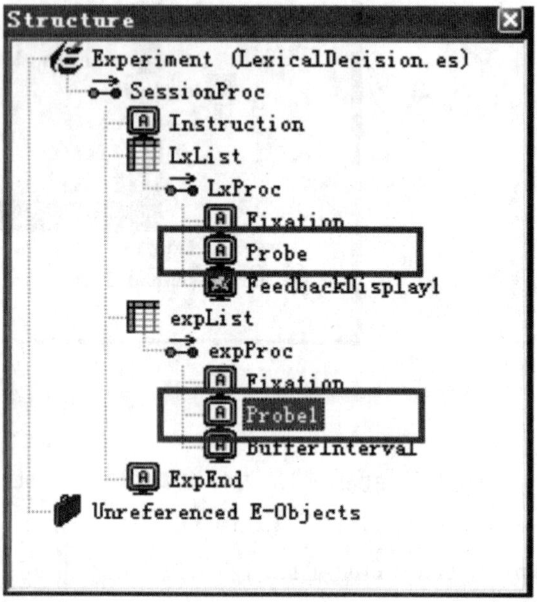

图3－38　两个模块的探测界面不同

【提示】1. 掌握对象的拷贝方法。
2. 掌握实验模块或练习模块的制作方法。

2. 练习模块与实验模块的过渡设置

做过心理学实验的研究者经常都会碰到这样的问题：被试做完练习模块中的练习后，仍然不太明白实验的过程或不明白反应的规则，亦或没有看清楚指导语就开始练习，所有这些现象都不利于正式实验的进行。因此，有经验的设计人员通常会在练习模块结束后询问一下被试：是否了解本实验程序，能否进行正式的实验？如图3－39所示，让被试作出决策。如果被试真的还不明白整个实验过程或具体的反应规则，他就会按“Q”键回去重阅指导语，理解指导语后继续练习，直至熟悉整个实验过程为止。设置这样一个练习模块与实验模块之间的过渡界面，可以大大提高实验的可靠性和保险性。

练习完毕。

如果你还不了解本实验程序，想回去继续练习，请按“Q”键；如果你已了解本实验程序，可以进行正式实验了，请按“P”键。请你选择。

【P】——正式实验　　　　【Q】——继续练习

图 3－39　练习结束后的过渡界面（lxEnd）

如何创建和设置“过渡界面”呢？为了制作这个“过渡界面”，需要在总过程 SessionProc 创建如图 3－40 箭头所示的“Label1”、“lxEnd”、“InLine 1”、“Label 2” 四个对象。

路牌“Label1”和“Label2”直接把 Toolbox 工具箱中的 Label 控件拖至图中相应位置即可，对 Label 控件无须作任何设置。

过渡界面 lxEnd 由 Slide 控件创建，lxEnd 中的图片内容如图 3－39 所示。把 lxEnd 的呈现时间设为“infinite”，呈现格式为图片居中显示，呈现方式为采用键盘“按键消失”，允许输入的键（Allowable）为“pq”。

如图 3－39 所示的过渡界面 lxEnd 中，如何实现被试一旦按了“Q”键就回去继续练习，按了“P”键就开始正式的实验呢？这就需要一个 InLine 控件写入程序执行的代码来判断在 lxEnd 界面中被试按的是“P”键还是“Q”键，进而决定实验程序是返回继续练习还是开始正式实验，因为通过对对象属性设置的方法无法实现此功能。因此，需要在过渡界面 lxEnd 后创建 InLine1 对象，InLine1 中写入的程序代码如图 3－41 所示。代码中用了一个 Basic 语言中的判断语句“if <假如>... then <那么>... else <否则>... end if <语句结束>”。“lxEnd. Resp ="q"”意为过渡界面 lxEnd 的反应（Resp：response）为“Q”键，“if lxEnd. Resp ="q" then”意为如果过渡界面 lxEnd 的反应为“Q”键则（then）回去继续练习“goto label 1”，否则（else）（即被试按的是“P”键，因为在 lxEnd 界面中只允许被试输入“P”键或“Q”键，非“P”键即“Q”键）“goto label 2”开始正式的实验模块。注意，语句中，单词之间有一个空格。这里的 InLine 控件尽管需要自己编程，但这个“过渡界面”判断语句其实也并不复杂。

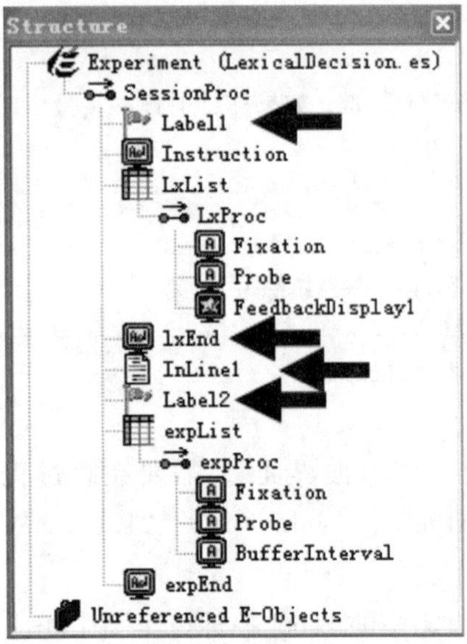

图 3－40　练习模块与实验模块的过渡设置

```
If lxEnd.Resp="q" then
        goto label1
else
        goto label2
end if
```

图 3－41　InLine1 中的编程语句

至此，包含练习模块和实验模块的一个完整的词汇判断实验就设计完成了。

接下来我们还需要运行程序，进行程序调试。如果程序有错误，则根据出错信息进行相应的修改，然后再运行调试，直到程序无任何错误为止。这里提示设计人员，为了在运行中区分出练习模块和实验模块，可以把练习模块里各个 Trial 中的 Stimulus 全部改成数字，实验模块中的英文词汇保持不变。因为实验模块是从练习模块 copy 过来的，如果 Stimulus 不做修改变化，两个模块的刺激都一样，这样无论在过渡界面中按的是“P”键还是“Q”键，刺激都相同，因而就判断不出来 InLine1 语句是否起了作用。

【提示】 掌握练习模块与实验模块间过渡功能的设计制作。

十、编译程序，生成脚本文件，拷贝中文材料、属性等控制内容到脚本文件中，运行实验

经过前面的九个步骤，一个词汇判断的完整实验设计完成。回顾设计的整个过程，无论是指导语、实验材料，还是各个界面中的提示，我们都没有直接往 E-Prime 中输入一个中文字符，在需要出现中文的地方，如指导语、过渡界面，我们都用图片代替了。因为 E-Prime 2.0 以前的版本不支持中文（E-Prime 2.0 支持中文直接输入），直接往 E-Prime 输入中文字符容易造成存盘死机现象，严重的会破坏设计好的整个实验程序，不能恢复，得从头设计。但毕竟我们更多的是做中文材料的实验，因此，如何让 E-Prime 2.0 以前的版本支持中文实验材料呢？我们可以采用下列方法进行解决。

1. E-Prime 2.0 以前的版本支持中文的解决理念与方法

（1）把中文信息做成图片。

我们在进行 E-Prime 设计时，在需要出现中文的地方，如把指导语、过渡界面、休息界面、结语等实验成分中的中文信息都做成图片，由 Slide 控件进行图片的调用。如上述步骤中提到的指导语和结语的制作。

（2）实验材料用英文字母、数字等代替进行设计。

我们进行设计和调试实验时，可以用英文半角字母、数字、字符、英文单词或英文字符串来代替我们的中文实验材料。如果用英文的字符或数字进行的实验设计程序运行调试成功，即表明程序的设计没有问题了，接下来就可以在 E-Prime 生成的脚本文件中把英文材料替换成中文材料进行实验了。

（3）即使是在 E-Prime 2.0 上中文信息建议还是做成图片。

即使 E-Prime 2.0 以上的版本支持中文，但毕竟在 E-Prime 中，对象的排版功能远不及诸如 Word 等文字编辑软件的排版功能强大丰富，有时候需要一些混合有特殊格式的中文信息，比如要实现指导语中的文字有不同的颜色、个别文字还带下划线等强调功能，E-Prime 中 TextDisplay 和 Slide 对象就无法实现。因此，即使 E-Prime2.0 以上的版本支持中文，我们也还是建议在需要出现中文的地方，由 Word 等文字编辑软件进行编辑排版，然后做成图片由 E-Prime 进行调用。这样整个实验程序也显得更加美观大方，更显专业性。

2. 在脚本运行文件中替换中文材料

（1）了解脚本运行文件 E-Run Script file。

程序设计好后点击 E-Studio 主菜单中的“运行”（Run）命令或点击“编译”（Generate）命令，都会在存储该文件的文件夹下生成一个同名且后缀名为“. ebs”的脚本运行文件 E-Run Script file。如图 3-42 所示，选中涂黑的文件就是词汇判断实验生成的脚本运行文件“LexicalDecision. ebs”，其右边的文件就是设计文件“LexicalDecision. es”，其余的图片文件就是本实验用到的指导语、过渡界面、结语等中文信息图片，也都存储在本文件夹下。

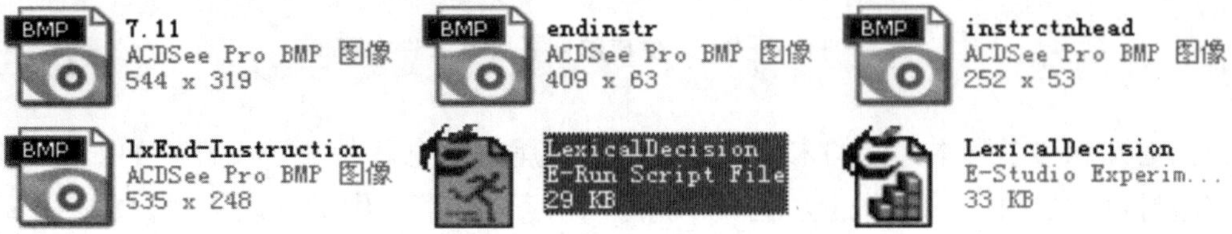

图 3-42　E-Prime 生成的同名脚本文件

点击打开图 3-42 中的脚本运行文件“LexicalDecision. ebs”，发现脚本运行文件“LexicalDecision. ebs”是由一行行的程序源代码组成的。原来在 E-Studio 中进行的所有图形界面设计及设置经编译变成了计算机可以识别的程序源代码。这些代码的语言基础是简单的高级编程语言 Basic 语言。熟悉 Basic 语言或有一定编程基础的设计人员都能看懂这些成百上千行的脚本程序代码。

这个脚本运行文件是一个可以再次修改的执行文件，但它的安全性很弱，在文件中任何一个地方不经意地增加或删除一个或多个字符，都会导致该执行文件不能运行，尽管运行此脚本文件时程序会提示哪一行代码出错，但没有经验的设计人员是没有办法找出错误所在的。因此，一旦打开了脚本文件，设计人员要尽量小心，在不应该修改的地方严禁作任何编辑、增减等操作。

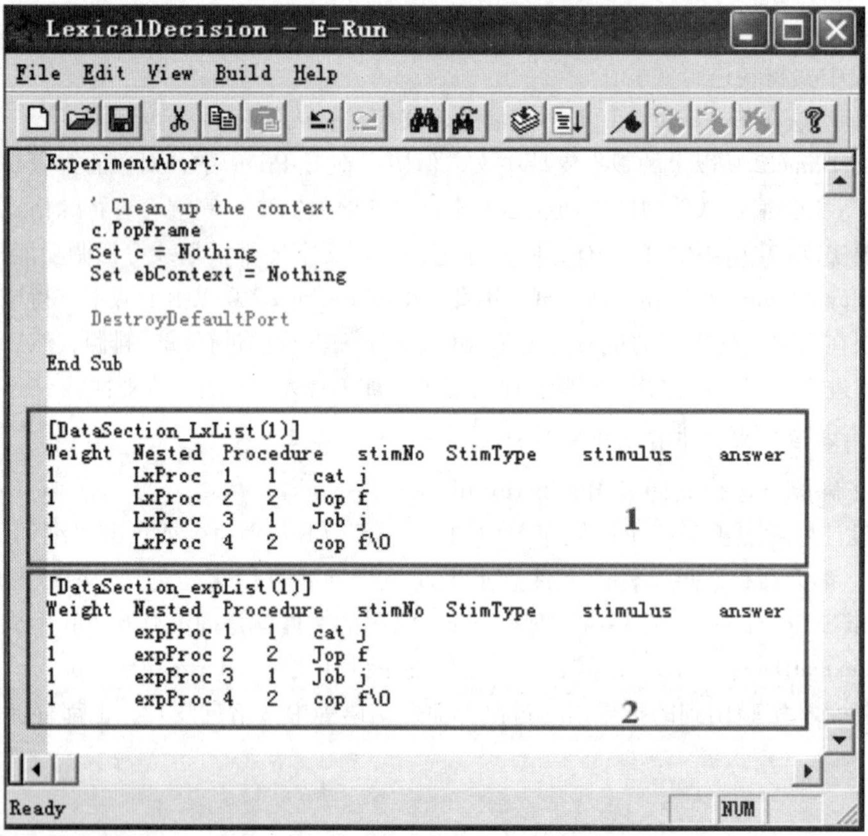

图 3-43　E-Prime 生成的同名脚本文件内容

我们把光标移至脚本文件的末尾。脚本文件末尾的信息就是设计文件中的 List 对象输入的实验材料，如图 3-43 中的方框 1、方框 2 所示。方框 1 中的词表为“[DataSection_LxList(1)]”，即方框 1 的实验材料是练习材料，因为它的词表是“LxList”。该词表下有 5 行表示 LxList 输入的各个字段（表头）和相应的实验材料。方框 2 中的词表为“[DataSection_expList(1)]”，即方框 2 的实验材料是正式实验材料，因为它的词表是“expList”。设计人员要学会辨清各个词表。

（2）在 Excel 中整理好中文实验材料。

2.0 以下版本的 E-Prime 脚本文件是可以修改的（2.0 版本的 E-Prime 脚本文件不能打开修改），因此，我们可以在脚本文件中把设计时的英文材料替换成中文材料进行实验。因为 List 控件类似我们熟悉的 Excel 电子表格，所以，我们可以在 Excel 中把中文实验材料按 List 控件的格式先整理好，然后进行替换。

在用 Excel 进行材料整理前，需要先把 List 控件中的所有字段拷贝到 Excel 中，方法如下：将脚本文件中的练习和实验材料按图 3－44 所示的方式选取，然后拷贝到 Excel 文件中，如图 3－45 所示。如图 3－45 中方框 1 所示，将英文材料如“Job”直接替换成中文材料，同时将“answer”也改成对应的答案。

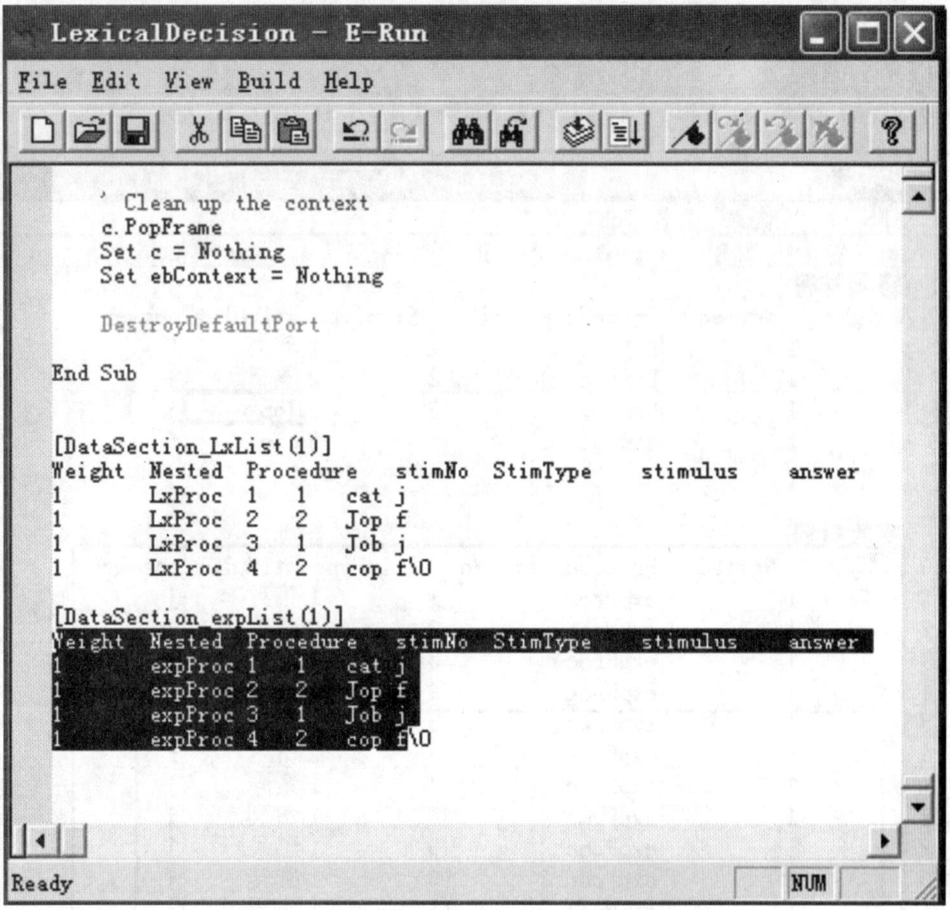

图 3－44　复制脚本文件中的实验材料

原来在设计调试时实验材料只有 4 个，而我们在做实验时材料都较多，一般都有十几个乃至上百个。如图 3－45 中方框 2 所示，为了截图的方便，我们在实验材料中只增加了 9 个，这样，正式实验材料就有 13 个。这里要注意的是，无论实验材料增加多少个，每个实验材料对应的各个字段都必须填上相应的值。如“Weight”字段都要填上值“1”，“Procedure”字段都要填上值“expProc”，表示每个刺激都运行核心实验过程 expProc，其余字段都要对应地填上相应的值。

（3）把脚本文件中的英文材料替换成中文材料。

在 Excel 中对英文材料进行修改、替换和增减完善后，就可以把修改好的中文材料拷贝、粘贴取代脚本文件中的英文材料。具体操作方法如下：选取拷贝图 3－45 方框 3 所示的全部内容（包含表头），粘贴取代脚本文件，即图 3－44 中涂黑选取部分，这样，英文材料就成功地被中文材料所代替。随着粘贴操作的完成，如图 3－46 中方框 1 所示，表示材料结束标志的“\0”会自动跌入下一行，我们可按键盘上的退格键（Backspace），让表示材料结束标志的“\0”回到材料的末尾位置，如图中方框 2 所示的位置，这样，替换操作才算完成。

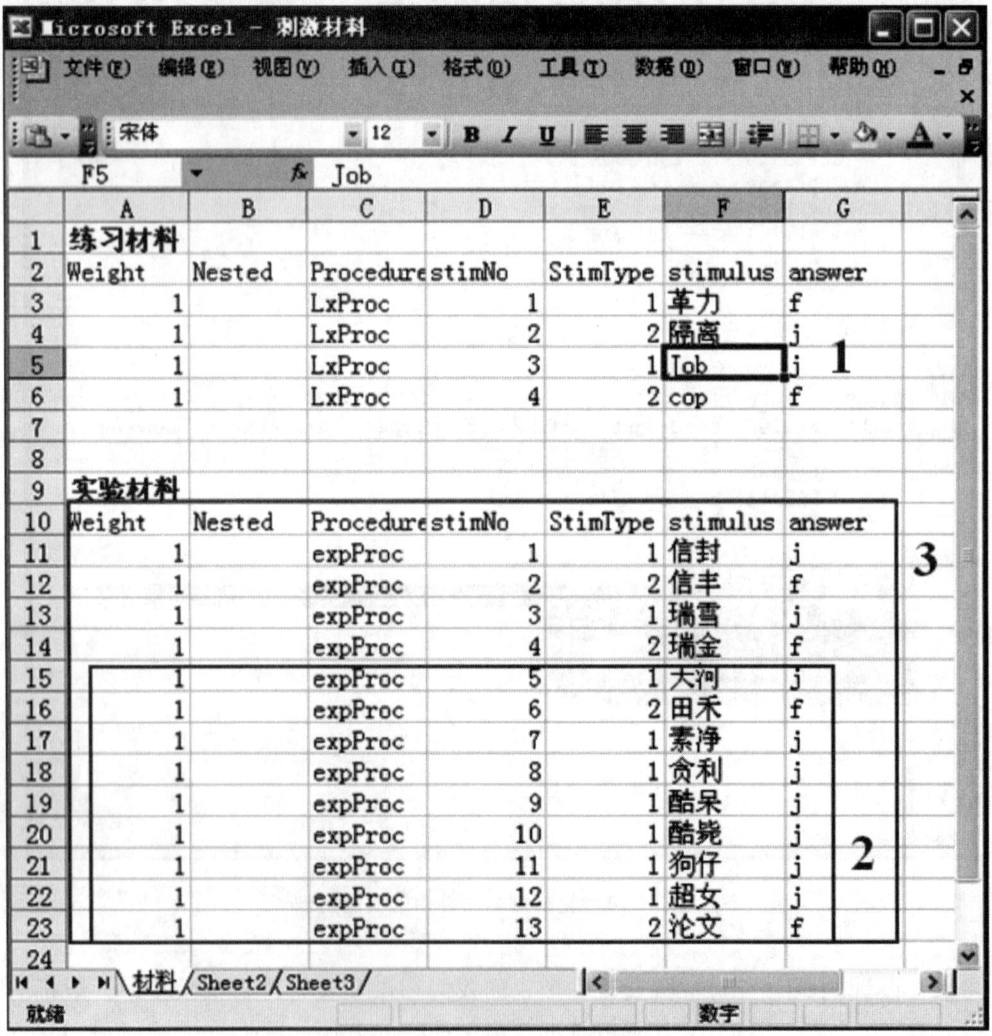

	A	B	C	D	E	F	G
1	练习材料						
2	Weight	Nested	Procedure	stimNo	StimType	stimulus	answer
3	1		LxProc	1	1	革力	f
4	1		LxProc	2	2	隔离	j
5	1		LxProc	3	1	Job	j
6	1		LxProc	4	2	cop	f
7							
8							
9	实验材料						
10	Weight	Nested	Procedure	stimNo	StimType	stimulus	answer
11	1		expProc	1	1	信封	j
12	1		expProc	2	2	信丰	f
13	1		expProc	3	1	瑞雪	j
14	1		expProc	4	2	瑞金	f
15	1		expProc	5	1	大河	j
16	1		expProc	6	2	田禾	f
17	1		expProc	7	1	素净	j
18	1		expProc	8	1	贪利	j
19	1		expProc	9	1	酷呆	j
20	1		expProc	10	1	酷毙	j
21	1		expProc	11	1	狗仔	j
22	1		expProc	12	1	超女	j
23	1		expProc	13	2	沦文	f
24							

图 3－45　在 Excel 中将英文材料改成中文材料

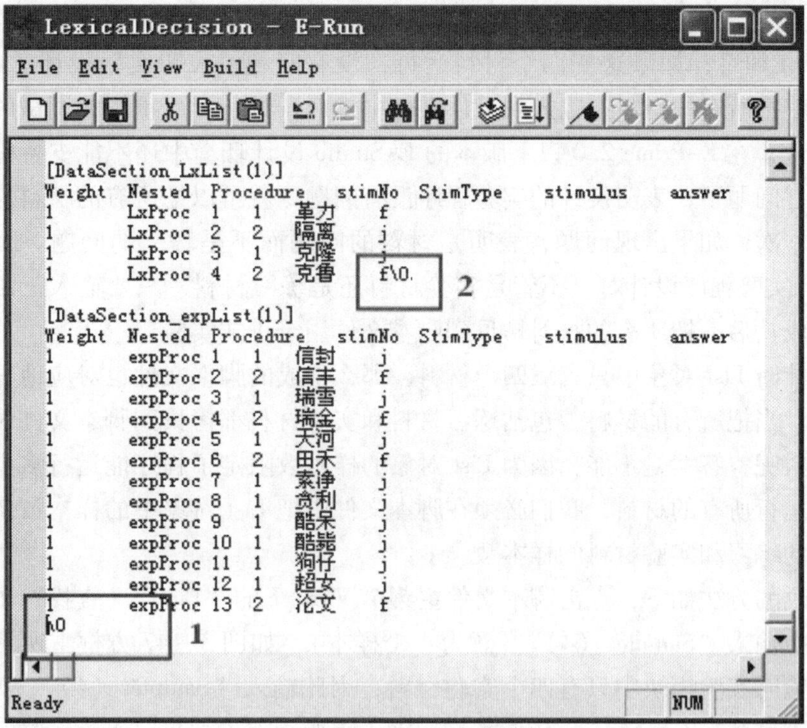

图 3－46　将英文材料替换成中文材料

如图 3－43 所示，能否在脚本文件中将"cat"、"Jop"等英文材料直接修改成中文呢？答案是不能。因为这样修改容易造成格式发生变化，导致实验出错而无法运行下去。而且，随着材料的增多，这种修改也不方便操作。

如果打开 E-Studio 进行设计之前，就已经把中文材料输入到 Excel 中了，又怎样进行替换呢？首先我们要在已编辑好的练习和实验材料前添加三个空列，因为存储实验材料的控件 List 都有默认的三个字段，分别是"Weight"、"Nested"、"Procedure"，将这三个字段的相应值都填充到练习和实验材料前新添加的三个空列中，尽管很多实验中"Nested"的值都为空值，但也必须添加相应的空列，否则程序运行就会出错。然后，检查 Excel 文件中材料从左至右各字段的顺序是否与设计文件中 List 的各字段的顺序一一对应，如果两个材料中字段的顺序不对应，则以设计文件中 List 的字段从左至右的排列顺序为准，调整 Excel 文件中材料各字段的顺序。顺序调整完成后，将中文材料拷贝、粘贴取代脚本文件中的英文材料。

（4）修改脚本文件中材料的样本数。

这里关系到 E-Prime 的另外一个设计理念的问题。我们进行心理学的研究，必须有一定数量的样本量，实验的结论才能由样本推广到总体。因此，实验的样本（即实验材料）一般都有十几个甚至上百个。那么，我们用 E-Studio 进行实验程序设计和程序调试时，是否都需要把这些实验材料统统都放到设计文件中进行调试呢？其实没有这个必要。我们用 E-Studio 进行实验程序设计时，重点在于把实验组成的各个部分按实验流程的顺序进行构建，把各部分的实验控制设置好。因此，在设计时，我们只要在实验模块和练习模块中调试三四个 Trial 即可，如果这三四个材料运行都没有问题，表明实验设计已经没有问题。如果设计时就把所有的材料都输入到设计文件中进行调试，会严重影响调试的速度和设计的效率。况且，在 E-Prime 2.0 以下版本的 E-Studio 设计环境中还不能支持中文。三四个材料运行没有问题了，表明设计的实验程序没有问题，就可以把所有的材料拷贝到脚本文件中再运行一次，如果出现问题，表明是材料的问题而不是程序的问题。因此，我们用 E-Studio进行实验程序设计时，不管是实验材料还是练习材料，只要输入三四个用于调试即可，调试成功后，把所有的材料拷贝到脚本文件用于正式实验。

既然设计时 List 对象中只有三四个材料，那么生成的脚本文件也对应地只有三四个材料可以运行。当把所有的材料，包括练习材料和实验材料都拷贝到脚本文件时，是否能运行所有的材料呢？答案是不能，因为 List 对象的样本数限定了程序能运行多少个材料。因此，为了能运行所有的材料，我们必须在脚本文件中把 List 对象中的样本数修改成相应的新拷贝过来的练习和实验材料的样本数。

具体修改的方法如下：点击脚本文件主菜单 View 下的“Find”（查找）子菜单，在弹出的对话框中输入“Samples（4）”（意为 4 个样本），如图 3－47 方框 1 所示，因为我们在设计本实验时实验模块中只有四个实验材料，因此输入“Samples（4）”，如设计时有 5 个材料即输入“Samples（5）”，依此类推。输入完毕后点击“Find Next”进行查找。脚本文件找到符合条件的值会涂黑显示，如图 3－47 方框 2 所示。但这个值是实验材料的样本还是练习材料的样本要看前面的主体，如果第一次查找没有找到想要的主体，可按“F3”键继续查找下一个。图 3－47 所查找的值的主体为“expList”，是实验材料的样本数，因此，对于本例，我们只要在查找到的“Samples（4）”中，把“4”改成“13”即可，如图 3－46 所示，我们拷入 13 个正式实验材料到脚本文件中。经过这一步修改，13 个实验材料就能全部运行，如果没有把“4”改成“13”，则正式实验材料只能运行 4 个。

前面也提到，由于脚本文件的安全性比较弱，令人不免担心这么多的改动会因不经意的触碰而使程序出错，从而影响脚本文件的成功运行。因此，为了避免误改，设计人员也可以在程序调试好后，把设计文件中的练习材料和实验材料中的 List 增加 Trial 数（点击 Add Mutiple Levels），增加到相应数目即可。然后点击编译，生成脚本文件，这样，在脚本文件中就有对应数量的样本数了。只要把中文材料拷贝到脚本文件中，所有的材料就能全部运行了。

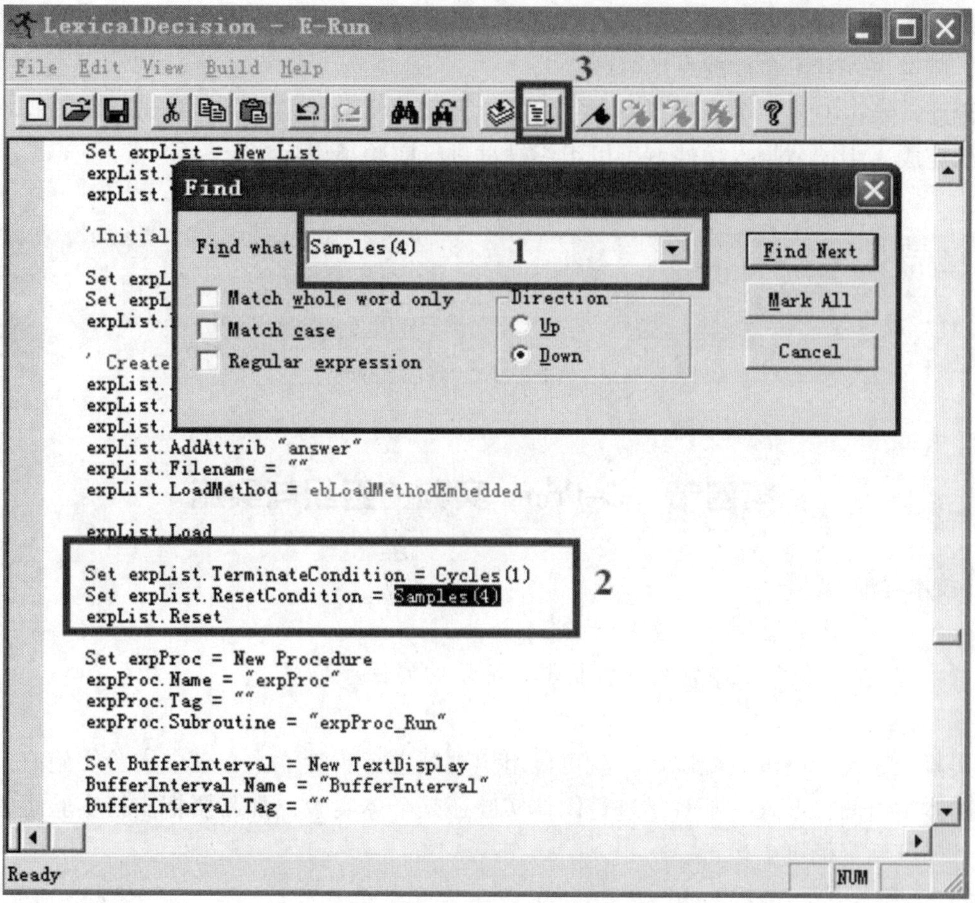

图 3－47　脚本文件中材料样本数的修改

3. 运行脚本文件

实验材料都拷贝到脚本文件后，就可以运行脚本文件，即运行所有的实验材料了。点击图 3－47 方框 3 所示“运行”按钮，开始运行实验。这里需要注意以下四点：

（1）将中文材料拷贝到脚本文件后，运行实验是在脚本文件中点击运行，而不是回到 E-Studio 中点击运行。这是初学者容易犯的错误。脚本文件和设计文件是两个独立的文件。给被试运行实验的文件也是脚本文件。

（2）所有实验材料都拷入到脚本文件后，务必完整运行一次脚本文件，看实验程序能否顺利完成。如果出现错误，应根据出错的信息检查和修正错误。这时候出现的错误一般都是材料的错误。因为程序是已经调试好的。

（3）脚本文件是由设计文件生成的，并且放在同一文件夹下。如果把所有的实验材料都拷到脚本文件且运行没有问题了，建议把脚本文件及时改名。因为如果再次打开设计文件点击运行后，运行时又重新编译生成脚本文件，覆盖原有的脚本文件，如果脚本文件没有改名，则原有带中文材料的脚本文件又被新编译的脚本覆盖，回到拷入前的状态。

（4）因为脚本文件是可修改文件，因此，为了保护脚本文件，一旦所有的实验材料都拷入到脚本文件且运行没有问题了，建议及时地把脚本文件的属性修改为“只读”文件，这样，脚本文件就不会被随意地修改。

至此，经过上述十个步骤，一个完整的心理实验便设计完成，供被试使用的脚本文件也制作完成，用这个脚本文件就可以组织被试进行实验了。

【提示】1. 掌握 E-Prime 1.x 支持中文的设计方法。
2. 掌握替换材料的方法。
3. 掌握修改样本数的方法。

第四节　E-Prime 实验的组织与实施

【技术导航】

1. 确认实验运行所需要的文件。
2. 充分做好实验前的目标机器与环境的调试。

实验程序设计调试完成以后，就可以组织被试进行实验了。心理学实验实施有个体实验和团体实验两种形式。不管是进行团体实验还是个体实验，都需要把支持实验运行的所有文件拷贝到目标机上运行。

一、实验运行所包含的文件

设计人员设计实验时通常都在自己的私人计算机上进行，组织被试进行实验却通常会在实验室进行，因此就需要把设计好的实验程序拷贝到实验室的计算机上。为了使实验能正常运行，需要拷贝齐全以下四种文件：

（1）设计文件。这是备用文件，以备修改之用。

（2）脚本文件。这是实验运行的主文件，是必须文件。

（3）实验材料文件。这是实验运行的必须文件，包括所有的图片刺激材料、所有的语音刺激材料及所有的视频动画刺激材料。

（4）指示性图片文件。指示性图片文件是指诸如指导语、过渡界面、结语等实验组成界面上的图片文件，用于指示被试实验的操作、进程性质的图片文件。这些文件也是实验运行所必须的文件。

上述提及的后面三种文件是实验程序运行的必须文件。要在目标机上运行实验就必须拷贝齐全这些文件。因此，在进行实验设计时，要把所用到的这些文件都统一存放在实验程序设计文件的目录下，从设计机上拷贝这些文件到目标机上时，只要拷贝设计文件所在的目录中的所有文件包括子文件及其他文件即可，这样就不会出现拷贝不全、运行出错的情况。如果上述四种不同类型的文件存放在不同的目录或不同的盘符，就容易造成拷贝遗漏，在目标机上找不到文件而造成程序运行出错。初学者尤其容易犯这种错误。

二、目标机的调试与实验

1. 确认目标机的环境

将文件拷贝到目标机上后，在进行实验调试前，还需确认目标机的环境。

（1）确认目标机是否已安装了脚本文件的运行环境 E-Run。如没有安装，则需要跟实验室管理人员联系安装 E-Prime 设计环境或运行环境。

（2）确认机器的配置。确认目标机主机的配置情况、显示器情况，并记录下相关的配置参数，因为这些参数都要求写入论文中。如果可能，最好保证运行同一实验的所有计算机的主机和显示器配置相同。

（3）确认实验所需的附件是否齐全。确认实验可能用到的音箱、耳机、耳麦、响应盒、麦克风等附件是否已具备，其型号是否统一。

当上述三项内容都已确认齐备后，就可以进行实验的调试了。

2. 实验的调试

尽管实验程序在设计人员的机器上已成功调试和运行过，但拷贝到目标机上时还是要重新测试一次，以检验文件是否拷贝齐全，程序是否能顺利地在目标机上运行。如有问题，在被试开始实验之前要及时解决。

3. 实验的运行

实验的运行是从脚本文件上执行运行功能（E-Prime 2.0 及以上版本也可以从设计文件上运行，但必须有加密狗）。拷入公共计算机上运行的脚本文件最好把文件的属性修改成只读文件，以防止他人不经意的错改。

运行实验，主试必须自己输入被试编号“Subject Number”和实验组别“Session Number”，这两个信息至关重要。因为 E-Prime 的数据文件的命名是基于被试编号和实验组别两个信息进行命名的，如果两个被试的这两个信息一样，会造成数据因同名而覆盖，损失一个被试的数据。对实验程序来说，被试是从指导语开始的。对于某些需要收集被试的性别、年龄、民族等信息的实验，被试编号和实验组别也是由主试编好输入，呈现在被试面前的是性别、年龄、民族等需要由被试输入或选择的个人信息，然后进入到指导语界面开始实验。

4. 对团体实验

团体实验是指同时进行多人以上的实验，实验是在团体实验室中进行的。团体实验室的计算机一般都在内部连成一个局域网，相互之间能彼此访问。E-Prime 的脚本文件支持网络访问的功能，这为进行团体实验提供了方便。

用 E-Prime 进行团体实验时，首先选择 1 至 3 台计算机为主机，把脚本文件在内的所有运行文件都拷贝到这些主机上的某一文件夹中，并把该文件夹设置成共享文件夹，网络中的其他计算机就可以通过网上邻居访问这些主机上的脚本文件，打开运行实验，实验运行完毕后数据自动传送到主机上。这样就大大方便了主试进行团体实验，主试无须在每台计算机上拷入运行文件和拷出数据文件，节省了主试进行实验的时间和精力。

对团体实验进行调试，要确保局域网的网络是畅通的。最好能在每台计算机上都将实验运行一次，以确保数据能安全传输和存储在主机上。

三、数据的及时收集与备份

在公共计算机上进行完实验，要及时把实验生成的数据进行收集和备份，确保数据安全，以防他人在公共计算机上无意将数据删除。做过心理实验的人都感触颇深，被试能参予测试难能可贵！因此，每做一次或一批实验后，应及时地收集和备份数据，这对数据安全很重要。

四、外出实验的装备

有时由于被试的特殊性而需要外出实验。对外出实验，我们首先要确保实验所需的硬件和软件装备齐全。尤其是 E-Prime 软件和语音响应盒是专业的非通用性软硬件，如果计算机没有安装 E-Prime 软件，则必须带上 E-Prime 安装软件；如果实验要用到语音反应，则必须带上语音响应盒。

第四章　E-Prime 图片、语音和视频实验的设计

第三章中我们以词汇判断实验为例介绍了 E-Prime 的基本实验设计。词汇判断实验是文本型材料的实验，即上一章中介绍的文本型实验的 E-Prime 设计。本章我们介绍以图片、语音和视频为实验材料的 E-Prime 实验程序的设计。

第一节　图片材料实验的设计

【技术导航】

掌握单幅图片和多幅图片实验的设计方法。

在心理学实验中，有很大一部分实验都以图形、图片为刺激材料，如我们熟悉的“图词干扰”实验、情绪图片实验、脸孔识别实验，等等。这些实验都以图片材料为实验刺激。图片实验通常有两类，一类是图片刺激单幅呈现，一类是多幅图片同时呈现。本节介绍这两类图片实验的 E-Prime 设计。

一、单幅图片的实验设计

1. 实验介绍：图片命名实验

如图 4－1 所示，我们将进行一个图片命名的实验。实验流程图如 4－2 所示，图片将逐幅呈现，图片一出来，被试对着麦克风进行图片命名。图片呈现 1 200 ms 的时间。若在 1 200 ms 内没有反应，图片将自动消失。

图 4－2 的流程图与第三章介绍的词汇判断实验的流程图基本类似，不同之处在于探测界面不同，本实验的探测界面变成了“图片命名”。因此，我们重点讲述“图片命名”探测界面的制作，其他界面可参阅第三章词汇判断的实验设计进行自行制作。

图 4－1　图片实验材料

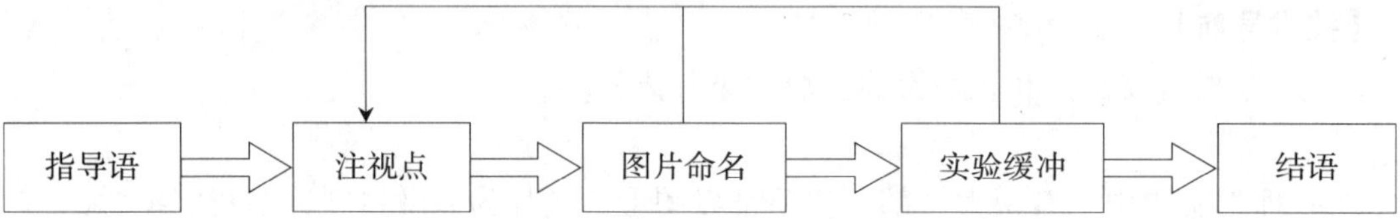

图 4－2　图片命名的实验流程图

2. E-Prime 对刺激的呈现机制

E-Prime 对文本型实验材料的呈现方法是直接调用 List 对象中的文字材料，那么，E-Prime 又如何呈现图片型、音频型、视频型、动画型的刺激材料呢？其实 E-Prime 对所有刺激的呈现原理都一样，都是从 List 对象中调用，只不过，E-Prime 对图片型、音频型、视频型、动画型的调用与文本型材料的调用有不同，前者是把这些刺激的文件名（包括后缀名）输入到 List 中，而后者只是把文字直接输入到 List 中，如图 4－3 中的“stimulus”字段中的“cat. bmp”、“bear. bmp”等文件所示。总之，设计人员要记住的一个原则就是，E-Prime 对刺激的调用都是通过调用字段来实现的。

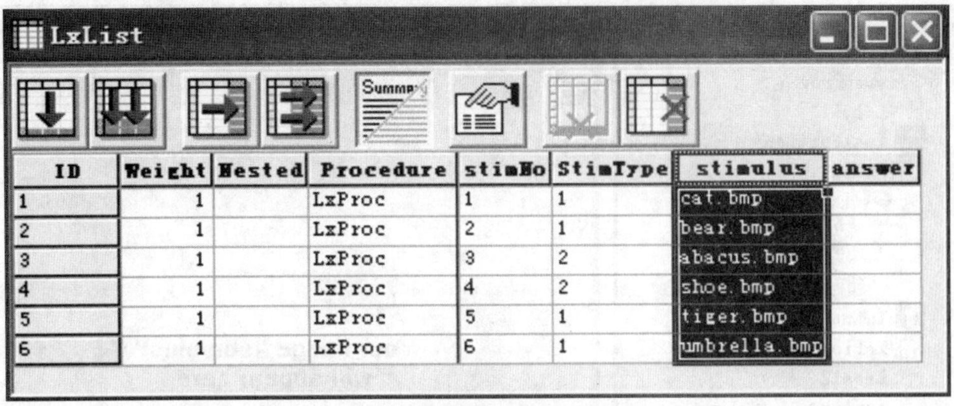

ID	Weight	Nested	Procedure	stimNo	StimType	stimulus	answer
1	1		LxProc	1	1	cat. bmp	
2	1		LxProc	2	1	bear. bmp	
3	1		LxProc	3	2	abacus. bmp	
4	1		LxProc	4	2	shoe. bmp	
5	1		LxProc	5	1	tiger. bmp	
6	1		LxProc	6	1	umbrella. bmp	

图 4－3　E-Prime 对图片的调用格式

【提示】 掌握 E-Prime 对刺激的呈现机制。

3. 实验的制作

因为图片是单幅逐张呈现的，因此，我们可以用 E-Prime 中的"ImageDisplay"控件来制作探测界面。其实图片呈现跟文本材料的呈现原理都一样，都是通过调用字段的方式来实现刺激的切换变化，只不过图片和文字所赖以呈现的控件不一样。因此，我们只要把图片的文件名称输入到图 4－3 所示的"stimulus"字段中即可。

图片命名实验的程序结构如图 4－4A 所示，其结构和制作与第三章中的词汇判断实验一样，这里不再赘述。不同的是，练习模块的探测界面 lxProbe 和实验模块的探测界面 expProbe 是由"ImageDisplay"控件制作。"ImageDisplay"对象的界面如图 4－4B 所示。点击"ImageDisplay"对象的属性页，在 General 选项卡中的"Filename"属性中输入"[stimulus]"，即探测界面中的图片随机调用出图 4－3 中"stimulus"字段中的图片。LxList 和 expList 包含的字段如图 4－3 所示。

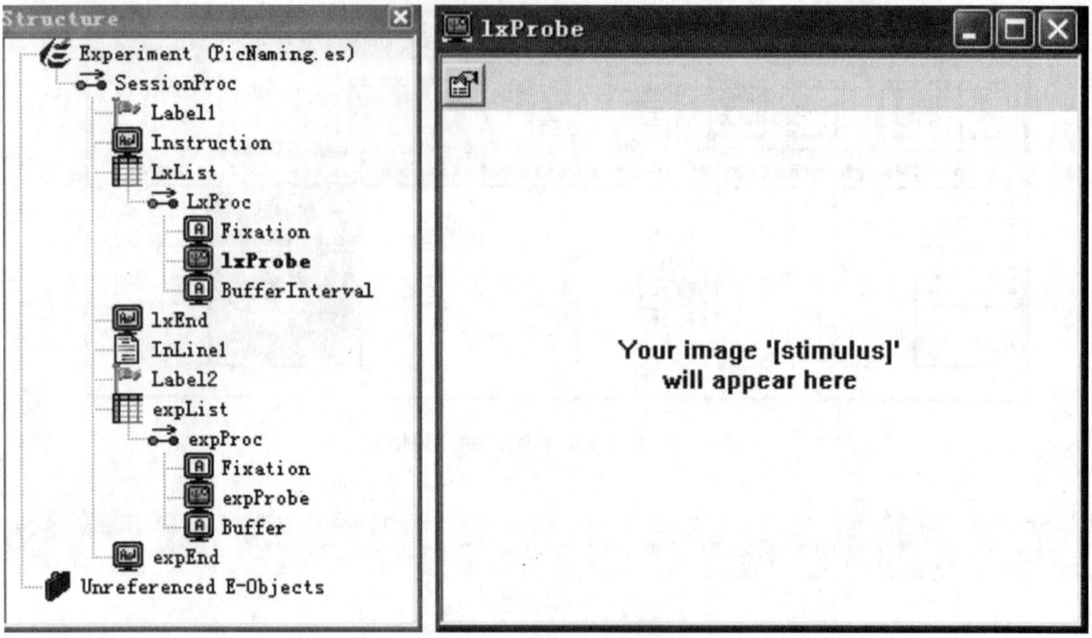

A　　　　B

图4－4　图片命名实验的程序结构

“ImageDisplay”界面的实验控制的五个要素如图4－5所示。呈现时间Duration为1 200 ms，呈现方式为“自动+反应消失”，反应方式为“外接按键反应”，即用E-Prime自带的响应盒SRBOX进行。因为实验要求是命名实验，因此必须用E-Prime自带的语音响应盒进行，所以在输入设备“Device”中应添加语音响应盒SRBOX，对语音反应允许输入的键值“Allowable”为“6”，这是语音响应盒SRBOX规定的输入值。被试对着语音响应盒SRBOX自带的麦克风进行口头命名反应，但SRBOX无法进行语音的中文识别，所以在图4－3中的“answer”字段为空值，相应地，图4－5中的“Correct”属性也不用输入。如果要判断被试对图片命名正确与否，则需要主试在旁边进行人工判断，或者用外部录音机将被试的口头报告内容记录下来，通过事后回放录音进行人工判断被试命名的正确与否。虽然SRBOX无法识别被试命名的正误，但E-Prime能记录到被试口头报告的反应时。数据收集“Data Logging”我们可以选择“Response Only”。

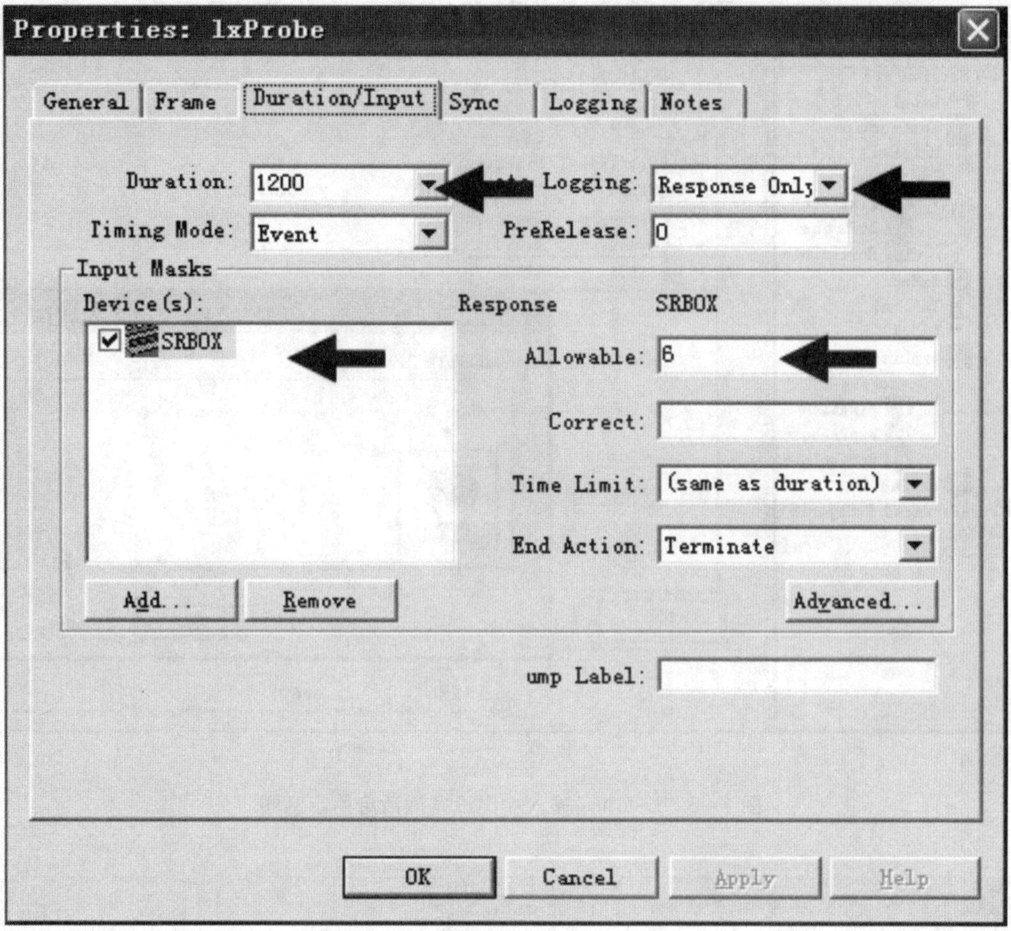

图 4-5　图片命名实验的探测界面的设置

4. E-Prime 输入输出设备的激活启用

探测界面是用 E-Prime 自带的语音响应盒 SRBOX 进行，要把语音响应盒 SRBOX 添加到输入设备“Devices”中，需要先激活语音响应盒，否则，在探测界面的“Devices”属性中找不到应有的设备。激活语音响应盒的操作如下：双击图 4-6A 方框 1 中的“Experiment”，打开 Experiment 对象属性页，如图 4-6B 所示。点击设备“Devices”选项卡，显示 E-Prime 已激活可用的输入输出设备（用打“√”标记），如“Display”、“Keyboard”、“Mouse”等，同时也显示已激活需要设置才能启用的设备（未打“√”标记），如“Sound”。点击图中方框 3 所示的“Add”命令，打开“Add Device”对话框，显示 E-Prime 目前能支持的所有输入输出设备，选中“SRBOX”，点击“OK”，即可将“SRBOX”添加到启用激活的设备列表中，如图中方框 5 所示。经过这一步，程序中的任何界面需要调用“SRBOX”，都可以选择了。若实验还需用到其他输入输出设备，如端口设备“Port”，也可用类似的方式进行添加激活。

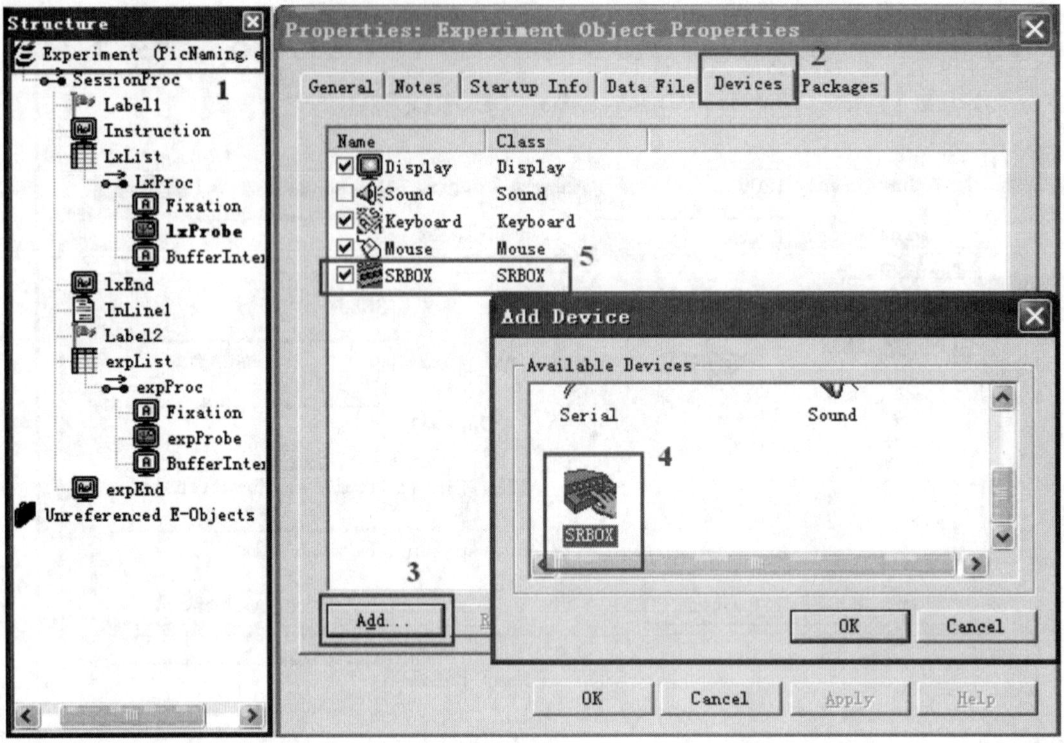

A B

图 4－6 E-Prime 输入输出设备激活启用示意图

【提示】1. 掌握语音响应盒 SRBOX 激活启用的方法。
2. 掌握单幅图片实验设计的方法。

二、多幅图片同时呈现的实验设计

前面讲述的是一幅界面只呈现一幅图片的实验设计。如果一个界面要同时呈现多幅图片，如图 4－7 所示，该如何制作呢？图 4－7 所示的四幅图片分布在屏幕的左上、右上、左下和右下四个位置，左右上下对称，中文字词呈现在屏幕正中央，实验任务是从 A、B、C、D 四幅图片中选择与屏幕中央中文字词一致的图片。这时的探测界面就不能用“ImageDisplay”控件进行制作了，而必须用“Slide”控件进行制作。具体制作方法如下：

图 4－7　一个界面同时呈现多幅图片

1. 材料输入

因为一个界面上有四幅图片，因此，List 对象中必须输入四个存放图片材料的字段，如图 4－8 中的“Pic 1” 至 “Pic 4” 四幅字段就用来存放四个位置的图片材料。

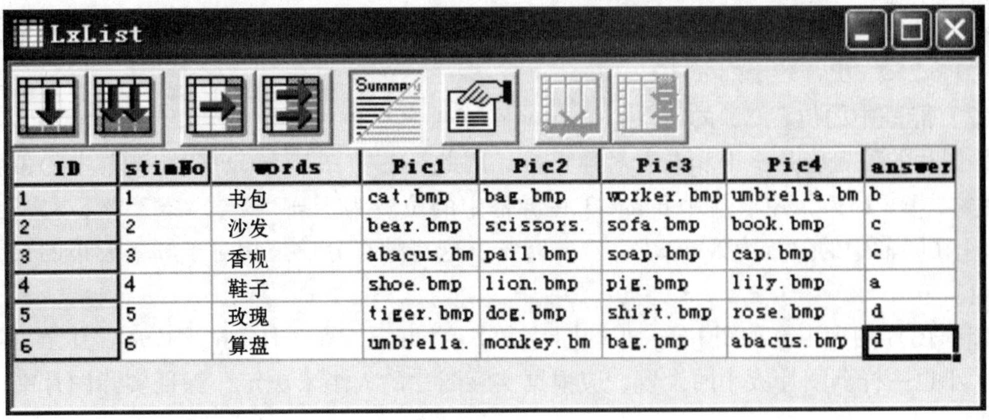

ID	stimNo	words	Pic1	Pic2	Pic3	Pic4	answer
1	1	书包	cat.bmp	bag.bmp	worker.bmp	umbrella.bm	b
2	2	沙发	bear.bmp	scissors.	sofa.bmp	book.bmp	c
3	3	香枧	abacus.bm	pail.bmp	soap.bmp	cap.bmp	c
4	4	鞋子	shoe.bmp	lion.bmp	pig.bmp	lily.bmp	a
5	5	玫瑰	tiger.bmp	dog.bmp	shirt.bmp	rose.bmp	d
6	6	算盘	umbrella.	monkey.bm	bag.bmp	abacus.bmp	d

图 4－8　一个界面同时呈现多幅图片实验的 List 设计

2. 界面的制作与设置

探测界面必须用“Slide”控件进行制作。在核心实验过程中创建一个 Slide 控件，并用 Slide 对象中的“SlideImage”和“SlideText”工具在 Slide 界面上建立四幅图片对象和五个文本对象，如图 4－9 所示。正中文本刺激对象设置“X”和“Y”的位置都为“CEN-

TER”，居于屏幕正中央，并调用图4－8中的“words”字段。四幅图片的位置和格式按如下设置：如图4－9所示，左上角的图片对象Image 1，其相应属性的设置如左边“Properties”属性栏所示，具体参数设置如下：

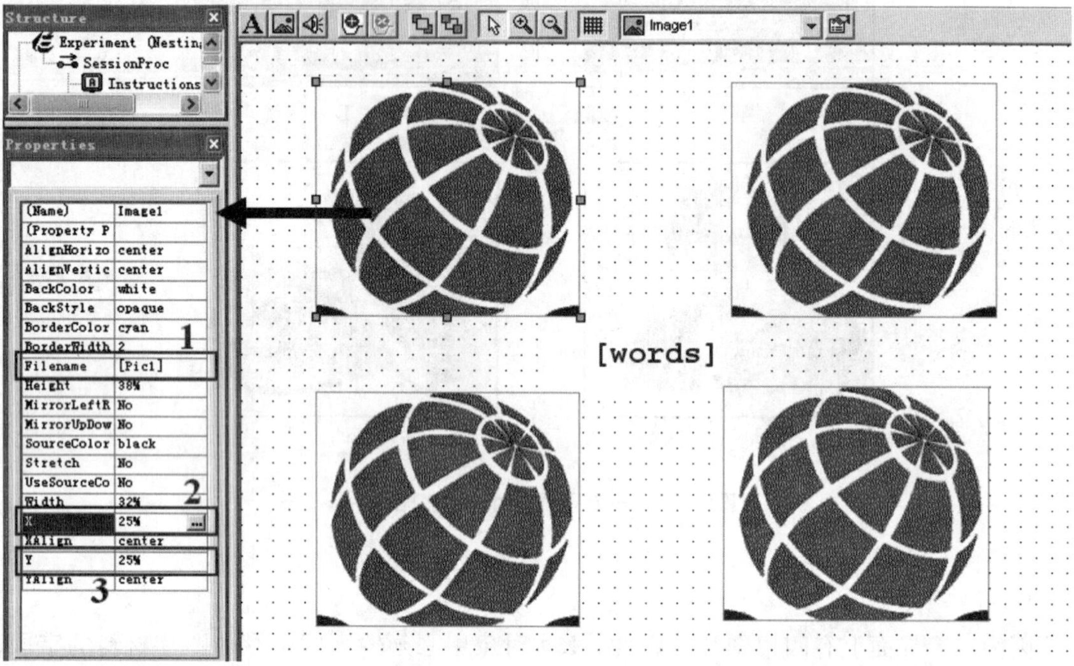

图4－9　一个界面同时呈现多幅图片实验的制作与设置

（1）图片内容Filename。Image 1调用List中的“Pic 1”，相应地，其他图片对象分别调用“Pic 2”、“Pic 3”、“Pic 4”。

（2）屏幕中的位置XY的值。如图Image1在屏幕中的位置为X＝25％，Y＝25％。因为四幅图片的位置应是上下和左右对称安排，因此，右上图片Image 2在屏幕中的位置为X＝75％，Y＝25％，左下图片Image 3在屏幕中的位置为X＝25％，Y＝75％，右下图片Image 4在屏幕中的位置为X＝75％，Y＝75％。这里的百分数是相对于屏幕大小的百分之几而定。

（3）图片的大小。如图Image 1的图片大小Width＝32％，Height＝38％。其余三幅图片的大小也一样。图片大小的设置，应根据实际图片的大小来决定，保证实际图片能全部呈现即可。

（4）A、B、C、D四个选项的位置位于图片的正下方，制作与设置的方法与图片的制作方法类似，请设计者自行设置与调整。

本界面中实验控制的其余四个要素自行设置即可。

【提示】掌握多幅图片同时呈现的实验设计方法。

三、图片呈现要注意的问题

在 E-Prime 呈现图片时要注意以下四个问题：

(1) 对 2.0 以下版本的 E-Prime 只能呈现“. bmp”位图格式的图片，其他图片均须转换成“. bmp”格式才能使用。2.0 及以上版本的 E-Prime 可支持 bmp、JPG、PNG 等格式的图片。

(2) 在保证图片清晰的前提下，图片的分辨率宜低不宜高，因为分辨率越高图片越大，图片越大 E-Prime 调用时间就越长。

(3) 在一个界面中要呈现多幅图片，图片的大小（即图片的长度和宽度）应尽量保持一致，图片长宽大小不宜相差太大。即使图片是单幅呈现，图片长宽大小也不宜相差太悬殊，否则，被试会因对图片的显著变化而引入一个额外变量。

(4) 如果图片是单幅呈现，并且使用 Slide 控件制作，即用 Slide 中的“SlideImage”工具来呈现图片，SlideImage 的大小要确保以图片材料中最大（指长度和高度）的图片都能完整呈现为准；否则，最大图片将呈现不完整。

【提示】 领会图片呈现要注意的问题。

第二节　语音材料实验的设计

【技术导航】

掌握 E-Prime 对语音播放的设置。

视听通道是心理学者们研究最多的两个感觉通道。例如，在听觉通道上，心理学家进行了著名的“双耳分听”、“听觉定位”等实验。本节主要讲解听觉实验的 E-Prime 设计。

一、播放语音材料控件的选择

E-Prime 有 SoundOut 和 Slide 两个控件可以播放语音实验材料。这两个控件的功能和播放方式不一样。

1. SoundOut 控件

SoundOut 控件只能一次播放一个语音文件。在播放语音材料的同时，自身没有视觉界面呈现，呈现在被试面前的是先前的一个界面。如图 4－10 所示，假如语音播放界面用 SoundOut 控件制作，则在播放语音的同时，呈现在被试面前的是注视点“ + ”。

图 4－10　语音播放实验流程图

2. Slide 控件

Slide 控件用 Slide 自带的“SlideSoundOut”语音播放工具进行语音文件的播放，如实验需要，它可以同时播放多个语音文件。在播放语音材料的同时，呈现 Slide 自身界面。如图 4－10 所示，假如语音播放界面用 Slide 控件制作，则在播放语音的同时，呈现在被试面前的就不是注视点“＋”，而是自身的 Slide 对象。

因此，设计人员可以根据这两个对象的功能特点有选择地使用语音播放控件。另外，如果要实现语音与图片或文字的同时呈现或语音与图片、文字三者一起呈现，则必须用 Slide 控件制作。因为 Slide 是一个“富刺激”控件，而 SoundOut 是一个“单刺激”控件。

二、语音材料播放的制作

与图片材料实验的制作一样，语音材料实验的制作也是通过调用 List 字段中的语音文件进行语音播放。因此，语音文件必须输入到 List 的相应字段中去，如图 4－11 中的“soundfile”字段“lx 1. wav”、“lx 2. wav”，等等。

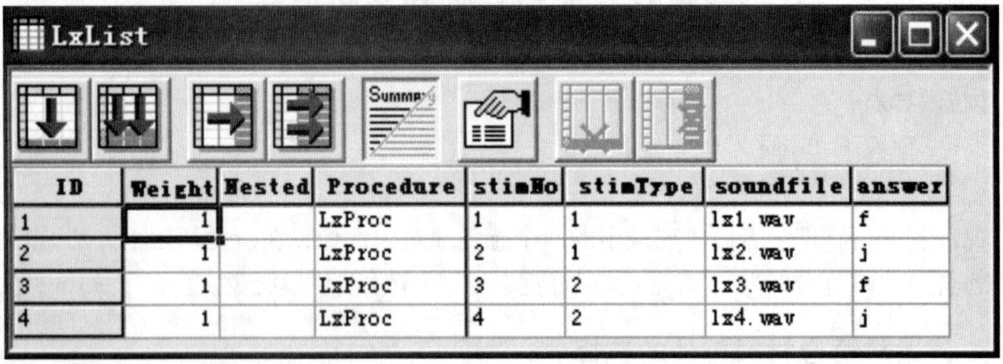

ID	Weight	Nested	Procedure	stimNo	stimType	soundfile	answer
1	1		LxProc	1	1	lx1.wav	f
2	1		LxProc	2	1	lx2.wav	j
3	1		LxProc	3	2	lx3.wav	f
4	1		LxProc	4	2	lx4.wav	j

图 4－11　语音材料的输入

在图 4－10 所示的语音播放实验流程中我们用 SoundOut 控件制作语音播放界面，实验程序的结构如图 4－12A 所示，双击用 SoundOut 控件制作的语音播放界面 SoundProbe 进行语音播放设置，设置界面如 B 图所示。在 Filename 属性中填入“[soundfile]”，即调用图 4－11 中的“soundfile”字段中的语音文件进行语音的播放。

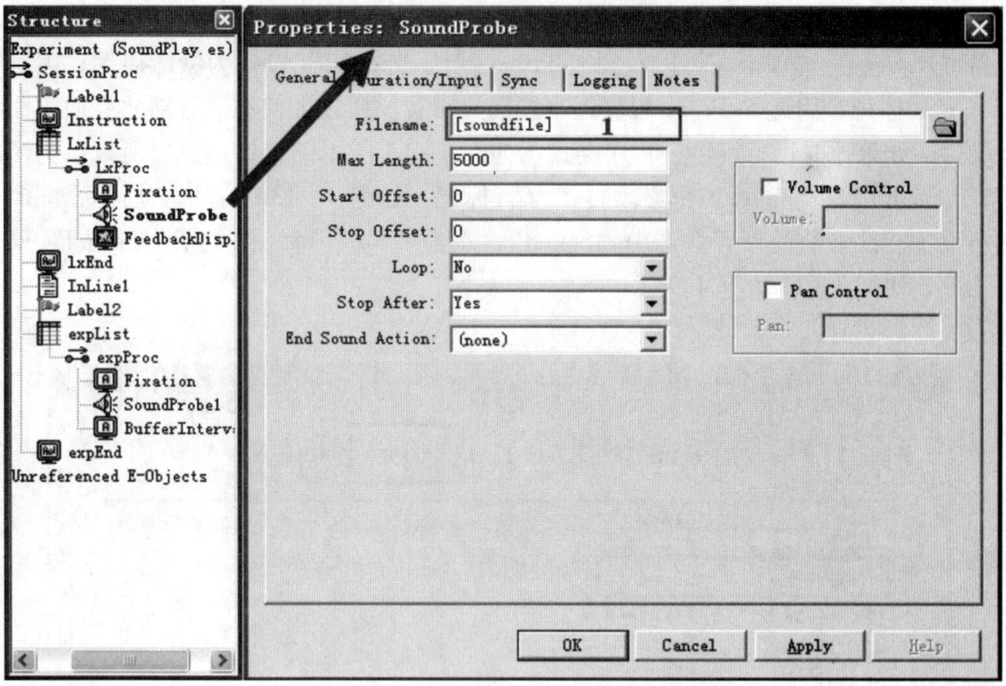

A　　　　　　　　　　B

图 4-12　语音播放界面的设置

语音播放控件还有其他八个属性，以下作简单的介绍：

（1）Max Length：语音播放缓冲，最大缓冲为 100 000。如果音频文件较大，可将缓冲设大。

（2）Start Offset：语音文件播放的起始位置。可以设置从第几毫秒开始播放。

（3）Stop Offset：语音文件播放的结束位置。

（4）Loop：循环播放。如果 Loop 设为“Yes”，即按 Start Offset 设定的起始位置和 Stop Offset 设定的结束位置循环播放语音文件，直到呈现时间结束。

（5）Stop After：选择“Yes”，即本界面结束后，语音播放结束；选择“No”，即本界面结束后，语音播放仍然按设定的起始结束位置继续播放不停止，直到程序运行结束。

（6）End Sound Action：决定循环播放语音的结束动作，默认为“none”。

（7）Volume Control：播放语音的音量控制。

（8）Pan Control：操作面板控制。

以上参数，我们一般不需要用到，能用到的就是第一个语音播放缓冲参数“Max Length”，需要时适当增大就可以。

三、语音播放的设置

前面介绍图片命名实验的实验设计时，提到 E-Prime 输入输出设备需要激活启用才能使用。同样道理，音频播放设备也需要激活设置才能使用。

双击 Structure 中的“Experiment”，打开 Experiment 对象属性页，如图 4－13 所示。点击设备“Devices”选项卡，可以看到 E-Prime 默认“Sound”设备为激活启用，因其前面未打“√”标记，因此 E-Prime 程序还不能播放语音。所以即使在语音播放界面中添加了语音文件，如果这时运行程序，程序会提示如图 4－14 所示的出错信息。所以，为了能播放语音，Sound 设备前的小方框必须打“√”标记，如图 4－13 中方框 2 所示，同时，还要进行设备特性参数的设置。选中“Sound”，点击“Edit”命令，打开“Sound”属性设置对话框，如图 4－13 方框 4 所示。

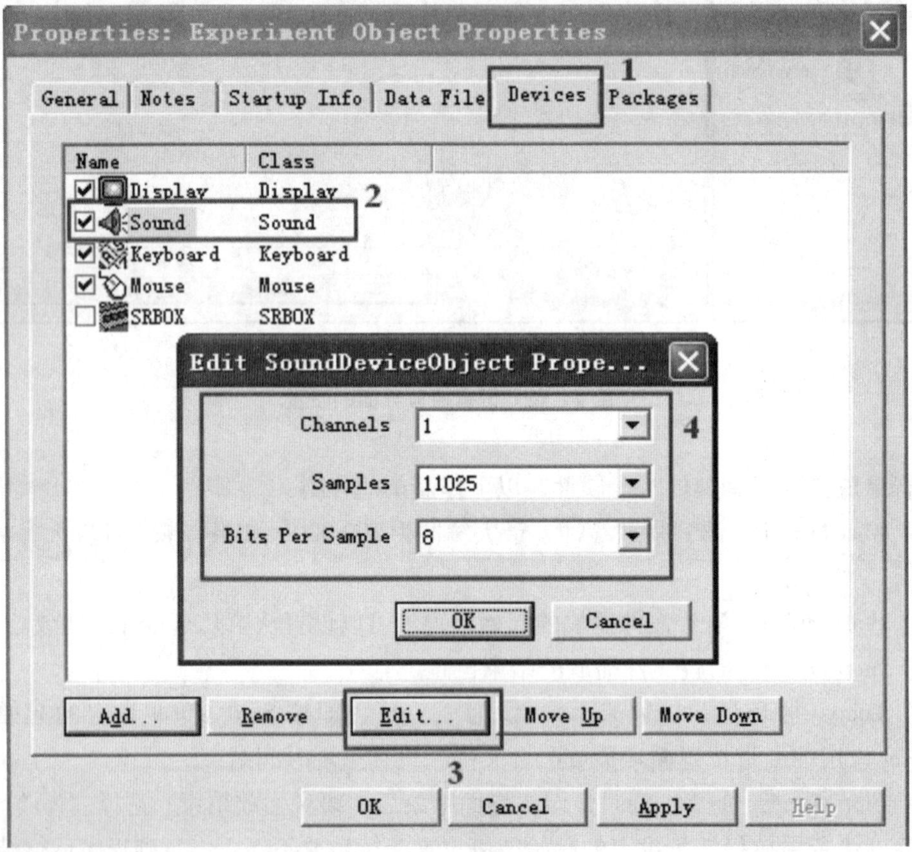

图 4－13　语音播放设备的设置

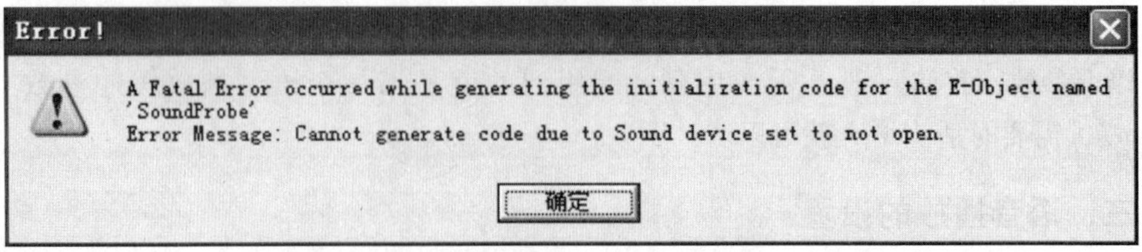

图 4－14　语音播放设备未打开启用的出错信息

如图 4 - 13 方框 4 所示，Sound 设备有三种参数需要设置，分别是声音通道数（Channels）、采样率（Samples）和分辨率（Bits Per Sample）。那么，该设置什么样的参数呢？这将由要播放的语音文件的参数决定。如图 4 - 15 所示，要播放的语音文件是“lx1. wav”，我们怎么获取它的语音参数呢？选中该文件，点击鼠标右键选中属性，打开语音文件属性页，如图 4 - 15 中显示：该语音文件的“音频采样大小”即分辨率为“8 位”，“频道”即声音通道数为“1”（单声道），“音频采样级别”即采样率为“11kHz”。因此，图 4 - 13 方框 4 所示的三个参数需对应地分别设为“1”、“11025”和“8”。只有语音文件的参数与 Sound 设备中的参数一一对应，语音文件才能播放，如有任一参数不一致，将导致不能播放，并将提示如图 4 - 16 所示的出错信息。

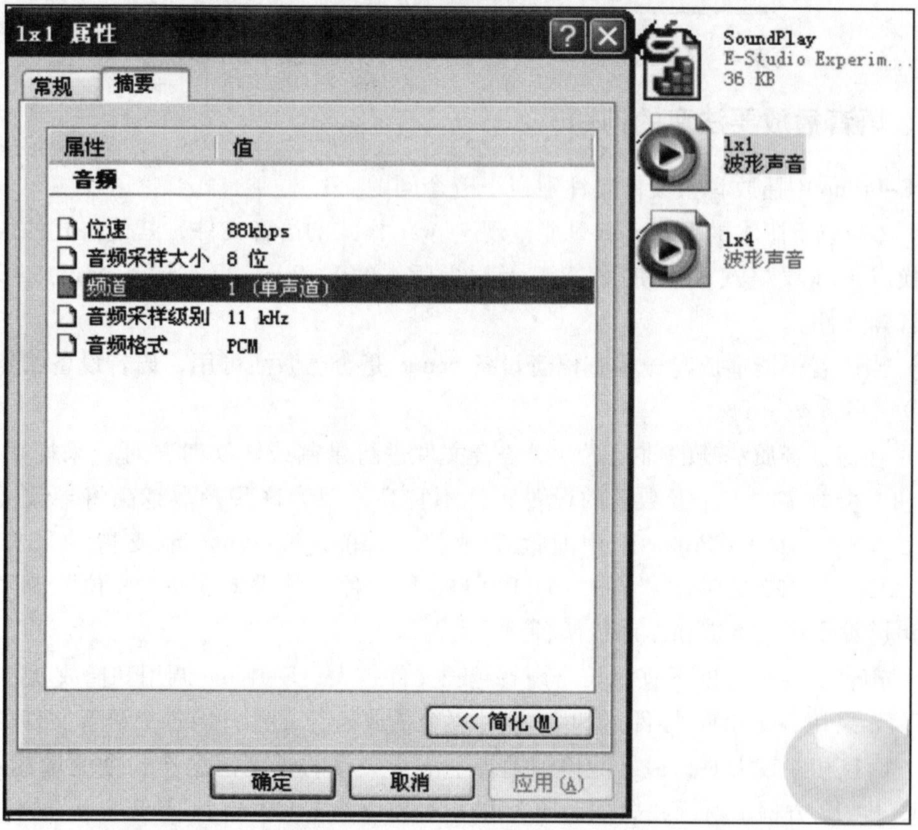

图 4 - 15 语音文件的参数信息

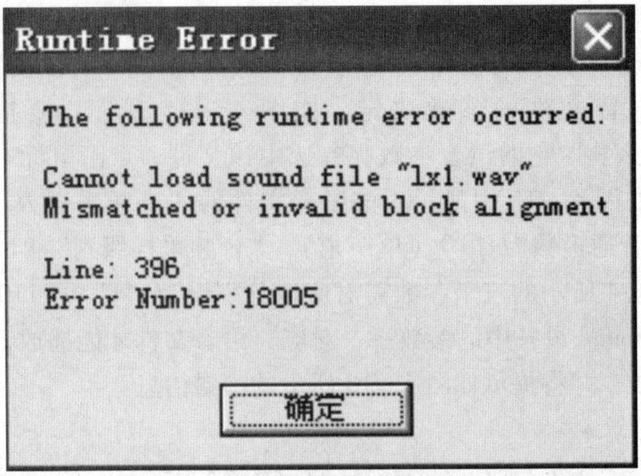

图4－16　语音文件的参数与设备参数不匹配时的出错信息

四、语音播放要注意的问题

在 E-Prime 中播放音频文件要注意以下五个问题：

（1）2.0 以下版本的 E-Prime 只能呈现 *.wav 格式的语音文件，其他格式的语音文件均须转换成 *.wav 格式才能使用。2.0 及以上版本的 E-Prime 可支持 *.wav、*.mp3 等格式的音频文件。

（2）当声音不能播放时，检查语音设备 Sound 是否已激活可用，语音设备的参数是否与声音文件的参数一致。

（3）在保证音质清晰的前提下，对语音文件进行录制或转换时，对“采样率”、“声道数”和“分辨率”三个参数值的设置宜低不宜高，因为这些参数越高将导致文件成倍地增大，文件越大 E－Prime 调用时间就越长。目前，E－Prime 能支持的采样率只有“11 025 kHz”、“22 050 kHz”和“44 100 kHz”三种，分辨率支持“8 位”和“16 位”两种，声道数支持单声道和多声道两种。

（4）声音文件的长度不宜太长。声音越长文件越大，E-Prime 调用和播放就越困难。

（5）如果用 SoundOut 控件或 Slide 控件逐个播放语音文件，当各个语音文件的长度都不一致，而且相差较大时，最好能单独把各个语音文件的长度信息作一个变量输入到 List 中，如图4－17 方框1 所示，“lx 1. wav”的声音长度为1 449 ms，“lx 2. wav”的声音长度为 1 103 ms。这样，SoundProbe 语音播放界面的呈现时间就可动态地调用“soundWidth”字段，语音播放界面的呈现时间就能与语音文件的长度相匹配，而不会造成语音没有播放完界面就消失或语音播放完后仍留有一段时间的空白界面等实验设计不严谨的尴尬现象。

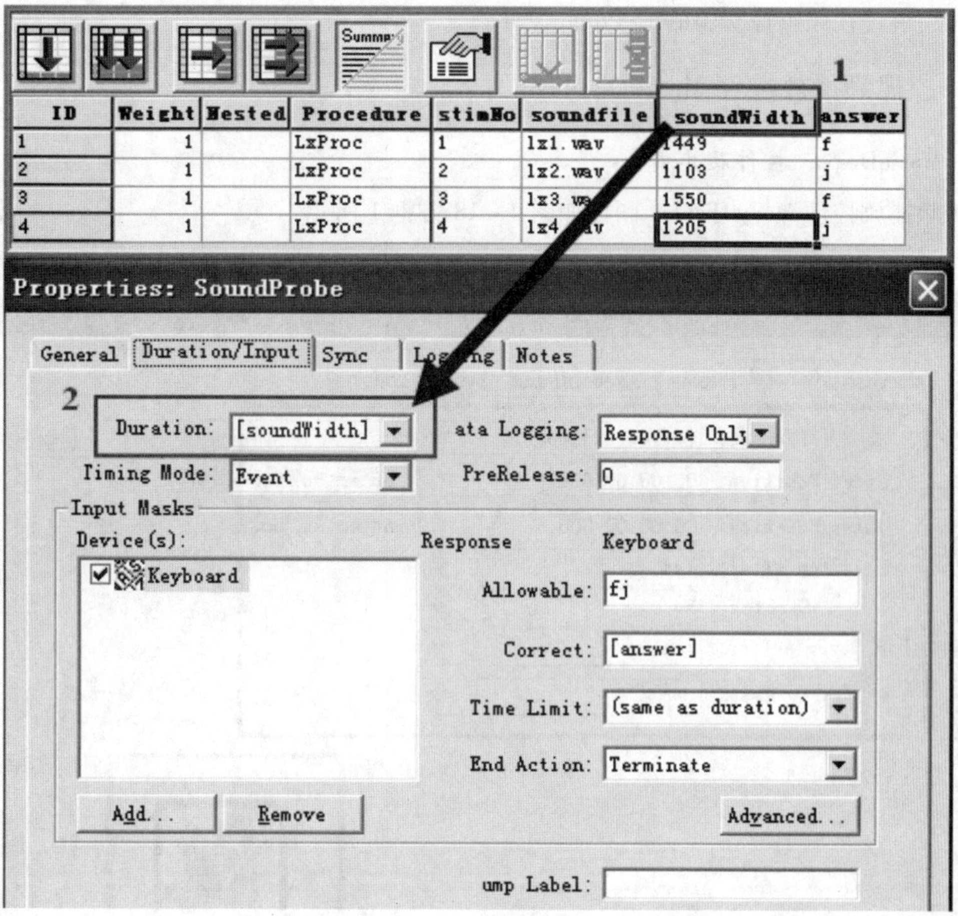

图 4－17　语音播放界面呈现时间的精确设置

【提示】1. 掌握音频播放设备的激活与参数设置的方法。
2. 掌握语音材料实验设计方法。
3. 掌握语音播放界面呈现时间的精确设置方法。

第三节　视频材料实验的设计

【技术导航】

掌握视频播放控件 MovieDisplay 的使用方法。

E-Prime 2.0 之前版本的 E-Prime 不能进行动态视频影像材料的研究，例如，“表象旋转”的实验就无法用 1.x 版本的 E-Prime 进行设计。E-Prime 2.0 新增了 MovieDisplay 控件，满足了用户进行视频影像材料实验的设计，拓展了 E-Prime 在心理学中的研究领域。

本节主要讲述视频影像实验的 E-Prime 设计。

一、视频播放控件 MovieDisplay

1. MovieDisplay 控件及其属性

视频播放控件 MovieDisplay 图标如图 4－18 方框 1 所示。

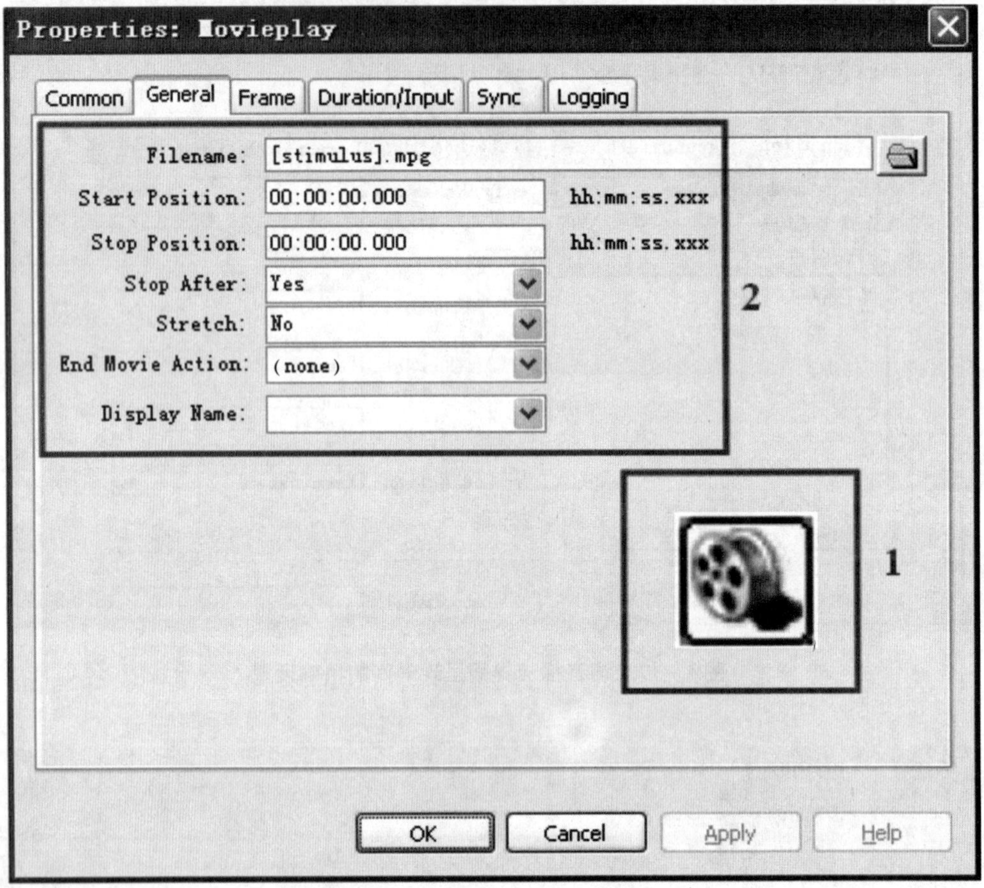

图 4－18　MovieDisplay 控件及其属性

MovieDisplay 视频播放控件可以支持＊. mpeg，＊. avi，＊. wmv 等格式的视频文件。

如图 4－18 方框 2 所示，MovieDisplay 视频播放控件主要有如下六个属性可供用户进行设置：

（1）Filename：播放视频的文件名（可含路径）。

（2）Start Position：从视频文件中的哪一个时间点开始播放。

（3）Stop Position：在视频文件中的哪一个时间点结束播放。

（4）Stop After：选择 “Yes”，即本界面结束后，视频播放结束；选择 “No”，即本界面结束后，视频播放仍然继续播放不停止，直到程序运行结束。

（5）Stretch：决定视频播放的界面是它的原始大小还是用户拖放控件的大小。

（6）Display Name：是否显示播放设备的名称。

以上参数，除 Filename 必须输入外，其他属性我们一般保持默认值的设置即可。

2. MovieDisplay 控件的调用

MovieDisplay 视频播放控件与 E-Prime 的 SoundOut 一样，有两种调用方式：一种是从 Toolbox 工具栏中拖入到实验总过程中直接产生。另一种调用方式也是像 SoundOut 控件一样在 Slide 对象中直接调用，如图 4－19 所示。

图 4－19　在 Slide 对象中直接调用 MovieDisplay 控件

E-Prime 2.0 在 Slide 对象中镶嵌了 MovieDisplay 视频播放控件，因此，可以在 Slide 对象中直接调用该控件，直接在 Slide 界面中播放视频文件。在 Slide 对象中播放视频的同时，可以同步呈现文本型、语音型、图片型的其他刺激，因为 Slide 是一个可同时呈现各种刺激的“富刺激”控件，而第一种调用方式即从 Toolbox 直接调用，只能呈现视频型刺激的“单刺激”调用。同样道理，Toolbox 中的 ImageDisplay 控件、SoundOut 控件也属于“单刺激”控件。

二、视频播放控件 MovieDisplay 实验设计

1. 视频文件的输入

与图片材料、语音材料实验的制作一样，视频材料实验的制作也是通过调用 List 字段中的视频文件进行视频播放。因此，视频文件必须输入到 List 的相应字段中去，如在图 4－20 中的“Stimulus”字段输入的“box. mpg”、“face. mpg”，等等。

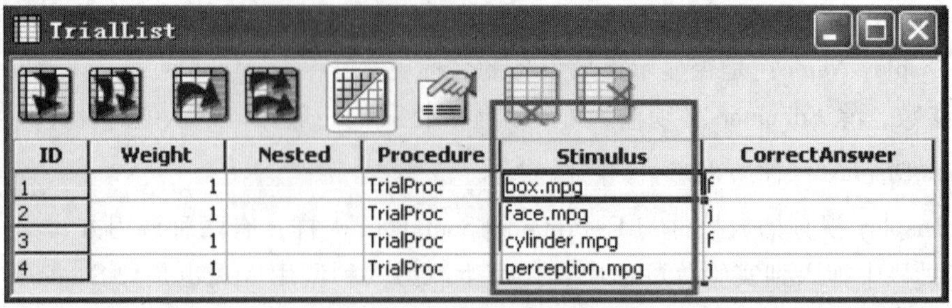

图 4－20　视频材料的输入

如果在 List 字段中没有输入视频文件的格式后缀名如“. mpg”，则需要在 MovieDisplay 视频播放控件的“Filename”属性中补上视频格式后缀名。如图 4－21 所示的“Stimulus”中的各个视频文件名均没有带上视频格式后缀名，要播放这些视频文件，则必须如图 4－18 所示，在“Filename”的输入框中补上后缀名。

2. 实验制作

实验流程如图 4－22 所示，实验结构如图 4－21 所示，GetReady 为注视点，Movieplay 为视频播放界面，Feedback 为反馈界面。我们从 Toolbox 中拖入一个“MovieDisplay”视频播放控件到核心实验过程 TrialProc 中直接生成视频播放界面，并重新命名为“Movieplay”。点击“Movieplay”的属性按钮进行属性设置，属性页如图 4－23 所示，在 Filename 属性中填入“[stimulus]. mpg”，因为在本实验中，List 中的刺激字段“Stimulus”的各个视频文件均没有输入视频格式的后缀名，所以需要在 Filename 属性中补上。其余属性保持默认值不作改变。

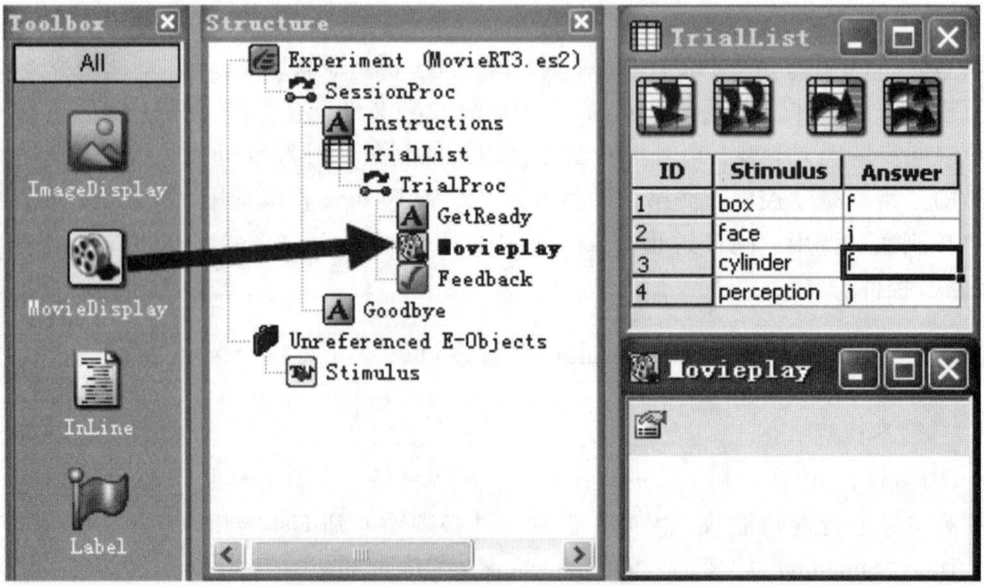

图 4－21　视频材料实验的设计

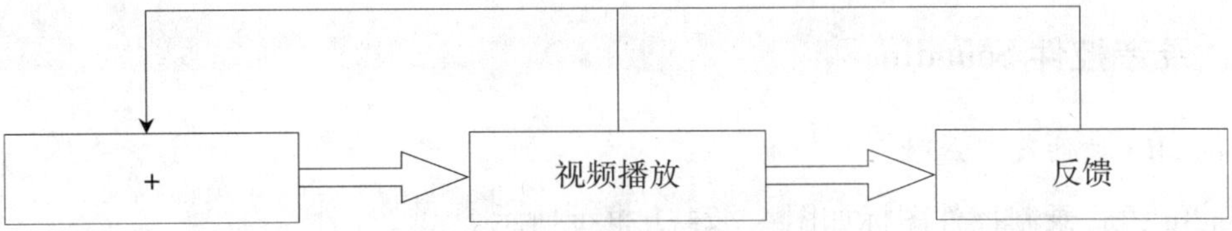

图 4－22　视频材料实验的流程图

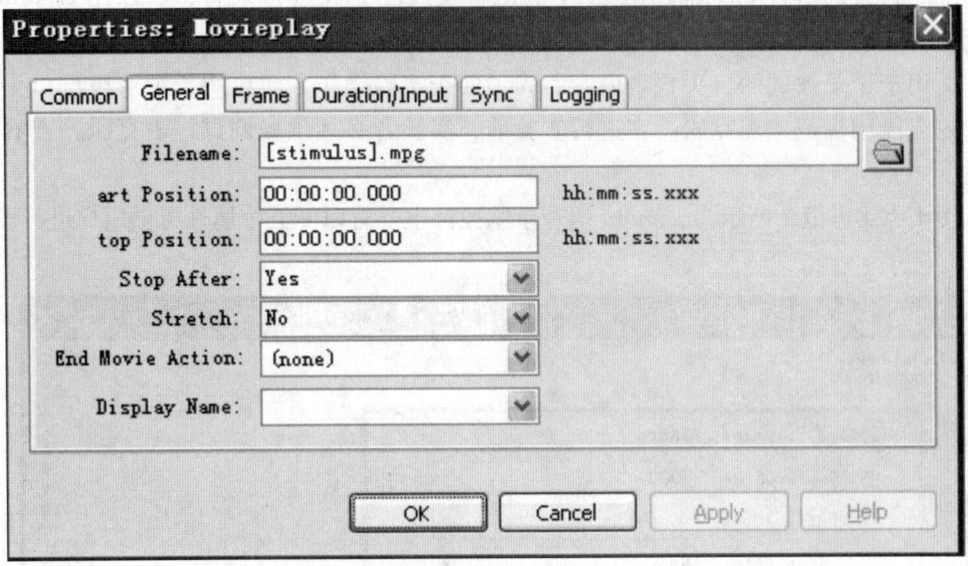

图 4－23　视频控件属性设置

第四节　录音控件 SoundIn 的使用

【技术导航】

掌握录音控件 SoundIn 的使用方法。

在心理学实验中，有许多实验范式，如“Stroop 效应”实验、图词干扰实验等，都需要进行语音反应，即既要记录被试出声反应的反应时，又要记录被试口头报告的内容以判断反应是否正确。1. x 版本的 E-Prime 通过外接响应盒 SRBOX 解决了语音反应时的记录问题，却不能记录被试口头报告的具体内容。要判断被试反应是否正确，即口头报告的内容是否正确，需要外部记录手段把被试的报告内容记录下来再进行事后分析以判断反应的正误；或由主试坐在被试的身边当场记录和判断被试的反应是否正确。

2. 0 版本的 E-Prime 新增了录音控件 SoundIn，使 E-Prime 既能通过外接响应盒 SRBOX 记录被试的语音反应时，又能通过 SoundIn 控件逐个记录被试的口头报告内容，解决了语音反应实验的燃眉之急。尽管 SoundIn 控件还不能直接判断被试口头报告的内容是否正确，但还是可以通过回放录音文件以判断被试反应的正误。

一、录音控件 SoundIn

1. SoundIn 控件及其属性

SoundIn 语音录制控件图标如图 4－24 方框 1 所示。

SoundIn 语音录制控件的录音必须通过计算机的声卡外接麦克风进行录音，不能同时用 E-Prime 自带的语音响应盒 SRBOX 中的语音反应麦克风进行录音；所以用 E-Prime 做语音反应实验时需要两个麦克风，一个接 SRBOX 进行语音反应，记录反应时；一个接电脑声卡，用于记录被试的口头报告内容。为了便于实验操作，建议用于记录被试口头报告内容的麦克风用头戴式麦克风。在进行实验前，实验者必须预先调试好麦克风，查看录音是否正常。

如图 4－24 方框 2 所示，SoundIn 语音录制控件主要有以下五个属性可供用户进行设置：

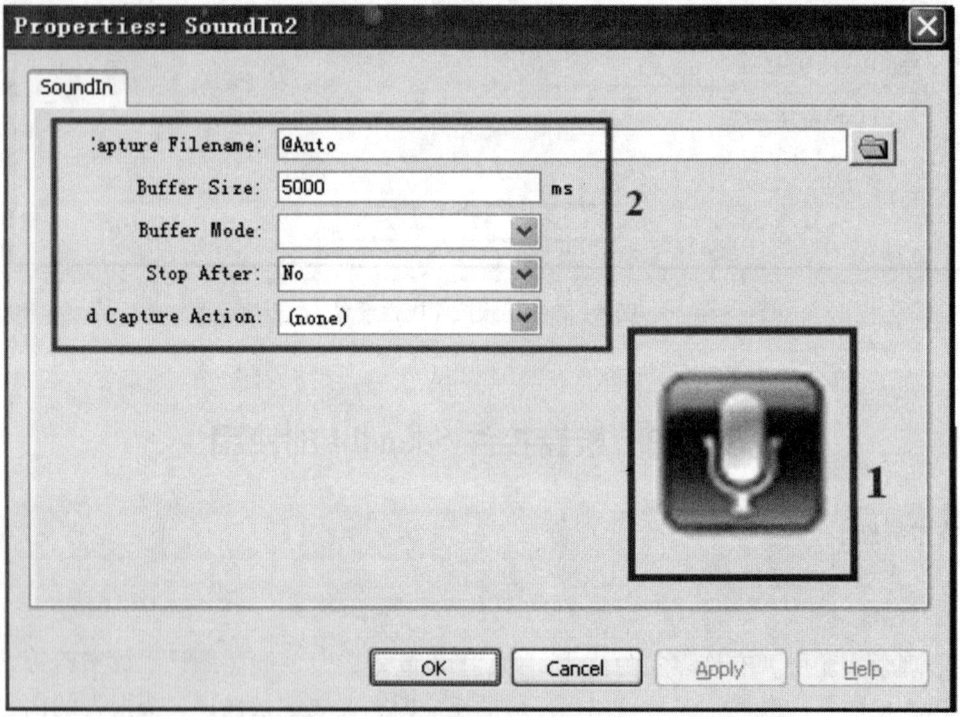

图 4－24　SoundIn 控件及其属性

（1）Capture Filename：生成的语音文件。默认值为“@ Auto”，即 E-Prime 2.0 会自动生成录音文件，存放在本实验程序同文件夹中。录音文件的自动生成机制是：每个 Trial 生成一个语音文件，把被试的口头报告内容录制在该文件内。录音文件名的生成格式是：“实验名称—被试号—实验组别号— Trial 运行顺序号 . wav”。假如进行的是“Stroop 效应”实验，E-Prime 实验名称为“Stroop”，实验组别为 1，被试编号为 5，则第 8 个 Trial 所录制的语音文件为“Stroop－5－1－8. wav”，第 120 个 Trail 所录制的语音文件为“Stroop－

5-1-120. wav”。如果实验材料比较多，则生成的语音文件也较多，建议在本实验程序文件下建立一个子文件夹专用于储存生成的录音文件。例如，在实验程序所在的文件夹下建立一个名为“sound”的子文件夹用于存放 E-Prime 自动生成的录音文件，则“Capture Filename”需要设置成“sound \ @ Auto”，如图 4-25 所示。

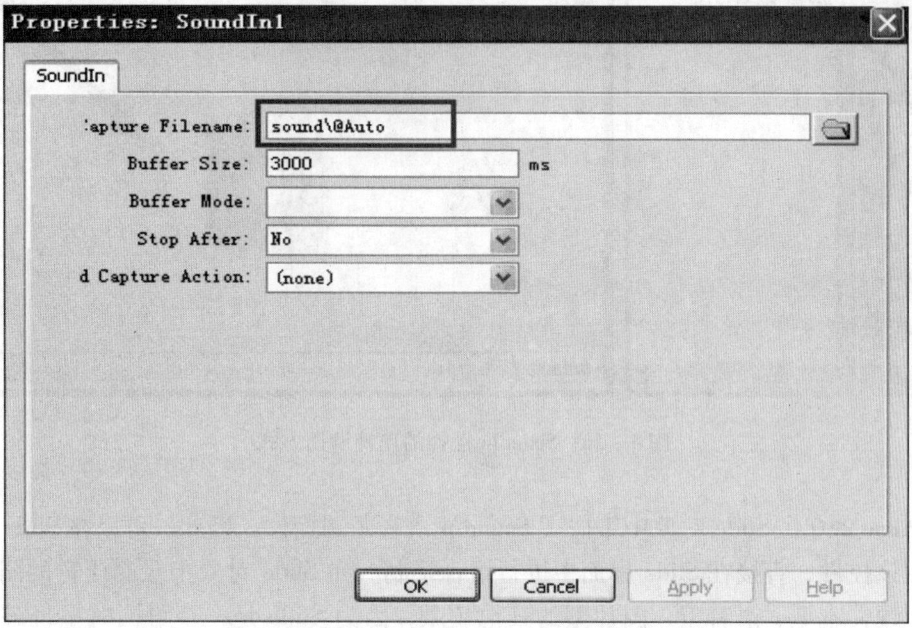

图 4-25　SoundIn 控件录音文件夹的设置

（2）Buffer Size：缓存大小，单位为毫秒。是指每个录音文件的语音长度。这取决于答案的长度。如果 3 秒内被试肯定能反应完，则设置成 3 000 ms；如果被试需要 5 秒才能反应完，则需要设置成 5 000 ms。

（3）Buffer Mode：缓冲模式，只有默认的“Buffered”项，即启用缓冲模式。

（4）Stop After：选择“Yes”，即本界面结束后，录音结束；选择“No”，即本界面结束后，录音仍然继续，直到设定的 Buffer Size 到点时录音才结束。选择默认为“No”的选项即可。

（5）End Capture Action：这个选项的意思是指当对象的呈现时间（Duration）大于语音捕捉动作的时间（Buffer Size），即一旦设定的 Buffer Size 到点后本对象的动作该怎样执行。有“None”、“Jump”和“Terminate”三项选择。选择“None”即不执行任何动作，选择“Jump”即采取跳转动作（注：需要有 label），选择“Terminate”即结束运行本对象。一般选择默认为“None”的选项即可。

2. SoundIn 控件的调用

SoundIn 语音录制控件与 E-Prime 的 MovieDisplay 视频播放控件一样，有两种调用方式。一种是从 Toolbox 工具栏中拖入到实验过程中直接产生，如图 4-26 箭头 1 所示。另一种调用方式是像 MovieDisplay 控件一样在 Slide 对象中直接调用，如箭头 2 所示。

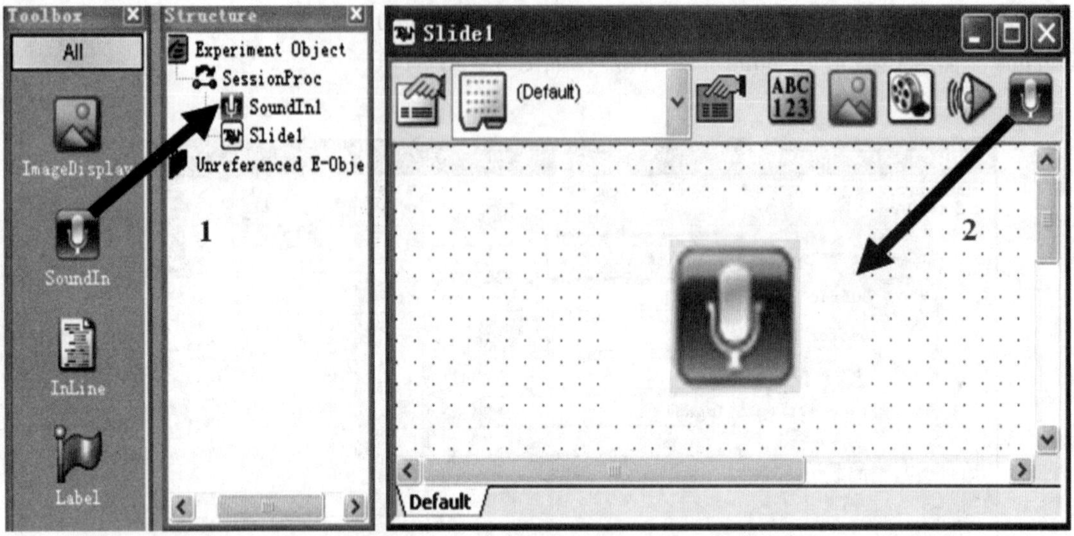

图 4－26　SoundIn 控件的两种调用方式

E-Prime 2.0 在 Slide 对象中镶嵌了 SoundIn 语音录制控件，因此，可以在 Slide 对象中直接调用该控件，直接在 Slide 界面中进行语音录制。在 Slide 对象中录制语音的同时，可以同步呈现文本型、语音型、图片型的其他刺激，因为 Slide 是一个可同时呈现各种刺激的“富刺激”控件，而第一种调用方式即从 Toolbox 中直接调用，实验刺激的呈现只能由另外的对象制作，SoundIn 对象功能只能单录语音。

二、录音控件 SoundIn 实验设计

SoundIn 语音录制控件只起录制语音的作用，因此它无须调用实验材料，只是在探测界面中对被试的口头反应进行录制。对录音控件的使用一般在 Slide 中调用即可。如图 4－27 所示，该图为“颜色命名”实验的探测界面“Probe”，Probe 由 E-Prime 的 Slide 控件制作。图中方框 1 为实验刺激颜色块，实验要求被试对该颜色块进行命名。要判断被试对颜色块的命名正确与否，需要把被试的命名反应录制下来进行事后回放才能确定。因此，该界面需要插入 SoundIn 控件，如图 4－27 方框 2 所示，直接从 Slide 的工具栏中拖入一个 SoundIn 控件到界面中即可。然后根据实验的需求，对图 4－25 所示的 SoundIn 控件的各个属性进行设置即可。

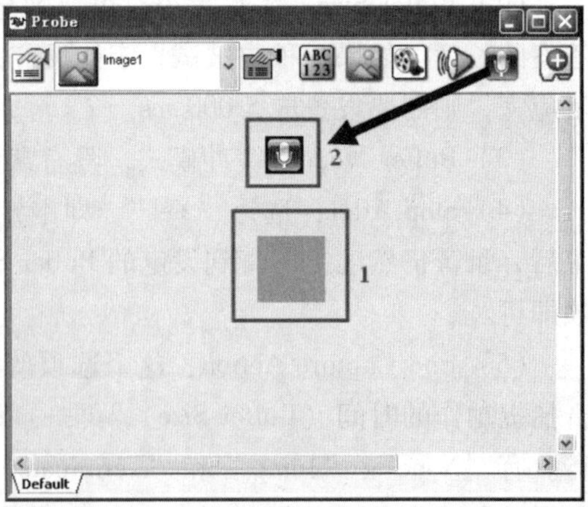

图 4－27　SoundIn 语音录制控件的实验设计

第三编

E-Prime 的数据处理

第五章　E-Prime 的数据处理

本章讲述的数据处理有别于我们熟悉的 Excel 或 SPSS 等专门的数据处理软件对实验生成的数据进行统计检验处理。E-Prime 的数据处理，主要指对被试数据的合并、筛选与提取，以及数据的导出和修复等操作。

第一节　认识 E-Prime 的数据文件

【技术导航】

1. 领会 E-Prime 四种记录数据方式的异同。
2. 认识 E-Prime 数据文件的组成。

一、生成的数据文件

E-Prime 实验的运行必须基于主试输入的被试编号“Subject Number”和实验组别“Session Number”才能开始运行。因为只有输入这两个信息，E-Prime 才能生成基于这两个信息的唯一的数据文件。数据文件的命名也是基于被试编号和实验组别两个信息进行命名的。如图 5 - 1 所示，图中选中涂黑部分为 E-Prime 生成的数据文件，前面四个为表格型数据文件，后面四个为文本型数据文件。可用于提取数据的是前面四个表格性文件。

数据文件的命名规则是“程序名—被试编号—实验组别 . edat”，如图 5 - 1 所示，共生成了四个被试的数据文件。所以说，对同一组实验来说，被试编号千万不能重复输入，如不小心，会造成原有数据被新数据覆盖。这是主试进行实验时要格外注意的地方。不同实验组别的被试编号可以重复。

E-Prime 实验运行后，E-Prime 首先在程序文件中生成一个“文件名—被试编号—实验组别 . txt”文本型实时数据文件。该文件是一个动态文件，会随着实验 Trial 数运行的不断增多而增大。待实验运行完毕，脚本成功中断后，文本型数据文件关闭，E-Prime 会自动根据生成的文本型数据文件转换生成一个表格型的数据文件。所以，表格型数据文件是实验做完以后才自动生成的。有时候由于某种原因，E-Prime 会提示表格型数据文件没有生成，但文本型数据文件是存在的。这时可以通过 E-Prime 自带的修复工具 E-Recover 进行修复，具体的修复操作我们将在第四节中讲到。

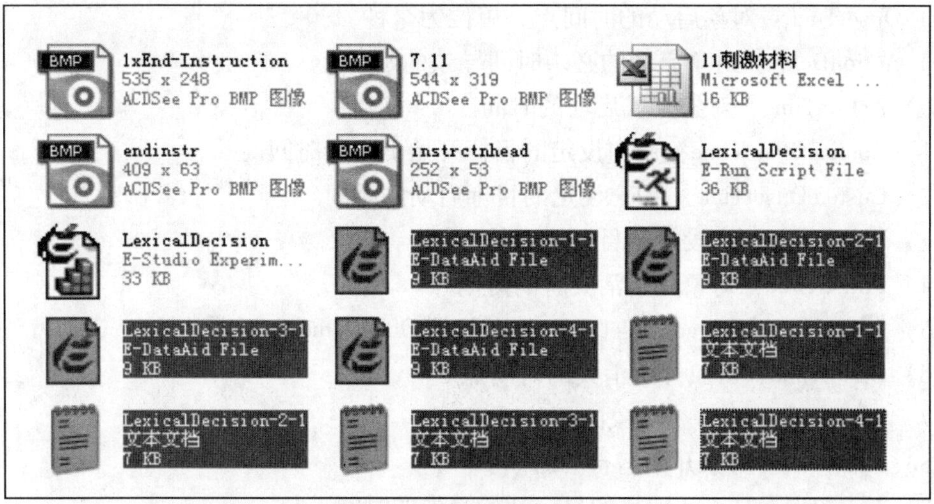

图 5－1　E-Prime 生成的数据文件

二、E-Prime 记录数据的方式

我们在第三章对“词汇判断”实验探测界面的“数据收集”（Data Loggin）要素进行设置时，谈到 E-Prime 数据收集的方式有“Standard”、“Response Only”、“Time Audit Only”和“Custom”四种选择，并将探测界面的数据收集的方式设为“Standard”。那么，这四种数据收集方式有何区别？E-Prime 能收集哪些数据呢？下面我们逐一进行介绍。

1. E-Prime 记录的数据

如图 5－2 所示，E-Prime 记录的数据有两种分类方式。方框 1 和方框 2 中的数据为标准数据“Standard”和扩展数据“Extended”的分类方式。“Standard”类记录的数据有“ACC、RESP、RT、OnsetTime”等，“Extended”类记录的数据有“ActionDelay、CustomOffsetTime、Duration、OffsetTime”等。方框 3 和方框 4 中的数据是按照反应数据“Dependent Measures”和时间查验数据“Time Audit”的分类方式来分类的。“Dependent Measures”类记录的数据有“ACC、CRESP、RESP、RT、RTTime”等，“Time Audit”类记录的数据有“OnsetTime、ActionDelay、CustomOffsetTime、Duration、OffsetTime”等。

各个数据的含义分别解释如下：

（1）ACC：记录反应的正确与错误，“ACC＝1”为反应正确，“ACC＝0”为反应错误。

（2）RESP：即 Response，为被试反应的实际按键或口头报告内容。

（3）CRESP：即 Correct Response，正确的反应键，与 List 中输入的反应答案一致。

（4）RT：反应时。

（5）RTTime：反应一刹那计算机时钟的时间点，单位为毫秒。

（6）DurationError：呈现时间误差，即实际呈现时间与所设置的 Duration 之间的差异。

（7）OnsetDelay：启动延迟。

(8) OnsetTime：对象启动的时间点，单位为毫秒。

(9) ActionDelay：对象启动的必须时间导致的延迟。

(10) ActionTime：对象完成启动的时间。

(11) CustomOffsetTime：用户设定的目标开始消失的时间。

(12) CustomOnsetTime：用户设定的目标启动的时间。

(13) Duration：用户设定的目标呈现的时间。

(14) FinishTime：对象完全消失时的时间点。

(15) OffsetDelay：TargetOffsetTime 与实际的 OffsetTime 之间的差异。

(16) OffsetTime：对象开始消失的时间点。

(17) Prerelease：下一个对象的预装时间。

(18) StartTime：对象开始运行的时间。

(19) TargetOffsetTime：计算的目标开始消失的时间。

(20) TargetOnsetTime：计算的目标启动的时间。

(21) TimingMode：选择的计时模式。

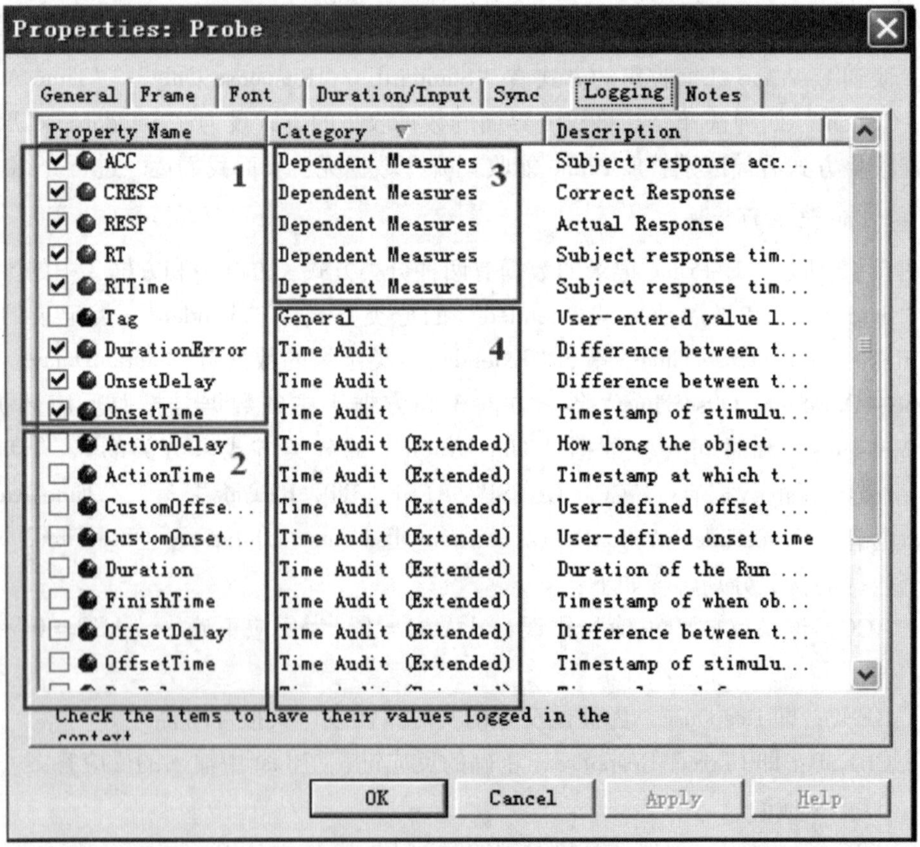

图 5-2 E-Prime 数据记录方式

根据以上介绍，设计人员可以根据自己的需要选择数据。

2. E-Prime 四种记录数据的方式

E-Prime 默认的四种记录数据的方式分别为“Standard”、“Response Only”、“Time Audit Only”和“Custom”，其主要区别在于记录的数据不同。

“Standard”记录的数据有：ACC、CRESP、RESP、RT、RTTime、DurationError、OnsetDelay、OnsetTime。

“Response Only”记录的数据有：ACC、CRESP、RESP、RT、RTTime。只记录反应的数据。

“Time Audit Only”记录的数据有：DurationError、OnsetDelay、OnsetTime。只记录时间查验数据。

“Custom”记录的数据由用户自定义。如你可以选择记录 ACC、RT。当你在“Duration/Input”选项卡中的“Data Logging”选择“Custom”数据记录方式时，必须点击“Logging”选项卡，把需要记录的数据打上“√”，如图 5-2 方框 1 所示，不需要记录的数据把“√”去除。

三、E-Prime 数据文件的组成

不管选择哪一种数据记录方式，所选择的数据都会记录到实验运行所生成的被试数据文件中。我们双击打开如图 5-1 所示的“LexicalDecision-1-1”，看看数据文件的真面目，打开的文件的部分截图如图 5-3 所示。

如图 5-3 所示，数据文件是用 E-Prime 自带的软件 E-DataAid 打开的，打开的文件类似于 Excel 电子表格一样由行和列组成。“行”表示的是每个刺激的数据，或表示每个 Trial 的数据，实验程序运行了多少次 Trial（包括练习），就在数据文件中生成多少行。“列”所代表的是收集的数据。打开每一个数据文件，你都会发现数据文件中包含了很多“列”，即记录了很多数据。这些数据中有些是必须用的数据，有些是可以不用的数据，有些是用不上但可以保留以备用的数据。我们以词汇判断实验为例逐个介绍这些数据，以便大家提取有用的数据。

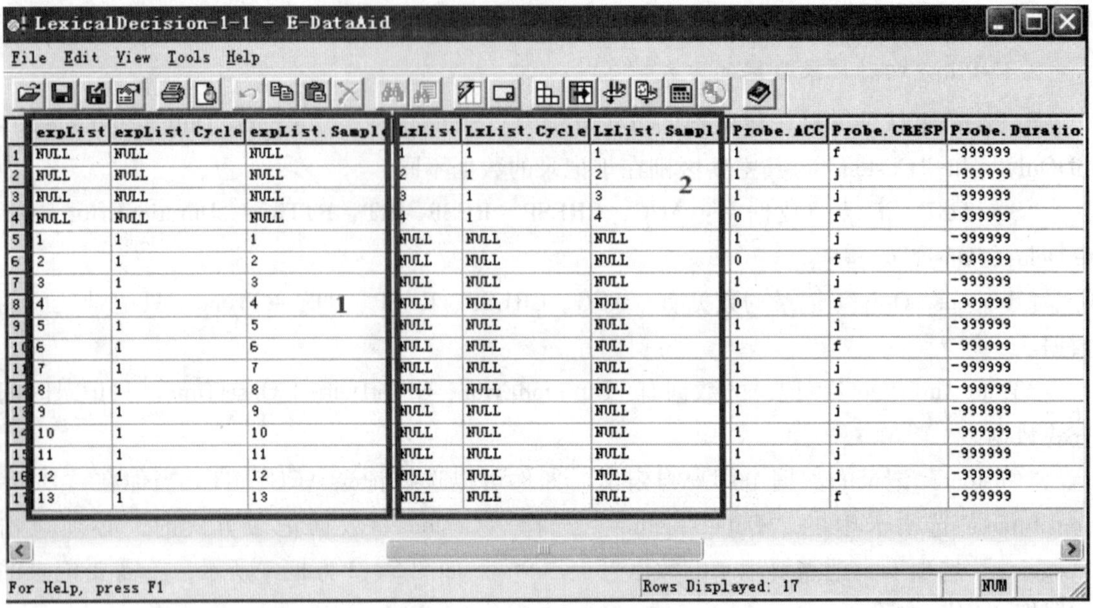

	expList	expList.Cycle	expList.Sample	LxList	LxList.Cycle	LxList.Sample	Probe.ACC	Probe.CRESP	Probe.Duratio
1	NULL	NULL	NULL	1	1	1	1	f	-999999
2	NULL	NULL	NULL	2	1	2	1	j	-999999
3	NULL	NULL	NULL	3	1	3	1	j	-999999
4	NULL	NULL	NULL	4	1	4	0	f	-999999
5	1	1	1	NULL	NULL	NULL	1	j	-999999
6	2	1	2	NULL	NULL	NULL	0	f	-999999
7	3	1	3	NULL	NULL	NULL	1	j	-999999
8	4	1	4	NULL	NULL	NULL	0	f	-999999
9	5	1	5	NULL	NULL	NULL	1	j	-999999
10	6	1	6	NULL	NULL	NULL	1	f	-999999
11	7	1	7	NULL	NULL	NULL	1	j	-999999
12	8	1	8	NULL	NULL	NULL	1	j	-999999
13	9	1	9	NULL	NULL	NULL	1	j	-999999
14	10	1	10	NULL	NULL	NULL	1	j	-999999
15	11	1	11	NULL	NULL	NULL	1	j	-999999
16	12	1	12	NULL	NULL	NULL	1	j	-999999
17	13	1	13	NULL	NULL	NULL	1	f	-999999

图 5－3　E-Prime 数据文件

（1）ExperimentName：实验名称。可以保留的数据。

（2）Subject：被试编号。有用的数据。

（3）Session：实验组别。有用的数据。

（4）Display. RefreshRate：屏幕刷新率。可以不用的数据。

（5）Group：被试组别。不用的数据。

（6）RandomSeed：随机数生成种子。不用的数据。

（7）SessionDate：实验日期。不用的数据。

（8）SessionTime：实验时间。不用的数据。

（9）Block：这里的 Block 相当于 Trial，是运行次数。不用的数据。

（10）answer：在 LxList 和 expList 中都有的答案“answer”字段。可以保留的数据。

（11）expList：实验模块的 List。可以不用的数据。

（12）expList. Cycle：实验模块运行的循环次数。默认为 1 次。可以不用的数据。

（13）expList. Sample：实验模块 List 中的各个刺激（样本）。可以不用的数据。

（14）LxList：练习模块的 List。可以不用的数据。

（15）LxList. Cycle：练习模块运行的循环次数。默认为 1 次。可以不用的数据。

（16）LxList. Sample：练习模块 List 中的各个刺激（样本）。可以不用的数据。

（17）Probe. DurationError：探测界面的呈现时间误差。可以保留的数据。

（18）Probe. OnsetDelay：探测界面的呈现或激活延迟。可以保留的数据。

（19）Probe. OnsetTime：探测界面的呈现或激活的时间点。可以保留的数据。

（20）Probe. RESP：探测界面中被试的反应按键。可以保留的数据。

（21）Probe. RT：探测界面中被试的反应时间。有用的数据。

（22）Probe. RTTime：探测界面中被试反应一刹那的时间点。可以保留的数据。

（23）Procedure：过程。指运行的是哪一个核心实验过程。对本实验来说，表示是运行的练习模块的核心实验过程还是实验模块的核心实验过程。可以不用的数据。

（24）Running：运行。指运行的是哪一个模块。对本实验来说，表示是实验模块还是练习模块。可以不用的数据。

（25）stimNo：在 LxList 和 expList 中都有的刺激编号“stimNo”字段。有用的数据。

（26）StimType：在 LxList 和 expList 中都有的刺激类型“StimType”字段。有用的数据。

（27）Stimulus：在 LxList 和 expList 中都有的刺激“Stimulus”字段。有用的数据。

以上为“词汇判断”实验两个模块一个探测界面产生的 27 列数据。模块越多即 List 越多，探测界面越多，产生的数据就越大。但不管多少，产生数据的类型都类似，对每个数据的解释都可以参照上述的解释进行理解。

在图 5 - 3 方框 1 和方框 2 中，我们都可以看到有些数据的值为“Null”，即为空值。这时怎么回事呢？原来，我们的实验是先练习后进行正式实验的，而且练习和实验中的每一个 Trial 都会记录到数据文件中。所以前面四行是我们本词汇判断实验的 4 个练习材料，后面 13 行就是正式实验的 13 个材料。我们看图 5 - 3，前面三个数据为：expList、expList. Cycle、expList. Sample，都是实验模块的 List 的属性数据，因此对前面 4 行练习材料来说，是不可能有的数据，因此为“Null”，因为实验模块和练习是相互独立的。同理，方框 2 所示的三个数据：LxList、LxList. Cycle、LxList. Sample，都是练习模块的 List 的属性数据，因此对后面 13 行数据来说其值为“Null”。所以，看到这些“Null”不要着急，它的出现是正常的。

第二节　合并数据

【技术导航】

掌握 E-Prime 数据的“Standard Merge”和“Recursive Merge”两种数据合并的方法。

心理实验都要求一定数量的被试，才能把样本取得的结论推广到取样的总体中。因此，一个实验下来会产生几十个被试数据。在对这些 E-Prime 数据统计检验之前，我们必须把这些单个的被试数据文件进行合并，然后从中提取有用数据。

一、合并前的准备工作

如图 5 - 1 所示，我们需要把所有本实验的表格型的数据文件拷贝在一起，以备合并后使用。建议将这些数据再备份一次，因为这些合并过的数据，将不能再次合并。

二、合并

合并数据使用 E-Prime 自带的合并软件 E-Merge 进行。打开 E-Merge 软件，界面如图 5-4 所示。

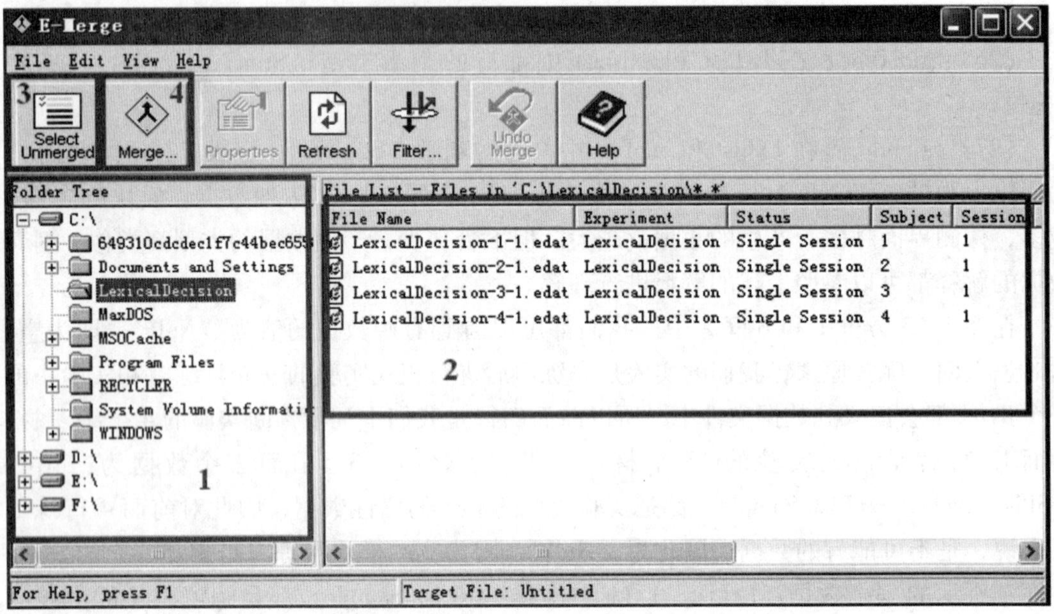

图 5-4　E-Merge 数据合并界面

合并数据的操作过程有以下三个步骤：

（1）打开文件。如图 5-4 方框 1 所示，在 Folder Tree 中打开存放数据的文件夹，文件夹中相应的文件就会呈现在右边的文件列表 File List 中，如图中方框 2 所示，图中显示有四个文件待合并。

（2）选择未合并的数据文件。点击图 5-4 方框 3 所示的“Select Unmerged”命令，在打开文件夹的文件列表 File List 中，没有合并过的数据文件将被自动全部选中，如图 5-5 涂黑显示部分所示。

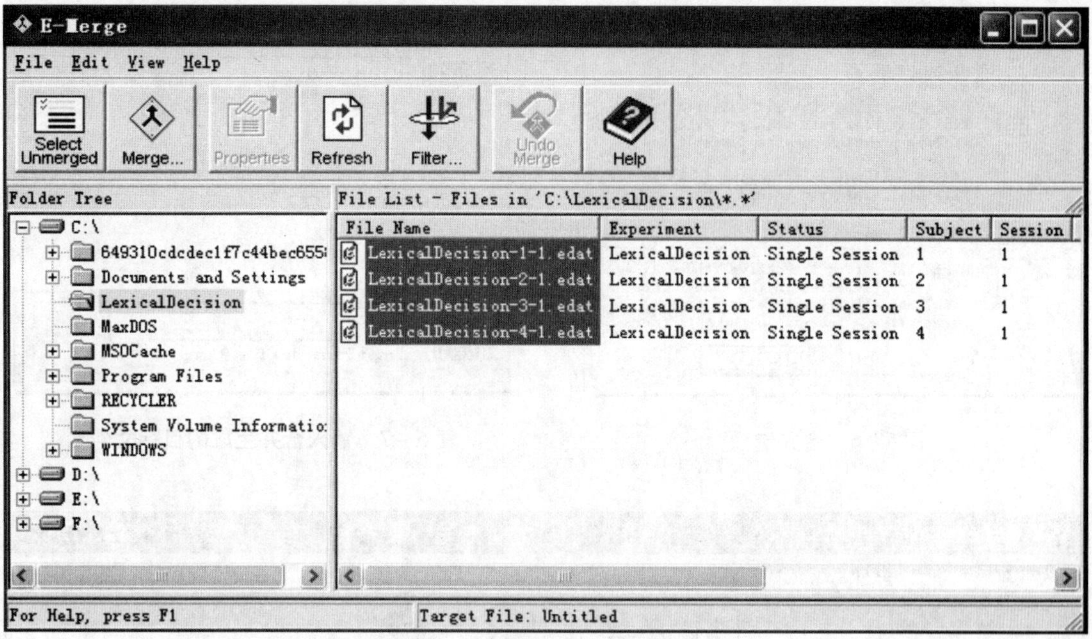

图 5－5　没有合并过的文件将被选中

（3）合并。点击图 5－4 方框 4 所示的“Merge...”命令，程序弹出一选择合并方式“Select the Merge Operation”的对话框，如图 5－6 所示，选择标准合并“Standard Merge”即可，然后点击“Next”。随即弹出另一设定合并所有数据生成一目标文件的文件名的对话框“Set Target File”，如图 5－7 所示，输入一文件名，本例输入了“LDTotal”，然后点击“OK”命令。随即软件又弹出一询问对话框，问“目标文件不存在，你是否要创建?”，点击“Yes”进行创建，文件合并就开始了。

合并完成后，E-Merge 软件会提示你合并完成，并详细告知你有多少个待合并的文件，成功合并了多少个文件，有多少个文件合并失败。合并完成后，E-Merge 的界面如图 5－8 所示，在文件列表中，多了一个合并生成的红色图标的目标文件“LDTotal. emrg”，合并过的数据文件已作了合并标记——文件的图标打上了绿色的“√”，这些文件将不能进行再次合并。双击打开 LDTotal. emrg 文件，如图 5－9 方框中的“Subject”字段，被试编号为“1”、“2”、“3”、“4”的数据文件都被合并到同一文件中了。

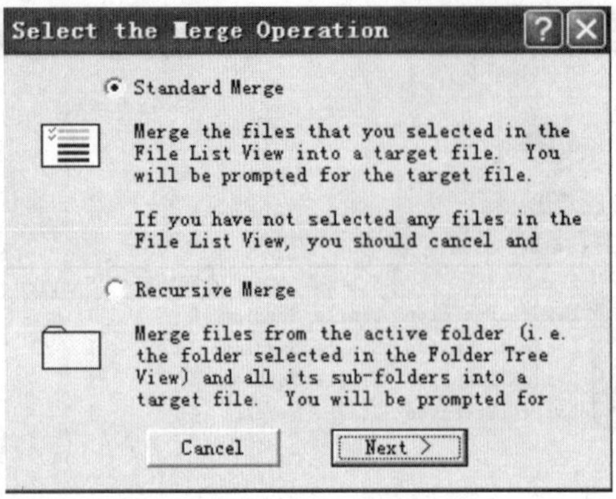

图5-6　合并选项

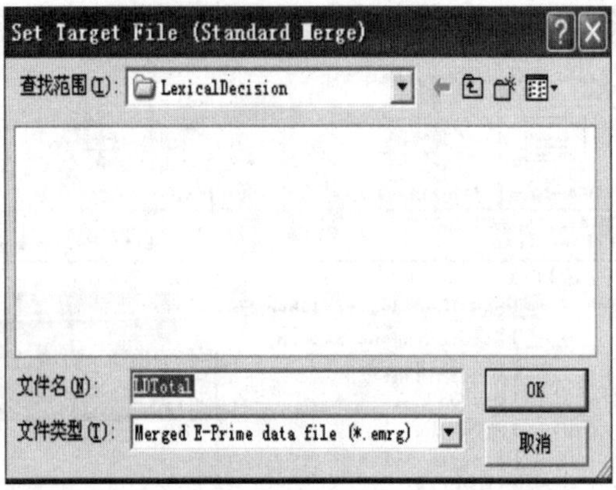

图5-7　输入合并生成的目标文件名

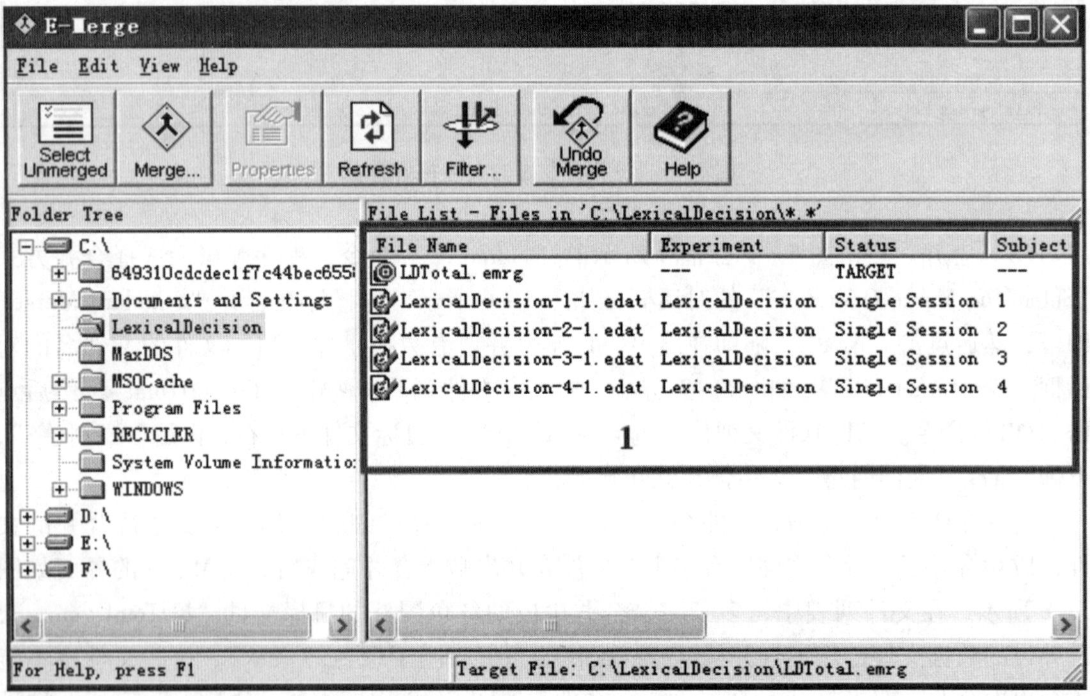

图5-8　合并生成的目标文件

数据文件有可能会出现合并失败的现象。主要原因有如下两点：一是数据文件中混有其他实验的数据。不同实验生成的数据长度不一样，这个长度是指数据文件中的“列”数（即字段）。二是这些数据文件中有与被试编号相同的文件。在合并过程中，如出现合并不成功的数据文件，可根据上述两点进行排查和校正。

	ExperimentNam	Subject	Session	Display.RefreshRate	Group	RandomSeed	SessionDate	SessionTime	Block	answer	expList
12	LexicalDecision	1	1	49.858	1	-1859485766	02-05-2009	10:30:52	12	j	8
13	LexicalDecision	1	1	49.858	1	-1859485766	02-05-2009	10:30:52	13	j	9
14	LexicalDecision	1	1	49.858	1	-1859485766	02-05-2009	10:30:52	14	j	10
15	LexicalDecision	1	1	49.858	1	-1859485766	02-05-2009	10:30:52	15	j	11
16	LexicalDecision	1	1	49.858	1	-1859485766	02-05-2009	10:30:52	16	j	12
17	LexicalDecision	1	1	49.858	1	-1859485766	02-05-2009	10:30:52	17	f	13
18	LexicalDecision	2	1	49.879	1	-1585319059	02-05-2009	10:32:09	1	f	NULL
19	LexicalDecision	2	1	49.879	1	-1585319059	02-05-2009	10:32:09	2	j	NULL
20	LexicalDecision	2	1	49.879	1	-1585319059	02-05-2009	10:32:09	3	j	NULL
21	LexicalDecision	2	1	49.879	1	-1585319059	02-05-2009	10:32:09	4	f	NULL
22	LexicalDecision	2	1	49.879	1	-1585319059	02-05-2009	10:32:09	5	j	1
23	LexicalDecision	2	1	49.879	1	-1585319059	02-05-2009	10:32:09	6	f	2
24	LexicalDecision	2	1	49.879	1	-1585319059	02-05-2009	10:32:09	7	j	3
25	LexicalDecision	2	1	49.879	1	-1585319059	02-05-2009	10:32:09	8	f	4
26	LexicalDecision	2	1	49.879	1	-1585319059	02-05-2009	10:32:09	9	j	5
27	LexicalDecision	2	1	49.879	1	-1585319059	02-05-2009	10:32:09	10	f	6
28	LexicalDecision	2	1	49.879	1	-1585319059	02-05-2009	10:32:09	11	j	7
29	LexicalDecision	2	1	49.879	1	-1585319059	02-05-2009	10:32:09	12	j	8
30	LexicalDecision	2	1	49.879	1	-1585319059	02-05-2009	10:32:09	13	j	9
31	LexicalDecision	2	1	49.879	1	-1585319059	02-05-2009	10:32:09	14	j	10
32	LexicalDecision	2	1	49.879	1	-1585319059	02-05-2009	10:32:09	15	j	11
33	LexicalDecision	2	1	49.879	1	-1585319059	02-05-2009	10:32:09	16	j	12
34	LexicalDecision	2	1	49.879	1	-1585319059	02-05-2009	10:32:09	17	f	13
35	LexicalDecision	3	1	49.846	1	-1361385226	02-05-2009	10:33:12	1	f	NULL
36	LexicalDecision	3	1	49.846	1	-1361385226	02-05-2009	10:33:12	2	j	NULL
37	LexicalDecision	3	1	49.846	1	-1361385226	02-05-2009	10:33:12	3	j	NULL
38	LexicalDecision	3	1	49.846	1	-1361385226	02-05-2009	10:33:12	4	f	NULL
39	LexicalDecision	3	1	49.846	1	-1361385226	02-05-2009	10:33:12	5	j	1
40	LexicalDecision	3	1	49.846	1	-1361385226	02-05-2009	10:33:12	6	f	2
41	LexicalDecision	3	1	49.846	1	-1361385226	02-05-2009	10:33:12	7	j	3
42	LexicalDecision	3	1	49.846	1	-1361385226	02-05-2009	10:33:12	8	f	4
43	LexicalDecision	3	1	49.846	1	-1361385226	02-05-2009	10:33:12	9	j	5
44	LexicalDecision	3	1	49.846	1	-1361385226	02-05-2009	10:33:12	10	f	6
45	LexicalDecision	3	1	49.846	1	-1361385226	02-05-2009	10:33:12	11	j	7

图 5－9　合并生成的数据文件

三、多重合并

如图 5－8 所示，我们将四个被试的数据文件合并成一个名为“LDTotal. emrg”的文件，并将已合并的这四个被试的文件的图标也相应地用绿色的“√”作了标记。这时，如果按照上述步骤选择“Standard Merge”想再次合并数据，则无法做到，并会出现如图 5－10 所示的信息对话框，提示使用者“没有可用以合并的文件”。

图 5－10　再次合并失败对话框

这时，如果想再次合并文件，则必须选择“Recursive Merge”。我们仍然以图 5－8 中的四个数据文件为例进行再次合并。直接点击图 5－8 中“Merge...”命令，在弹出如图 5－6 所示的对话框中选择“Recursive Merge”合并选项，点击 Next，出现如图 5－11 所示的合并条件对话框。图中第一个下拉框用以选择要合并的文件类型，既可选择原始数据文件类型“＊. edat”，又可选择已合并的数据文件类型“＊. emrg”，还可选择上述两种类型文件“＊. edat；＊. emrg”。第二个下拉框用以选择在第一个下拉框中指定要合并的类型文件中，进一步限定它们的合并状态，是从来没有合并过的文件“Never merged”还是已经合并过的文件“Already merged”，还是指定类型的文件而不管它们的合并状态“All specified files regardless of merge status”。现在我们只进行再次合并，即可按如图5－11所示指定这两个下拉框的选项，然后点击“Next”按钮，弹出如图5－7所示的对话框，要求输入生成的合并文件的名称。输入文件名后，点击OK即可再次合并生成一个新的合并文件。

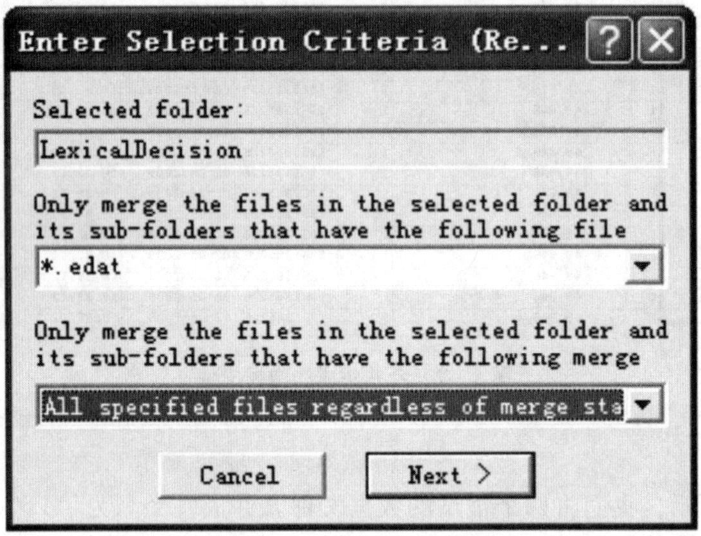

图5－11　Recursive Merge 合并条件对话框

“Recursive Merge”合并功能比标准合并“Standard Merge”功能更强大，不仅能进行初始合并和再次合并，还能把多个合并生成的文件再合并生成一个总文件，也能把子文件夹中的指定类型和状态的数据文件一并合并，而且不会重复合并数据，即目标文件中不会重复出现相同的被试数据。这一强大的合并功能为用户提供了各种合并的可能性和方便性。

第三节　提取数据

【技术导航】

1. 掌握 E-Prime 过滤数据的方法。
2. 掌握 E-Prime 提取数据的方法。
3. 掌握 E-Prime 导出数据的方法。

E-Prime 能收集较为丰富翔实的数据信息，这些数据信息中有些跟实验目的无关，有些是实验数据统计必须要用到的信息。因此，需要把这些必用的数据信息从数据文件中单独提取出来，用于统计检验。E-Prime 的数据提取也很简单，主要有以下四个步骤：

一、打开合并文件（Open）

数据的提取是在合并生成的数据文件上进行操作的。为此，先打开上一节合并生成的数据文件“LDTotal. emrg”，打开后的数据文件如图 5－12 所示。

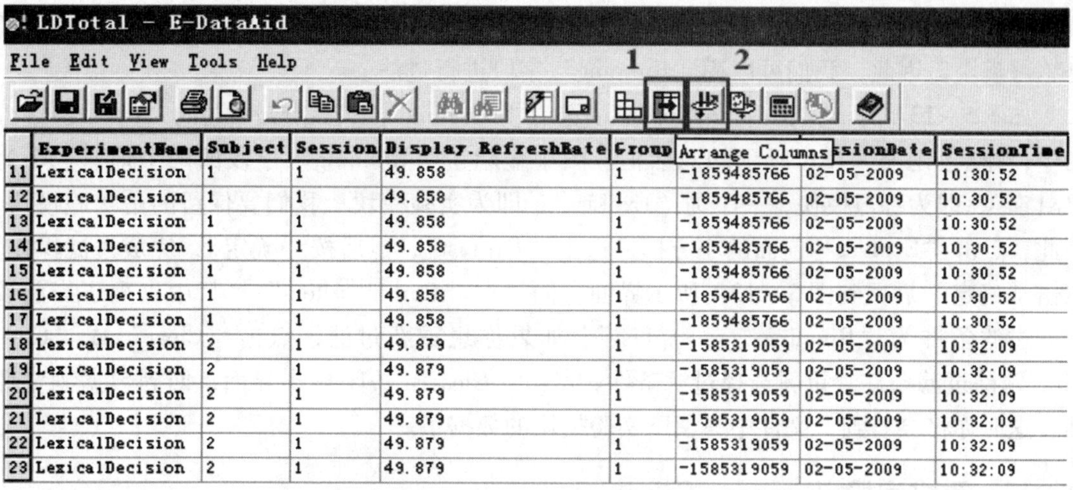

	ExperimentName	Subject	Session	Display.RefreshRate	Group	Arrange Columns	ssionDate	SessionTime
11	LexicalDecision	1	1	49.858	1	-1859485766	02-05-2009	10:30:52
12	LexicalDecision	1	1	49.858	1	-1859485766	02-05-2009	10:30:52
13	LexicalDecision	1	1	49.858	1	-1859485766	02-05-2009	10:30:52
14	LexicalDecision	1	1	49.858	1	-1859485766	02-05-2009	10:30:52
15	LexicalDecision	1	1	49.858	1	-1859485766	02-05-2009	10:30:52
16	LexicalDecision	1	1	49.858	1	-1859485766	02-05-2009	10:30:52
17	LexicalDecision	1	1	49.858	1	-1859485766	02-05-2009	10:30:52
18	LexicalDecision	2	1	49.879	1	-1585319059	02-05-2009	10:32:09
19	LexicalDecision	2	1	49.879	1	-1585319059	02-05-2009	10:32:09
20	LexicalDecision	2	1	49.879	1	-1585319059	02-05-2009	10:32:09
21	LexicalDecision	2	1	49.879	1	-1585319059	02-05-2009	10:32:09
22	LexicalDecision	2	1	49.879	1	-1585319059	02-05-2009	10:32:09
23	LexicalDecision	2	1	49.879	1	-1585319059	02-05-2009	10:32:09

图 5－12　合并生成的数据文件

二、过滤练习模块的数据（Filter）

数据文件既包含了实验模块的数据，又包含了练习模块的数据。通常对练习模块的数据我们不作统计，因此，我们需要把练习模块的数据过滤掉。这一步是通过 E-DataAid 软件的“Filter”命令来实现的，该命令图标如图 5－12 方框 2 所示。

点击该命令，打开如图 5－13A 所示的对话框。

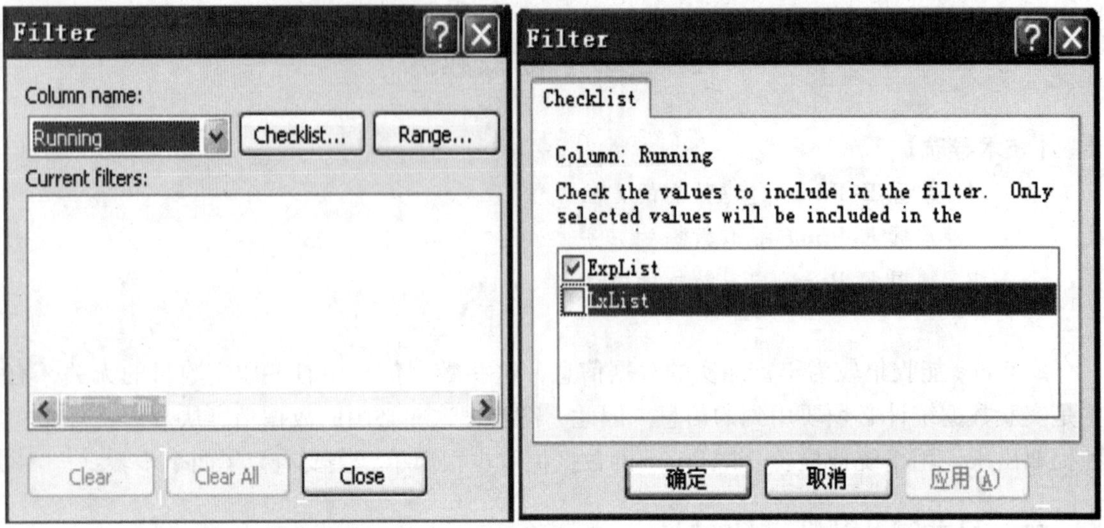

A　　B

图 5－13　过滤练习模块数据操作界面

从图中可以看出，过滤操作必须选择一个字段。选什么字段进行过滤呢？在本章第一节中我们讲到“Running”字段，Running 的值是指运行的是哪一模块，比如是实验模块还是练习模块，因此，我们可以用“Running”字段进行过滤。

如图 5－13A 所示，在 Column name 中选中“Running”，然后点击右边的“Checklist...”命令，弹出如图 5－13B 所示的对话框。图中显示了“Running”字段的两个值，一个为“LxList”，即为练习模块，一个为“ExpList”，即为实验模块。我们要保留的是实验模块，因此，点击“ExpList”前面的小方框，选中“ExpList”，然后按“确定”，完成过滤操作。点击“确定”后回到图 5－13A 所示界面，同时在“Current filters”栏目中出现了当前设定的过滤条件为“Running: = expList”。如果你想重新过滤，点击“Clear”或“Clear All”清除过滤条件，重新选择过滤条件。点击“Close”关闭操作界面，回到数据浏览界面，这时你将会看到，文件中只留下实验模块的数据了。

三、重排字段（Arrange Columns）

数据文件中有很多是统计用不上的字段（Columns），因此，我们需要把有用的字段显示出来，把不用的字段去除。这一步是通过 E-DataAid 软件“Arrange Columns”命令来实现的，该命令图标如图 5－12 方框 1 所示。

点击该命令，打开如图 5－14 所示的对话框。从图中可以看出，文件中显示的各字段都呈现在“Show these columns in this”栏目中，左边的“Hide these columns”即隐藏字段栏目中为空。因此，Arrange Columns 命令实际上就是把需要用到的字段显示（show）出来，把不需要用到的字段隐藏（hide）起来。

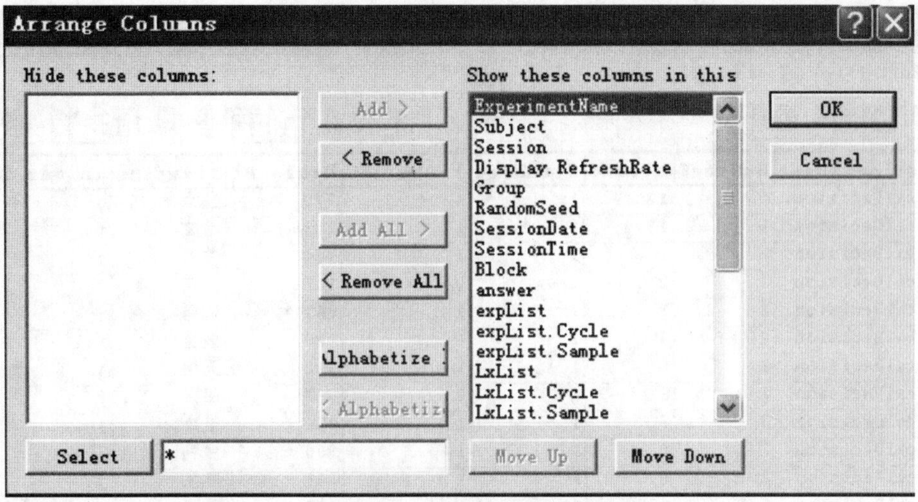

图 5－14　字段重排界面之一

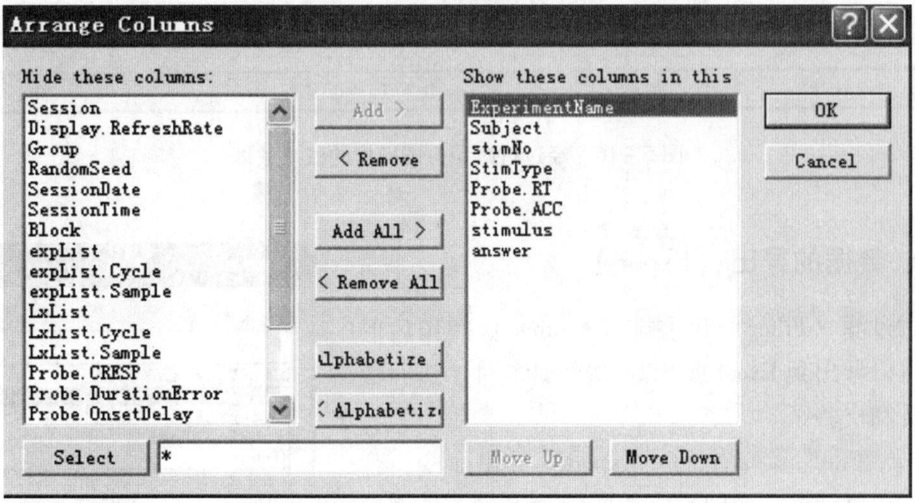

图 5－15　字段重排界面之二

因不需要用到的字段较多，需要用到的字段较少，因此，我们可以先把右栏中的所有字段都通过点击“Remove All”移到左边的“Hide these columns”中隐藏起来，然后逐个选中需要用到的字段，点击“Add”命令，移到右边的“Show these columns in this”栏中。如图 5－15 所示，选中的字段为本实验需要用到的字段。在这里，我们没有把实验组别字段“Session”选进来，因为如果是同一个实验，Session 的值都为“1”。如果是不同的实验用“Session”作为标记，则需要把“Session”字段也选入。在“Show these columns in this”框中，我们可以选中某一字段，点击下边的“Move Up”或“Move Down”命令，将字段移到合适的顺序。字段顺序排列好后，点击“OK”，完成数据的提取操作，返回数据界面。经过过滤和重排操作的最终数据如图 5－16 所示。

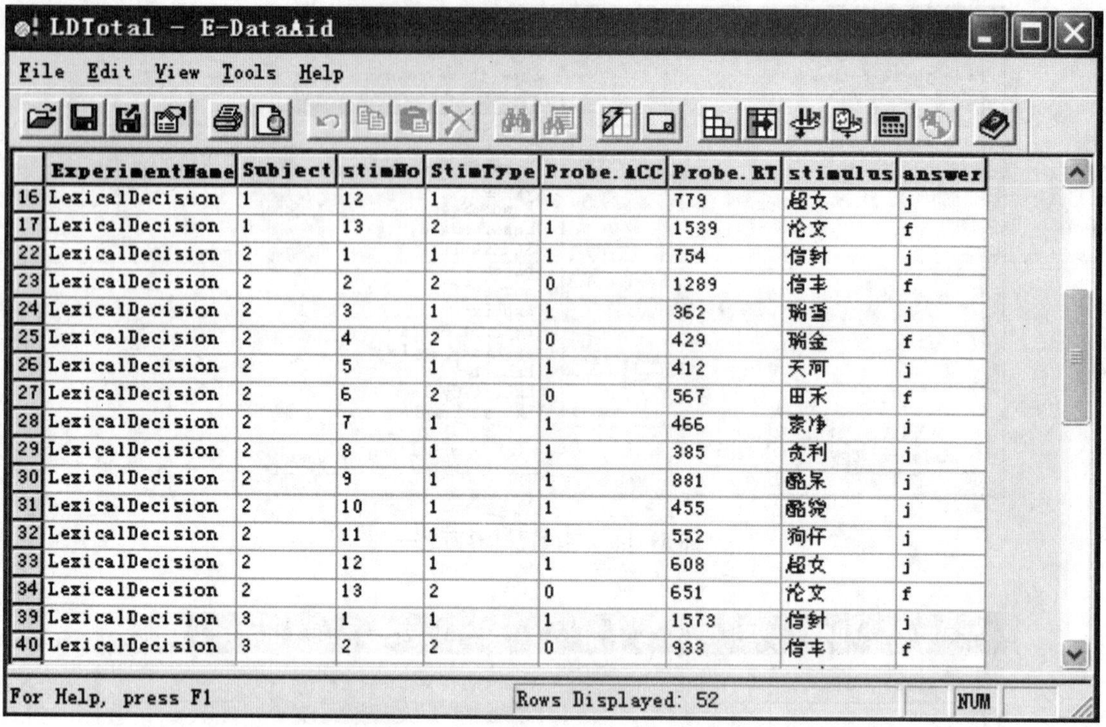

图 5－16　经过过滤和重排操作的最终数据

四、数据的导出（Export）

经过过滤（Filter）和重排（Arrange）操作后的数据就可以导出到Excel或SPSS等统计软件中进行数据的统计和检验了。

点击“File”菜单中的“Export”导出命令，弹出导出选项对话框，如图5－17所示。点击下拉框按钮，选中需要导出的数据形式，然后按“OK”命令，随即弹出一对话框，要求输入导出的数据文件的文件名，输入完毕后按“OK”命令，新导出的文件便成功生成在原数据文件的文件夹下。

我们发现，不管是导出成“Excel”或“SPSS”的数据格式，导出的文件都是文本文件的格式，不过都可以被打开。我们在Excel或SPSS打开导出文件时，需要选择打开文件的类型是文本文件格式。

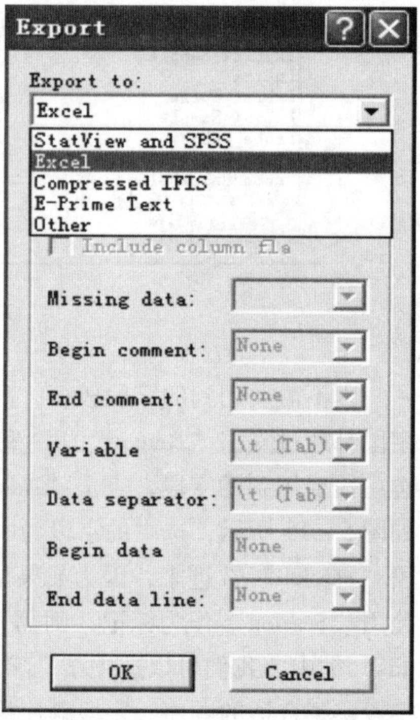

图 5－17　E-Prime 数据文件导出选项

第四节　数据的修复

【技术导航】

掌握 E-Prime 数据修复的方法。

在讲述 E-Prime 数据文件生成时，我们讲到，实验程序一运行，E-Prime 就会自动生成一个基于被试编号和实验组别的实时的动态的文本型数据文件。该文本型数据文件忠实于实验程序，程序运行到哪里，它就记录到哪里。程序成功运行完毕后，会自动在文本型数据文件的基础上转换生成一个表格型的数据文件。但有时由于种种原因，程序可能无法将文本型数据文件转换生成一个表格型的数据文件。这时，可以通过数据的修复操作来恢复数据文件。

一、什么时候需要数据修复

一般出现下列三种情形时，需要进行数据的修复：

（1）程序运行完毕后，出现如图 5 - 18 所示的错误信息。该信息告诉我们数据文件不能转换生成，建议用“E-Recovery”修复工具进行修复重建。

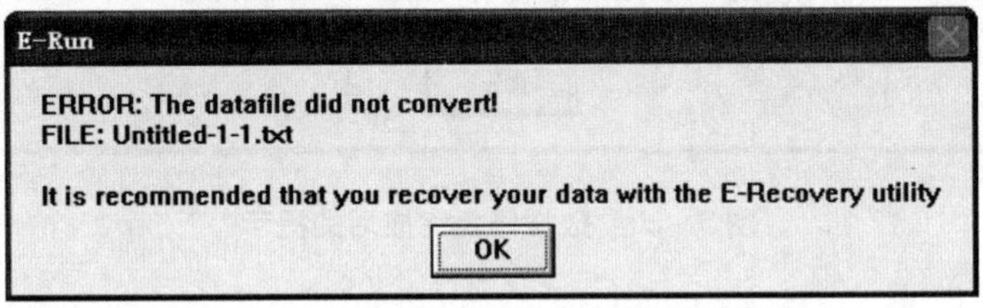

图 5 - 18　数据文件不能成功生成的出错提示

（2）程序运行过半后，因计算机死机或突然停电等原因，造成程序运行中止，无法生成数据文件。且因为练习效应等原因而不能叫被试重做。这时可利用修复工具对已做的数据进行修复利用。

（3）数据文件被误删，可以利用文本型数据文件进行修复重建。

二、数据修复

数据的修复操作是基于程序运行时实时生成的文本型数据文件。修复操作如下：

（1）打开 E-Prime 自带的修复工具“E-Recovery”，如图 5 - 19 所示。

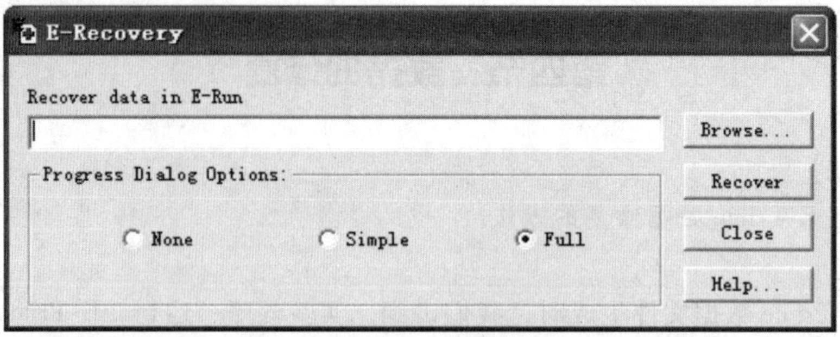

图 5－19　数据修复操作界面

（2）点击图中的“Browse”命令，找到未能转换生成表格型数据文件的文本型数据文件，文件将被呈现在左边的空白框中。

（3）点击“Recover”命令，进行修复。修复完毕后，弹出如图 5－20 所示的对话框，表明数据修复成功，已在同文件夹下生成一个转换成功的与文本型文件同名的表格型数据文件。

图 5－20　数据修复完成后的提示

三、数据文件不能成功生成的可能原因

通常，计算机网络室做团体实验时，容易出现数据转换不成功的现象。可能的原因是在数据进行转换时机房的局域网临时出现访问不通的现象。因为我们在机房进行团体实验时，通常都是把程序拷贝到一两台计算机（即主机）上，其他计算机通过网络访问主机的程序进行运行，因此，一旦出现网络不通的现象就容易造成数据转换不成功。

第四编

E-Prime 高级实验程序设计

第六章　E-Prime 的扩展——E-Basic 的使用

E-Prime 的实验设计是用 E-Prime 自带的各个对象 E-Object 组成心理实验的各个组成部分，并通过设置对象的属性达到完成实验的目的。所以，E-Prime 的实验设计显得简单易学。但有时使用 E-Prime 的各个对象却无法设计出符合实验要求的程序，尤其是一些控制复杂的实验，用 E-Prime 的各个控件无论怎么组合设计都没有办法实现。这时候，我们就要用到 Inline 控件，使用 E-Basic 语言进行编程控制才能设计出符合要求的实验。所以，Inline 控件和 E-Basic 的使用拓展和扩充了 E-Prime 的对象功能，使 E-Prime 变得更加强大，游刃有余。本章主要讲述 E-Prime 的功能扩展——E-Basic 的使用。

第一节　为什么要用 E-Basic

【技术导航】

1. 了解 Basic 语言。
2. 了解 E-Prime 面向对象设计的局限性。

一、什么是 Basic 和 E-Basic

1. 机器语言

人要和计算机进行联系，就要编出由 0 和 1 组成的数字代码，即计算机唯一能接受和执行的代码，称为机器指令。如 1111111011000010 就是使计算机内的某一特定的存储单元的值加 1 指令。机器指令的集合就是机器语言，全是 0 和 1 的组合。机器语言称为计算机低级语言。由于机器语言与人们习惯用的语言和数学表达方法差别太大，难学、难记、难写、难检查和修改，且不同的机器间不能通用，这给计算机的推广使用造成了很大的障碍。

为了解决机器语言的上述问题，人们创造了高级语言（又称算法语言），它的语句和命令接近于人们习惯使用的自然语言（英语），运算符和计算式子与数学上的用法很接近，使人们易学、易记、易用。BASIC、FORTRAN、PASCAL、COBOL 等都是高级语言。

2. Basic 语言

Basic 语言于 1960 年在美国产生。BASIC 这个词是英文 Beginner's All - purpose Symbolic Instruction Code 的缩写，意思是初学者通用符号指令代码。从 BASIC 的英文原意看，

Basic 语言是一种非常简单易学的语言，是一种适合初学者的语言，因此，尽管你没有编程的经验，你也大可不必惊慌。

Basic 语言作为国际通用的一种计算机高级语言，由于它的简单易学性，很快就在业界流行和发展起来。经过若干年的完善和发展，Basic 的功能不断扩充，出现了 GW BASIC、BASICA、True BASIC、Quick BASIC 等各种版本的 Basic 语言。在 Microsoft Windows 操作系统出现之后，为用户提供了一个直观的图形界面工作环境，20 世纪 90 年代 Microsoft 公司研发了 Visual Basic，使用户可以用 Visual Basic 编写 Windows 程序，成为采用事件驱动编程机制的程序设计语言之一。

3. E-Basic

E-Basic 是一个标准的语言程序，与微软公司的 Visual Basic 语言程序相类似，其语言基础就是基本的高级编程语言 Basic。尽管 E-Basic 语言基础与 Basic 语言类似，但 E-Basic 却与我们熟悉的编程语言 BASIC、PASCAL 等语言不同，E-Basic 是一个标准的拥有 800 个命令的面向对象的编程语言，是对象驱动（object drive）的语言，而 BASIC、PASCAL 等编程语言是命令驱动（command drive）的语言程序，而且 E-Basic 也不像其他更高级编程语言如 C、C++ 等复杂难学。E-Basic 的简单易学也决定了 E-Prime 的简单易学，决定了为什么 E-Prime 会成为世界通用的标准化的心理实验生成系统。

二、为什么要使用 E-Basic

1. E-Prime 的语言基础

E-Prime 尽管是一个面向对象的强大的实验设计软件，但实验运行时，在 E-Studio 中其图形化的设计界面仍需要转化成 E-Basic 脚本语言进行编译运行，在 E-Basic 脚本语言中检查设计的正确性、语法的准确性。E-Prime 语言基础就是 E-Basic 语言。

2. E-Prime 面向对象设计的优势与局限

E-Prime 是一个面向对象的强大的实验设计软件，其实验设计理念是按实验运行的先后顺序，用 E-Prime 图形化的对象 Object 置于实验的时间轴（Procedure Timelines）上组成实验的结构，并通过设置对象的属性达到对实验的控制。这种设计理念是面向对象的结构化的设计理念。这种图形化、结构化的设计方式是设计心理学实验行之有效的一种设计方式，这种设计方式只要设计人员通过拖放对象和设置对象的属性就能设计完成大部分的心理实验。E-Prime 这种优越的实验设计理念使 E-Prime 的实验设计变得简单、易学、易用。

尽管面向对象结构化的实验设计方式能完成大部分的心理实验，但对一些复杂的实验或有特殊要求的实验，这种通过设置对象的方式却变得无能为力，无法完成特殊的要求。例如，有的实验要求控制被试练习的正确率，只有练习的正确率达到 90% 时才能进行正式的实验，否则将继续练习直至正确率达到 90% 时为止。此时，就必须借助 E-Basic，通过用户自编程来完成复杂的或有特殊要求的实验。

所以，E-Basic 对 E-Prime 实验设计是必须的，它是 E-Prime 面向对象设计功能的延伸和扩展。正是有E-Basic的存在，才使E-Prime功能变得更加强大，更加游刃有余，能最大限度地满足不同用户的设计需求。

第二节　E-Basic 语言编程基础

【技术导航】

1. 认识E-Prime语言中的变量。
2. 理解变量的生命周期和掌握E-Prime定义变量的方法。
3. 掌握E-Prime常用函数的功能和使用方法。
4. 掌握E-Prime的运算规则。
5. 掌握E-Prime常用语句的功能和使用方法。

一、常量与变量

（一）常量

Basic语言中的常量是指其值不发生变化的量。Basic语言允许使用两种类型的常量，即数值型常量和字符型常量。

1. 数值型常量（即常数）

数值型常量可以分为整型常量和实型常量：

（1）整型常量。只有数字和正负号（其中正号可以省略）的数，如25、-25、+25就是三个整型常量。整型常量的取值范围为-32 768~32 767。

（2）实型常量。有小数表示法和指数表示法两种表示方法：

①小数表示法。只有数字、小数点和正负号的数，如-25.0和25.0。小数表示法必须有1个小数点。

②指数表示法（科学记数法）。由尾数、E和指数组成。其中，尾数表示数字部分；E表示以10为底的幂；指数表示幂的指数，指数是一位或两位的整数。例如，2.3E+7表示2.3×10^7，400 000既可以表示成4E5，也可表示成0.4E6等。

实型常量的取值范围大致为$-1.701\ 411\times10^{38}\sim1.701\ 411\times10^{38}$。

2. 字符型常量

字符型常量亦称字符串。字符串是一个两端用一对双撇括号“”括起来的，由有限的几个BASIC基本字符（不包括"）构成的字符序列。如“ABC”、“A B C”、“A+B=C”、“PEX-R5”等都是字符型常量。双撇括号内无任何内容称为空串。每个字符串的长度≤255个字符。

（二）变量

程序中的变量是指在程序运行时其值可以变化的量。变量的值在某一时刻具有一个确定的值。当变量得到新值时原值被冲掉。

1. 变量的命名

变量的命名规则有：

（1）可取英文 26 个字母中的任何一个字母作为变量名。

（2）变量名必须以字母开头，后跟字母、数字等。

（3）变量名的长度以 80 个字符有效。

（4）不允许以 FN 开头，保留字（如“end”、“Procedure”）可作为变量名的一部分。

（5）下列字符不允许出现在变量中：@、#、$、%、^、&、*、()、{}、[]、=、+、-、< >、:、;、!、\ 。

（6）空格也不允许出现在变量名中。

（7）变量不能出现同名。

例如：1B、A*、3GA5、CHINA - B、AVER：N 等都是错误的变量名，而 A1、ALPHA、BETA、GAMMA、PI 等都是正确的变量名。

2. 变量的类型

对应于两种常数，也有两种变量，分别存放相应的常量。

（1）数值变量。

数值变量分为整型变量、实型变量和双精度型变量三种：

①整型变量（Integer）：存放整型常数，在内存中占用 2 个字节，以 % 作为后缀，如 A%。

②实型变量（Single）：存放实型常数，在内存中占用 4 个字节，以！作为后缀或不加任何后缀，如 A! 或 A。

③双精度型变量（Double）：存放双精度型常数，在内存中占用 8 个字节，以 # 作为后缀，如 A#。

各数值型变量的取值范围如表 6-1 所示。

表 6-1　数值变量

变量名	类型	占内存字节数	值的范围
A%	整型	2	-32768 ~ 32767
B、C!	实型	4	大致为 $-1.701411 \times 10^{38} \sim 1.701411 \times 10^{38}$
D#	双精度型	8	同实型

（2）字符型变量（String）。

字符型变量是用来存放字符串的。它由普通变量名后跟一个“$”符号来表示，如 A$、B$。

3. 变量的作用域和生命周期

在 E-Prime 中，变量有两种作用域，变量的作用域与变量说明的方式及变量说明的位置有关。

(1) 局部变量。

局部变量是指只在其被说明的过程中有意义，即其作用域限于说明该变量的哪个过程。局部变量在过程中用 Dim 语句说明。用 Dim 语句说明的变量的生命周期与其所在过程相同。可以这样理解，在核心实验过程中，声明的变量即为局部变量，只能在该核心实验过程中使用。

(2) 全局变量。

作用域在总过程中的变量是全局变量。全局变量要用 Global 或 Public 语句在总过程中的说明部分（Script 中的 User 中）说明，而不能在各个核心过程中说明。全局变量生命周期也在应用程序运行的整个期间。

如图 6－1 所示，变量 *N*、*K*、*m* 用 global 声明，为全局变量，在图中的各个核心实验过程如“TrialProc”和“explProc”中都可以被使用或调用，无需再声明。在核心实验过程 TrialProc 中的 Inline 2 中，用 Dim 语句声明了 *e*、*of* 和 *f* 三个变量，则这三个变量为局部变量，只能在核心实验过程 TrialProc 中使用，不能在总过程中的其他地方使用，如在 explProc 核心实验过程中就不能使用变量 *e*、*of* 和 *f*。

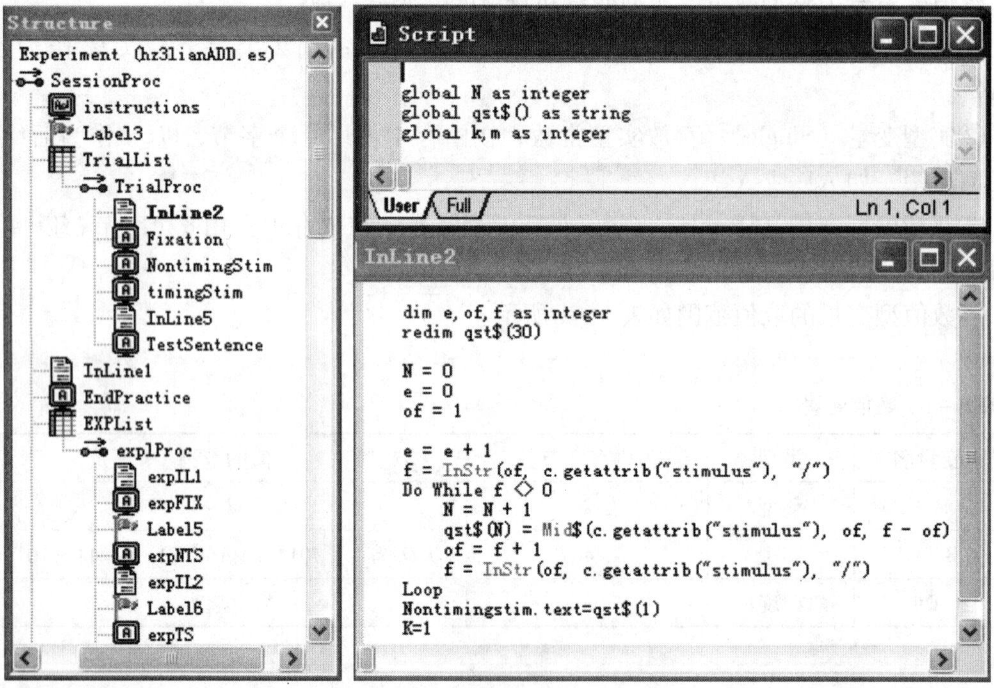

图 6－1　变量的作用域

4. 变量的声明

在使用变量时，必须先对变量进行声明，指定该变量属于哪一种类型的变量。各种变量类型的声明按如下格式进行：

Dim/Global/Public + 变量名 + as + 变量类型

例如：

Dim *k* as integer，即把变量 *k* 定义为局部的整形变量。

Dim *e*，*of*，*f* as interger，即把变量 *e*、*of*、*f* 同时定义为局部的整形变量。

Public *AA* as String，即把变量 *AA* 定义为全局的字符型变量。

Global *N*，*M* as Single，即把变量 *N*、*M* 定义为全局的实型变量。

在 E-Prime 中对所有变量都需要事先做声明才能直接使用，否则程序运行时出现"Variable not defined"的出错提示，提示被试变量未作定义或声明。所以要养成好的编程习惯，应当在使用变量之前声明变量。各种类型的变量必须先用 Dim、Global 或 Public 语句说明，并在"as"后指明变量所属的类型。

对局部变量，可直接在 Inline 中用"Dim"语句声明，如图 6－1 中 InLine 2 对象对变量 *e*、*of*、*f* 的声明。对全局变量，则必须在 Script 窗口中声明。如图 6－2 所示，Script 窗口由 E-Prime 的"View"菜单下的"Script"命令打开（如果 Script 前已经打钩，即先点击一次，让"√"去掉，然后再点击一次，就可打开 Script 窗口）。对全局变量的声明，就在打开的 Script 窗口下的"User"选项卡中进行，如图 6－2 所示。

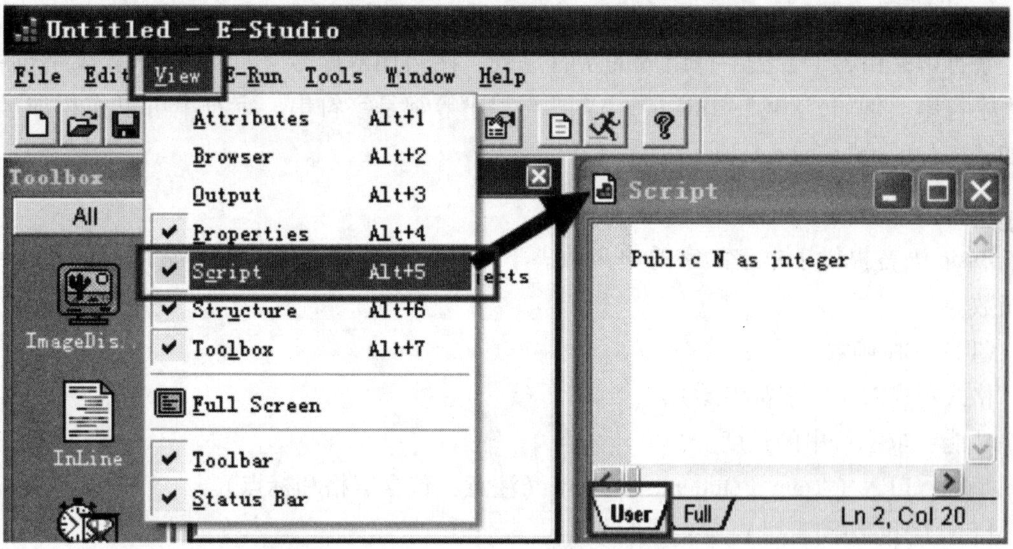

图 6－2　全局变量的声明

二、函数

（一）标准函数

Basic 语言提供了一些常用的函数，并把他们编成一个个子程序，用户在使用时只需写出它的函数名和自变量就可以直接引用，这些函数称为标准函数。如要计算 *X* 的绝对值，只要写出 ABS（*X*）即可。Basic 为我们提供了 11 个基本标准函数。表 6－2 只介绍我们常用的各个基本标准函数及其功能。

表6-2 常用基本标准函数表

标准函数	功能	备注
ABS（X）	X的绝对值，｜X｜	函数值是X的绝对值
SQR（X）	X的算术平方根	X≥0
INT（X）	不大于X的最大整数	取整函数。 如：INT（5.6）=5 INT（-8.7）=-9
FIX（X）	取X的整数部分	取整函数。 如：FIX（5.6）=5 FIX（-8.7）=-8
RND（X）	产生（0，1）区间内的一个随机数	0<RND（X）<1

（二）字符串函数

1. 字符串

字符串是由若干合法字符组成的字符序列，两边用双撇号“”括起来。汉字也可以作为字符串。例如，"ABC"、"This is a book"、"性别"等都是字符串。字符串可以作相加运算，例如，"abc"+"efg"="abcefg"。

2. 字符串函数

Basic语言提供了丰富的字符串函数。下面介绍在E-Prime编程中常用到的几个字符串函数。

（1）LEN函数。

格式：LEN（<字符串>）。

功能：求字符串的长度。

举例：LEN（"I am a student."）=15（注意：包含空格和标点）。

LEN（"我是中国人"）=5。

应用：如探测界面Probe呈现时间很短，要判断被试在探测界面中是否作出了反应，我们就可以用此函数来判断，语句为LEN（Probe.RESP）。如果LEN（Probe.RESP）>0则表明被试作出了反应，如果LEN（Probe.RESP）≤0则表明被试没有在探测界面中作出反应。因为，只要被试反应了，则表明被试按键了，则LEN（Probe.RESP）>0；否则，LEN（Probe.RESP）≤0。

（2）STR $ 函数。

格式：STR $（<算术表达式>）。

功能：将一个数值或表达式的值转换成字符串形式。

举例：STR $ （15.67） ="15.67"（包括空格和标点）。

应用：主要是把数值转换成字符型，以满足不同类型变量的需要。

（3）VAL 函数。

格式：VAL（ <字符串表达式> ）。

功能：将一个字符串转换成数值，执行与 STR $ 相反的功能。

举例：VAL（"105"+"201"） =105201。

　　　VAL（"105"） +VAL（"201"） =306

注意：在执行 VAL（T $）功能时，如果 T $ 中既有数字又有字母或其他字符，则只有前面的数字有效，其他字符都被忽略。如 VAL（"10DOLLARS"）得到 10，VAL（"10DOLLARS AND 50 CENTS"）也得到 10。若字符串前面为字符，则其值取 0，如 VAL（"A10B"） =0。

应用：主要是把字符串转换成数字，以满足不同类型变量的需要。

（4）LEFT 函数。

格式：LEFT（ <字符串表达式>，n）。

功能：取字符串左边 n 个字符组成的字符串。当 $n=0$ 时，函数值为空串。

举例：LEFT（"abcde",2） ="ab"

　　　LEFT（"abcde",4） ="abcd"

（5）RIGHT 函数。

格式：RIGHT（ <字符串表达式>,n）。

功能：取字符串右边 n 个字符组成的字符串。当 $n=0$ 时，函数值为空串。

举例：RIGHT（"abcde",2） ="de"

　　　RIGHT（"abcde",4） ="bcde"

（6）MID 函数。

格式：MID（ <字符串表达式>，m，n）。

功能：自字符串的第 m 个字符开始向右取 n 个字符组成的字符串。如果不指定 n，则取第 m 个字符开始的后面全部字符。

举例：MID（"abcde",2,3） ="bcd"

　　　MID（"abcde",2） ="abcde"

（7）INSTR 函数。

格式：INSTR（［n,］ <字符串 1>，<字符串 2>）。

功能：从字符串 1 的第 n 个字符开始，向右查找字符串 2 在字符串 1 中第一次出现的位置。如果不指定 n，则从字符串 1 中的第一个位置开始查找字符串 2。如果 n >LEN（字符串 1）或字符串 1 为空字符串，或字符串 2 找不到，则 INSTR $ 函数的值为零。

举例：INSTR（4,"abc/defg/hij/klm","/"） =9

　　　INSTR（"abc/defg/hij/klm","/"） =4

（8）STRING $ 函数。

格式：STRING $ （n，<字符>）。

功能：得到一个由 n 个指定的字符组成的字符串。

举例：STRINT $ （4,"a"） ="aaaa"

三、运算符

Basic 语言运算符有三类：

1. 算术运算符

算术运算符是用来进行算术运算的运算符号，如：

+：加法运算符，用来进行两个数相加。如：6 +5 =11。

-：减法运算符，用来进行两个数相减。如：6 -5 =1。

*：乘法运算符，用来进行两个数相乘。如：6 * 5 =30。

/：除法运算符，用来进行两个数相除。如：6/5 =1.2。

^：乘方运算符，用来求一个数的乘方。如：2^3 =8。

\ ：整除运算符，用来进行两个数整除。如：5 \ 2 =2。

MOD：求余运算符，用来求两个数相除所得的余数。如：5 MOD 2 =1。

2. 关系运算符

关系运算符用来比较两个运算量的大小。关系运算符如表 6 -3 所示：

表 6 -3　关系运算符

关系运算符	含义	相当于数学符号	举例
>	大于	>	a > b
<	小于	<	x < y
=	等于	=	e = f
> =	大于等于	≥	c > = d
< =	小于等于	≤	h < = i
< >	不等于	≠	s < > t

3. 逻辑运算符

逻辑运算符有三个：

AND：含义为“与”。

OR：含义为“或”。

NOT：含义为“非”。

逻辑运算举例如表 6 -4 所示：

表 6-4　逻辑运算真值表

A	B	A AND B	A OR B	NOT A	NOT B
真	真	真	真	假	假
真	假	假	假	假	真
假	真	假	假	真	假
假	假	假	假	真	真

四、运算规则

Basic 语言按照如图 6-3 所示的顺序进行运算：

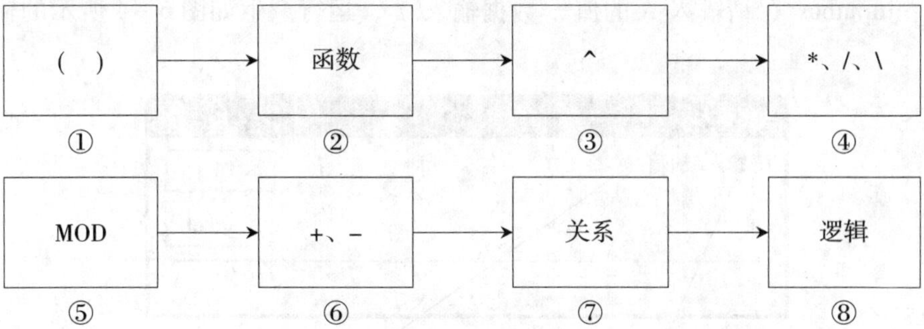

图 6-3　E-Basic 运算顺序图

① 括号（无大、中、小括号之分，由最内层逐渐向外层脱括号）。

② 函数［SQR（X）、SIN（X）…］。

③ 乘方（^）。

④ 乘除［∗、/、\，在同级运算符中，由左向右依次计算，如 $A*B*C$ 与 $(A*B)*C$ 等价］。

⑤ 求余（MOD）。

⑥ 加减（+、-）。

⑦ 关系（<、>、=、<=、>=、<>）。

⑧ 逻辑（NOT、AND、OR，先运算 NOT，再运算 AND，最后运算 OR）。

例如，计算 3 ∗ SQR（2∗X）^4/2+9-2 的顺序如下：

↑　↑ ↑　↑↑ ↑ ↑

④　② ①　③⑤ ⑥ ⑦

① 计算 2∗X。

② 计算 SQR（2∗X）。

③ 计算 SQR（2∗X）^4 。

④ 计算 3 ∗ SQR（2∗X）^4。

⑤ 计算 3 ∗ SQR（2∗X）^4/2。

⑥ 计算3 * SQR (2 * X) ^4/2 +9。

⑦ 计算3 * SQR (2 * X) ^4/2 +9 -2。

五、常用语句

Basic 语句是 Basic 语言中可以直接使用的命令，它是 Basic 语言中已编好的一套程序语言的集合体。对 Basic 语句的使用必须符合一定的格式。下面我们介绍在心理实验程序设计中常用到的一些语句。

1. InputBox 语句

格式：InputBox (<输入提示> [, [标题] [, [xpos], [ypos]]])

功能：在程序运行的过程中，弹出一输入框接受来自键盘的输入。

举例：inputbox ("请输入 A 的值","数据输入")，运行产生如图 6 -4 所示的输入框。

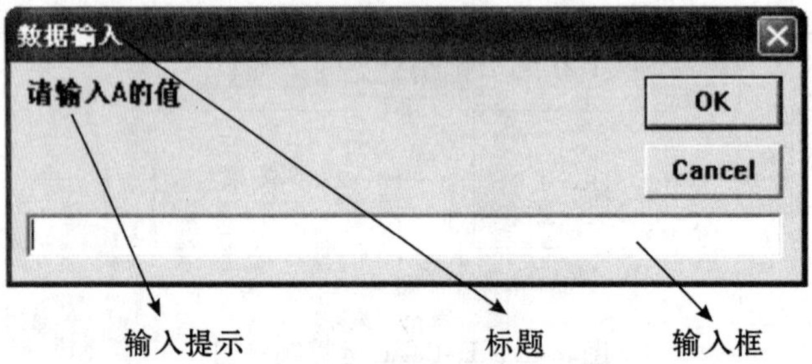

图 6 -4　InputBox 语句运行结果图

解释：在 InputBox 语句中，"输入提示" 必须写上，"标题" 为可选项，可输入可不输入，"[xpos],[ypos]" 也为可选项，用坐标轴 X 和 Y 的位置定位弹出框在屏幕中出现的位置，如没有输入这一项，默认在屏幕中央弹出输入框。

2. MsgBox 语句

格式：MsgBox (<信息提示> [,, [标题]])

功能：在程序运行的过程中，弹出一信息提示框。

举例：msgbox ("你刚才输入的 A 值为6",,"输入反馈")，运行产生如图6 -5 所示的信息框。

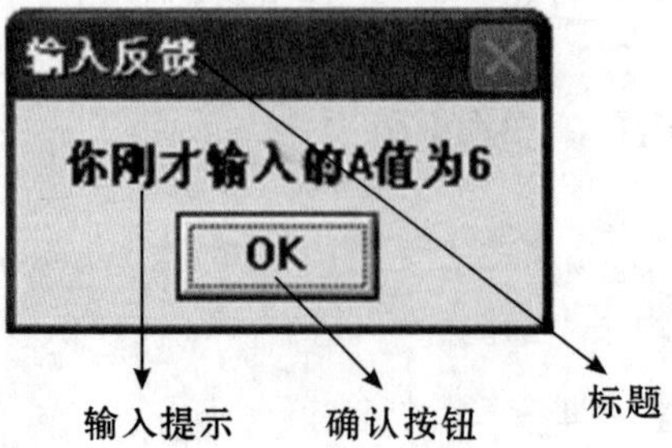

图 6 -5　MsgBox 语句运行结果图

解释：在 MsgBox 语句中，“信息提示”必须写上，“标题”为可选项，可输入可不输入，如果要输入标题，则要注意“信息提示”和“标题”之间有两个半角逗号。

3. AskBox 语句

格式：AskBox（<输入提示>［,,［标题］］）

功能：在程序运行的过程中，弹出一输入框接受来自键盘的输入。功能与 InputBox 语句相同。

举例：askbox（″请输入 A 的值″,,″数据输入″），运行产生如图 6-6 所示的输入框。

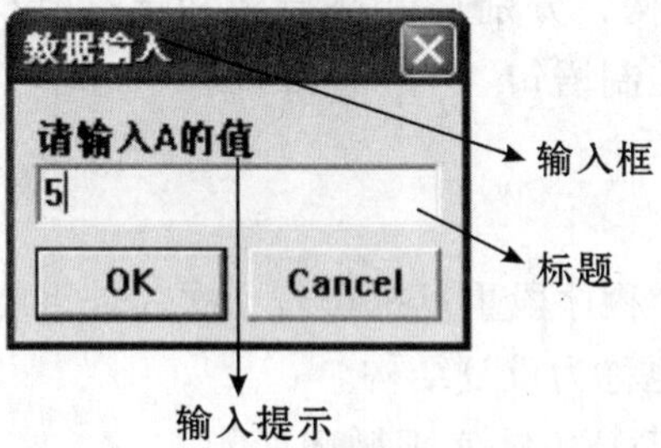

图 6-6　AskBox 语句运行结果图

解释：在 AskBox 语句中，“输入提示”必须写上，“标题”为可选项，可输入可不输入，如果要输入标题，则要注意“输入提示”和“标题”之间有两个半角逗号。

4. Debug. Print 语句

格式：Debug. Prin <字符串、变量、数字等>

功能：打印输出功能，在 E-Prime 的 Output 窗口中输出打印的结果。

举例：Debug. Print I & ″×″ & J & ″=″ & P。

解释：上例中，*I*、*J*、*P* 均为变量。″×″ 和″=″为字符;″&″为连接符，连接变量与变量或变量与常量（如例中的″×″）之间的连接符。如果上例中变量 *I*、*J*、*P* 的值分别是 3、4、12，则在 E-Prime 的 Output 窗口中输出“3 ×4 =12”。

5. Format 语句

格式：Format（<表达式>［,［格式］］）

功能：返回用户指定格式的表达式。如可以由用户指定小数点的格式，日期格式，货币格式、时间格式，等等。

举例：Format（123.456,″0.00″）=123.46，取两位小数（自动四舍五入）。

Format（1199.234,″Currency″）=1,199.23，转化成货币格式。

Format（1199.234,″Percent″）=119923.40%，转化成百分数。

Format（1199.234,″##，###，###.###″）=1,199.234，另一种记数方式。

Format（1199.234,″Long Time″）=5：36：58，转化成时间格式。

Format（1199.234,"General Date"）=1903-4-13　5：36：58，转化成日期格式。

第三节　E-Basic 语言的流程结构

【技术导航】

1. 掌握两种循环结构的异同与用法。
2. 掌握三种选择结构的异同与用法。

Basic 语言有两种流程结构，分别是循环结构和选择结构，选择结构又称分支结构。下面分别介绍这两种结构的控制语句。

一、循环结构

所谓循环，是指对同一个程序段重复执行若干次。被重复执行的部分（由若干语句组成）称为循环体。循环结构也称为重复结构。

Basic 语言常用以下两种循环方法实现循环功能。

（一）For…Next 循环

1. 格式

For <循环变量> = <初值> To <终值> [step <步长>]

　　<语句系列>

Next [<循环变量>]

格式说明：

（1）For 语句是循环的起点，称为"循环起始语句"或"循环说明语句"，由它决定执行几次循环，从循环初值开始，到超过循环终值结束。

（2）Next 语句是"循环终端语句"，执行到此语句时，循环变量就取下一个值，即将循环变量加一个步长值，然后与终值比较，判断和决定是否进行下一次循环。

（3）循环变量可以用任一简单变量表示。For 后的循环变量和 Next 后的循环变量是一致的。

（4）初值、终值和步长值可以是常数，或已被赋值的变量，也可以是算术表达式。步长为 1 时，可以省略不写。步长值可以是正数，此时为递增循环；也可以为负数，这时为递减循环。

（5）For 和 Next 必须成对出现。

（6）单层循环时，Next 语句的循环变量可以省略。多重嵌套循环时，Next 语句的循环变量不能省，其循环变量与 For 的循环变量必须按层次一一对应。

2. 功能

按照给定的次数执行循环中的一系列指令。

3. 举例

例 1　求 1～100 之间的偶数之和。

程序如下：

```
Dim N,Sum as integer
For N = 2 to 100 step 2
    Sum = Sum  +  N
Next
Msgbox"总和为：" & Sum
```

说明：N 为循环变量，Sum 为总和变量，这两个变量在使用前请先定义。求 1～100 之间的偶数之和，即循环变量从偶数 2 开始，步长为 2 依次递增，终值为 100。

在 E-Prime 总过程 SessionProc 中插入一个 Inline 对象，将上述程序代码写入到 Inline 中，存盘并运行即可。以下本章各节中出现的例子均用此方法进行制作和演示，不再作提示，不能用此方法制作运行的将另加说明。

例 2　求 1～100 之间的整数之和。

程序如下：

```
Dim N, Sum as integer
For N = 100 to 1 step  -1
    Sum = Sum  +  N
Next
Msgbox"总和为：" & Sum
```

在 For…Next 循环中，给定了循环的初值和终值，即知道了循环的长度（终值与初值间距），我们就可以用 For…Next 循环。但有的时候在程序设计时，并不知道循环的长度或循环的长度是变化的，此时就不能用 For…Next 循环了，必须用以下的 Do…Loop 循环。

（二）Do…Loop 循环

Do…Loop 循环根据循环条件的表达方式不一样，有两种不同形式，一种是 Do While < >…loop 循环，此种循环是条件不符合时退出循环；另一种是 Do Until < >…loop 循环，此种循环是条件符合时退出循环。

1. Do While < >…loop 循环

（1）格式：

```
Do While  <条件>
      <语句系列>
Loop
```

Do While < >…loop 循环语句也可以写成“Do…loop While < >”，两种循环是等价的，“Do…loop While < >”循环格式如下：

```
Do
      <语句系列>
```

```
Loop While <条件>
```

（2）功能：

条件符合时执行循环语句；条件不符合时退出循环。

（3）举例：

例3　求1~100之间的自然数之和。

程序如下：

```
dim I,sum as integer
do while I< =99
        I=I+1
        Sum=Sum+I
loop
Msgbox"总和为:" & Sum
```

说明：I 为自然数变量，Sum 为总和变量，这两个变量使用 Dim 语句进行了定义。当 $I>100$ 时不符合条件就退出循环。

2. Do Until < >…loop 循环

（1）格式：

```
Do Until <条件>
    <语句系列>
Loop
```

同理，Do Until < >…loop 循环语句也可以写成“Do…loop Until < >”，两种循环是等价的，“Do…loop Until < >”循环格式如下：

```
Do
    <语句系列>
Loop Until <条件>
```

（2）功能：

条件不符合时，执行循环语句；条件符合时退出循环。

（3）举例：

例4　求1~100之间的自然数之和。

程序如下：

```
dim I,sum as integer
do Until I>99
        I=I+1
        Sum=Sum+I
loop
Msgbox"总和为:" & Sum
```

说明：I 为自然数变量，Sum 为总和变量，这两个变量使用 Dim 语句进行了定义。当

I>99时符合条件就退出循环。

我们在设计移动窗口范式的实验程序时，就要用到 Do…Loop 循环，具体程序可参阅第八章第五节。

（三）循环的嵌套

当某层循环结构中嵌入了另一层或多层循环时，便构成循环的嵌套。例如，如果我们要打印一个九九乘法表，就必须使用循环的嵌套来实现打印输出。

1. 多重循环举例

例 5　打印九九乘法表：1×1=1，1×2=2，…9×9=81。

其程序如下：

```
dim sum,I,J,P as integer
FOR I=1 TO 9
FOR J=1 TO 9
P=I*J
Debug. Print I & "×" & J & "=" & P
NEXT J
Debug. Print" "
NEXT I
Msgbox"程序运行完毕！请在 Debug 窗口查看结果。"
```

程序用了双重循环的嵌套实现九九乘法表的打印。第一层（外层，外层循环）为被乘数从 1 至 9，第二层（内层，内层循环）为乘数 1 至 9。第一层中的每一个被乘数都要乘与第二层中的 1 至 9 的乘数。外层循环包含内层循环，实现循环的嵌套。

2. 关于多重循环的一些规定

（1）循环的嵌套层数一般不得超过八层。

（2）在循环嵌套中，内外循环不得交叉，如图 6-7 所示。

（3）对多重循环，允许从内循环体跳转到外循环体，不允许从外循环体转入内循环体。

图 6-7　循环的嵌套

二、选择结构

根据某种条件的成立与否，来决定程序的走向，称为选择结构。

选择结构有下列三种结构：

（一）if…then 结构

If…then 语句中，选择结构是通过 IF 语句来实现的。这种形式的选择结构是最简易最常用的实现方式。

1. 格式

```
IF <条件> Then
     <语句系列>
End If
```

2. 功能

如果条件满足，则执行 Then 后面的语句系列；如果条件不满足，则执行 End If 后面的语句。

3. 举例

例6　实验中，我们常常会根据实验材料的多少让被试休息几次。这种休息功能的实现就可用 If…then 选择结构语句来实现。我们假定被试每做 30 个 Trial 休息一次，则程序如下：

```
If N MOD 30 =0 Then
     Goto label 1
End If
```

说明：变量 *N* 为被试做过的 Trial 数，每做 30 个 Trial 休息一次，则 *N* 能被 30 整除时就休息，也即 *N* 被 30 求余为 0（即能整除）时进行休息。“Goto label 1” 即进入到休息界面（休息界面放置在 Label1 对象后）。此程序不能单独运行，不能按例 1 的方法制作。

例7　如果 $A>B$，让 $A=3$。

程序如下：

```
dim A,B as integer
A = val（inputbox（"请输入 A 的值"））
B = val（inputbox（"请输入 B 的值"））
If A > B Then
     A = 3
     Msgbox"因为你输入的 A 值大于 B 值，所以 A = 3。"
End If
```

在该程序中，我们用“Val”函数将输入的字符转换成数值，以进行大小的比较。

（二）if…then…Else 结构

If…then 选择结构只能实现单重选择，要实现双重和多重选择，则可通过 if…then…

Else 结构语句来实现。

1. 格式

```
IF <条件> Then
      <语句系列 1>
Else
      <语句系列 2>
End If
```

2. 功能

如果条件满足，则执行 Then 后面的语句系列 1；如果条件不满足，则执行 Else 后面的语句系列 2。

3. 举例

例 8 如果 $A>B$，让 $A=3$，否则让 $B=3$。

程序如下：

```
dim A,B as integer
A = val [inputbox ("请输入 A 的值")]
B = val [inputbox ("请输入 B 的值")]
If A > B Then
      Msgbox"因为你输入的 A =" & A & "，B =" & B & "，A>B，所以 A=3。"
      A=3
Else
      Msgbox"因为你输入的 A =" & A & "，B =" & B & "，A<B，所以 B=3。"
      B=3
End If
```

例 8 实现了双重选择，要实现多重选择，则需要用 if…then…Else 语句的嵌套。其格式为：

```
IF <条件 1> Then
      <语句系列 1>
ElseIf <条件 2> Then
      <语句系列 2>
ElseIf <条件 3> Then
      <语句系列 3>
……
Else
      <语句系列 N>
End If
```

具体见下面的例 9。

例9　心理实验中，有时为了使被试的反应尽可能地符合实验的要求，会对被试的反应作不同形式的反馈。如要求被试的反应时尽可能落在400ms～1 200ms区间上，如果被试的反应时小于400ms，给被试“反应快了”的反馈；如果被试的反应时大于1 200ms之间，给被试“反应慢了”的反馈；如果被试的反应时为400ms～1 200ms，给被试“反应很好”的反馈。要实现这样的反馈，就必须使用if…then…Else嵌套语句来实现。

程序如下：

```
If Probe. RT  <400 Then
     Msgbox"反应快了!"
ElseIf Probe. RT  >1200 Then
     Msgbox"反应慢了!"
Else
     Msgbox"反应很好!"
End If
```

说明：这里假定实验程序中被试反应界面的名称为“Probe”。通过MsgBox语句呈现反馈信息。此程序不能单独运行，不能按例1的方法制作。

（三）Select Case结构

Select Case结构也是实现多重选择的一种结构，这种结构比if…then…Else结构实现多重选择更直观。

1. 格式

```
Select Case <表达式>
Case 值1
      <语句系列1>
Case 值2
      <语句系列2>
……
CaseElse
      <语句系列N>
End Select
```

2. 功能

根据表达式的各种取值，执行相应的语句系列。

3. 举例

例10　分别求1～20之间的被3整除的三种情况的数之和。

程序如下：

```
dim I,sum 1,sum 2,sum 3 as integer
for I =1 to 20
      select case (I mod 3)
```

```
        case 1
            sum 1 = sum 1 + I
        case 2
            sum 2 = sum 2 + I
        case 0
            sum 3 = sum 3 + I
End Select
Next
Debug. Print"1—20 之间的被 3 整除余 1 的数之和为:" & sum 1
Debug. Print"1—20 之间的被 3 整除余 2 的数之和为:" & sum 2
Debug. Print"1—20 之间的能被 3 整除的数之和为:" & sum 3
Msgbox"程序运行完毕！请在 Output 中的 Debug 窗口查看运行结果。"
```

说明：*I* 为 1 ~ 20 的自然数变量，Sum 1、Sum 2、Sum 3 为三种情形下的总和变量，这四个变量使用 Dim 语句进行了定义。能被 3 整除的三种情况分别是余数为 0、余数为 1、余数为 2，有且只有这三种情况。用 For…Next 循环读出 1 ~ 20 之间的数。在 Output 中的 Debug 窗口查看运行结果。如果 Output 的 Debug 窗口没有打开，请在 E-Prime 中的 View 菜单中打开。

第四节　数　组

【技术导航】

1. 了解数组的含义与功能。
2. 学会在 E-Prime 中使用数组。

程序中使用的变量由于其值可以变化而带来许多方便之处。每个变量都有其各自的名称，但是，不同的变量之间没有联系。例如，A1 与 A2 是两个互不相关的变量。实际问题中的许多数据之间有关系，希望将这些有关系的数据存放在有关系的一些变量中，这些变量名称间既有联系又有区别，并且变量名本身有可变化的部分。在程序设计中，我们将这些变量称为“数组”。数组是程序设计语言的有力工具，各种程序设计语言都提供了数组结构。

一、基本概念

（1）数组。数组即一批有序数据的集合，或者说，把一组同一名字、带不同下标的变量称为数组。如用 I 代表一组被测电流的值，那么，I 被称为 I 数组。

（2）数组元素。数组中各个数称为数组元素。如 I(1)，I(2) 是 I 数组中的两个数组元素。

（3）下标。为了确定各数据与数组中每一个元素的一一对应关系，给出数组中各元素的编号，以表明它们的顺序，则这些序号称为下标。如 I（10），其中 I 为数组名，10 为下标值。

（4）下标变量。数组元素［如 I（1），I（5），…］又称为“带下标的变量”，简称下标变量。

二、在 Basic 语言中有关数组和下标的五点说明

1. 确定数组名的规则

与简单变量名取名规则相同，数组各由字母打头的若干个字母和数字组成，如 A、M、NA3、AMOUNT、A1、B1、AGE、COURSF 等都是合法的数组名，而 1A、1B、7c、12AGE 等都是不合法的数组名。

2. 下标必须用括弧括起来

例如，A(10)、S(8) 是合法的，而 A10、S8 是数组名，此时 10 和 8 不是下标。

3. 下标可以是常量、变量或表达式

例如，B(6)、J(N)、I(N+5) 是合法的，其中 N 必须事先赋值，如果 N 的值等于 6，则 J(N) 表示 J(6)，而 I(N+5) 表示 I(11)。

下标还可以是下标变量，如 I（I(6)），如果 I(6) 的值为 12，则 I（I(6)）就是 I（12）。

4. 下标值应大于等于零，不能为负值

例如，B(0)，A(50) 是合法的，而 B(−8)，A(−50) 是不合法的。

如果下标值不是整数，则计算机会自动取整。例如，B(4.8)，取整后为 B(4)。

如果没有指明下标下限，则下限是 0。例如，Dim C(5) as Integer 表示整形数组 C 共有 6 个元素，下标从 0 到 5；Dim D(1 to 5) as Integer 表示整形数组 D 共有 5 个元素，下标从 1 到 5。

5. 在计算机中，一个数组占据内存中一片连续的存贮单元

各数组元素在内存中是按顺序存储的。例如，X(1) 在最前面，X(2) 紧接之，然后是 X(3)、X(4) ……等。

三、一维数组

1. 什么是一维数组

如果一个数组，它的元素只有一个下标，则这个数组称为一维数组。在 BASIC 程序中，一维数组元素的表示形式如下：

S (8)

数组名 ——→ S　　　(8) ←—— 下标

2. 一维数组应用举例

例 11　要求输入 10 个数，打印出其平均值。

程序如下：

```
dim sum,I,S(10) as integer
dim AVER as double
debug. PRINT"你输入的 10 个数分别是:"
for I = 1 to 10
    S (I) = val (inputbox ("请输入数据 < 整数 >"))
    sum = sum + S (I)
    debug. PRINT S (I)
next I
AVER = SUM/10
debug. PRINT ""
debug. PRINT"这 10 个数的平均值为 =" & AVER
Msgbox"程序运行完毕！请在 Output 中的 Debug 窗口查看运行结果。"
```

在 E-Prime 总过程 SessionProc 中插入一个 Inline 对象，将上述程序写入到 Inline 中，存盘并运行，在 Output 中的 Debug 窗口查看运行结果。在该段程序中，用“Val”函数将输入的字符转换成数值。

一维数组的具体心理实验程序的应用请参阅第八章第五节。

四、二维数组

1. 什么是二维数组

如果一个数组，它的元素有两个下标，两个下标中间用逗号隔开，则这个数组称为二维数组。在 BASIC 程序中，二维数组元素的表示形式如下：

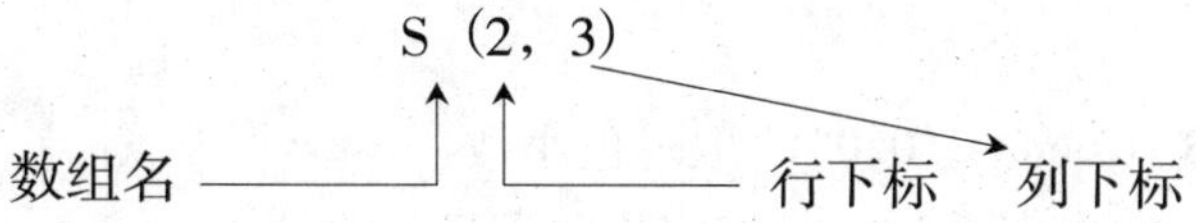

2. 为什么要使用二维数组

在实际中，一维数组有时不能满足用户的要求。例如，要统计一个班的成绩，有三个学生，五门功课，用一个二维数组 S 表示：

$$S = \begin{bmatrix} 86 & 88 & 68 & 54 & 81 \\ 88 & 82 & 78 & 90 & 64 \\ 85 & 78 & 79 & 80 & 68 \end{bmatrix}$$

其中，以一行代表某一个学生的成绩，一列代表某一门功课的成绩，若要表示第二个学生的第三门功课的成绩，可写成：

S（2，3）

学生号　　课程号

它代表第二行第三列的数据，就是“78”。

显然，为了表示某个学生的某门功课，必须用两个下标，把表示学生学号的第一个下标称为行下标；而把表示学生某门功课成绩的第二个下标称为列下标。所以，在二维数组中，必须用两个下标才能唯一地确定数组元素在数组中的位置。二维数组的元素又称为“双下标变量”。

3. 二维数组应用举例

例 12　计算例 11 三个学生的平均成绩和每门课程的总平均成绩。今设 3 个学生，每个学生考 5 门课，用 s 数组放这些数据，第一个下标为学生学号，第二个下标为课程号。S(I,J) 表示第 I 个学生的第 J 门课的成绩，平均成绩只取一位小数，第二位小数四舍五入。

其程序如下：

```
dim sum,I,J,S(3,5) as integer
dim AVER as double
FOR I = 1 TO 3
FOR J = 1 TO 5
S (I,J) = val (inputbox ("请依次输入第 " & I & "个学生的各门成绩"))
NEXT J
NEXT I
Debug. Print"学生 平均成绩" '打印表头
FOR I = 1 TO 3
FOR J = 1 TO 5
sum = sum + S (I,J)'读出学生的各门成绩并相加
NEXT J
AVER = Format $ (sum/5,"0.0")' 取一位小数
Debug. Print" " & I & "      " & AVER '打印学号和成绩
sum = 0   ' 清零
AVER = 0  ' 清零
NEXT I
Debug. Print"" '打印空行
Debug. Print"课程   平均成绩" '打印表头
FOR J = 1 TO 5
FOR I = 1 TO 3
sum = sum + S (I,J) ' 读出学生的各门成绩并相加
```

```
NEXT I
AVER = Format $ （sum/3，"0.0"）' 取一位小数
Debug. Print" " & J & "      " & AVER'打印学号和成绩
sum =0  ' 清零
AVER =0  ' 清零
NEXT J
Msgbox"程序运行完毕！请在 Output 中的 Debug 窗口查看运行结果。"
```

在 E-Prime 总过程 SessionProc 中插入一个 Inline 对象，将上述程序写入 Inline 中，存盘并运行，在 Output 中的 Debug 窗口查看运行结果。在该段程序中，用"Format"格式函数将平均成绩只取一位小数，第二位小数四舍五入。语句后的单逗号"'"为程序的注释语句，可以不输入到程序中。

五、数组说明语句

1. 数组的说明语句格式

对数组的说明与对变量的说明一样，使用 DIM 语句进行说明。格式如下：

DIM ＜数组表＞ AS 变量类型

其中，数组表由多项说明符组成，每个说明符含有数组名，以及用括弧括起来的位数和下标上限值。

2. 功能

执行该语句后，定义数组名、数组维数和下标上限值。

例如：

DIM B(10) as Integer 表示定义了一个整形数组 B，数组 B 有 11 个元素。

DIM A(10,11) as Single 表示定义了一个单精度型二维数组 A，数组 A 有 11 行和 12 列，最多有 $11 \times 12 = 132$ 个数组元素。

3. 说明

（1）数组的下标上限值不得超过已定义的值。

（2）下标值从 0 开始计算。

（3）二维数组中各元素在内存中的排列顺序为：按行的先后顺序排列，如 DIM A(2，3）数组的排列顺序为：A(0,0)、A(0,1)、A(0,2)、A(0,3)、A(1,0)、A(1,1)、A(1,2)、A(1,3)、A(2,0)、A(2,1)、A(2,2)、A(2,3)。

第五节　使用 Object 的属性和命令

【技术导航】

1. 学会使用 E-Prime 提供的帮助文件。
2. 掌握获得和设置 Object 属性的方法。

3. 学会使用 Object 命令为实验设计服务。

E-Prime 作为一个可视化的设计工具，它根本的设计方法是利用现有的图形化对象组成我们的实验，并通过设置对象属性来控制实验，以达到完成实验设计的目的。因此，用户与 E-Prime 的沟通都是通过“对象”（Object）来实现的。对象的各种属性、命令、方法等，既可以在图形化界面中直接设置，又可以通过 InLine 编程的方式进行控制，以满足不同需求的实验设计，大大方便了设计人员。这一节我们就讲述如何在 InLine 中实现与 Object 的通讯和控制。

一、对象（Object）

“对象”（Object）是 E-Prime 设计软件的精髓。它集众多属性、功能于一身，表现为一个个图形化的工具位于 E-Prime 的工具栏中。正是通过拖放对象工具组成实验并通过设置对象属性控制实验，避免了大量复杂的程序代码的编写过程，使 E-Prime 的实验设计变得简单易学。

目前，E-Prime 有 Procedure、InLine、List、TextDisplay、ImageDisplay、Slide、Wait、SoundOut、FeedbackDisplay、Label、PackageCall、MovieDisplay、SoundIn 等 13 个对象工具，后面两个工具是 2.0 版本新增加的对象工具。这些不同类型的对象工具可基本满足不同需求的实验设计要求。

对象有属性（Properties）、方法（Methods）等项目可供用户进行设置、编程控制，以满足不同的实验需求。

对象有哪些属性、方法可供用户进行编程控制呢？这些属性和方法等项目的作用是什么？用法如何？针对这些问题，E-Prime 提供了详细的帮助文件和大量示例，以帮助用户理解属性、方法等项目的作用和用法。用户要学会善于利用这些帮助文件来解决实验设计时碰到的种种疑难问题。

如图 6 - 8 所示，E-Basic 帮助文件是通过 E-Prime 中的“Help”菜单下的“E-Basic Help”命令打开的。打开如图 6 - 9 所示的 E-Basic 帮助文件界面。在该界面中点击“帮助主题”，弹出如图 6 - 10 所示的主题搜索界面。在方框 1 内输入我们想要查找的内容，即可弹出所查找的 E-Prime 提供的有关的详细内容。例如，我们要查找 TextDisplay 有哪些属性和方法，在图 6 - 10 所示的方框 1 内输入“TextDisplay”，按回车，即可弹出 TextDisplay 对象的属性和方法界面，如图 6 - 11 所示。从图 6 - 11 可以看出，TextDisplay 对象包含了“ACC”等在内的 48 个属性（Properties）和“Clear”在内的 3 个方法（Methods）。点击任一属性或方法，均可弹出关于该属性或方法的详细介绍。例如，我们点击“ACC”属性，将弹出如图 6 - 12 所示的“ACC”属性的详细介绍，包括对“ACC”属性的语法（Syntax）、属性描述（Description）、注释（Comments）和举例（Example）等多方面的详尽介绍，使用户能全面了解和掌握“ACC”属性。

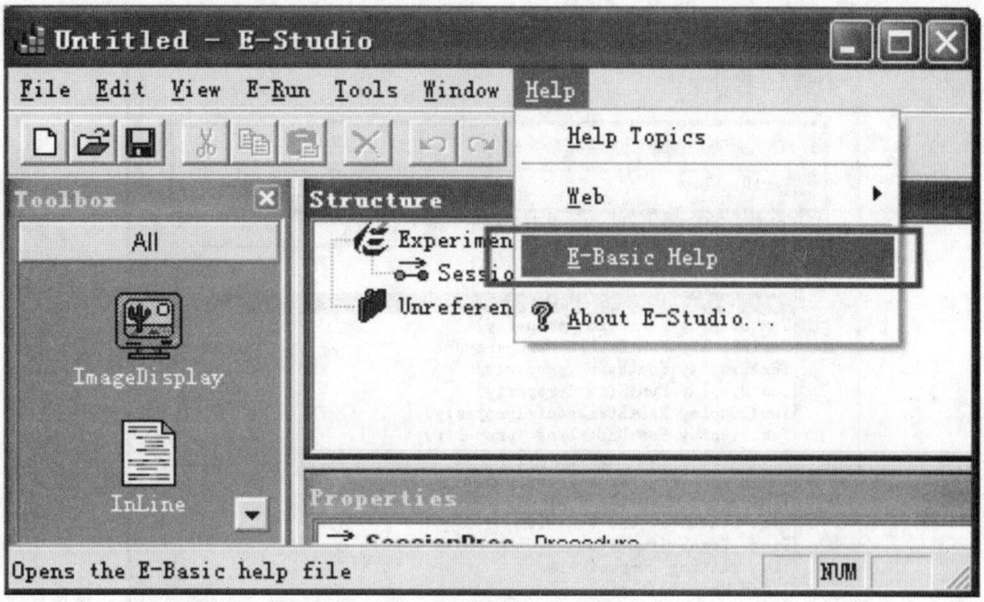

图 6－8　E-Prime 的帮助文件

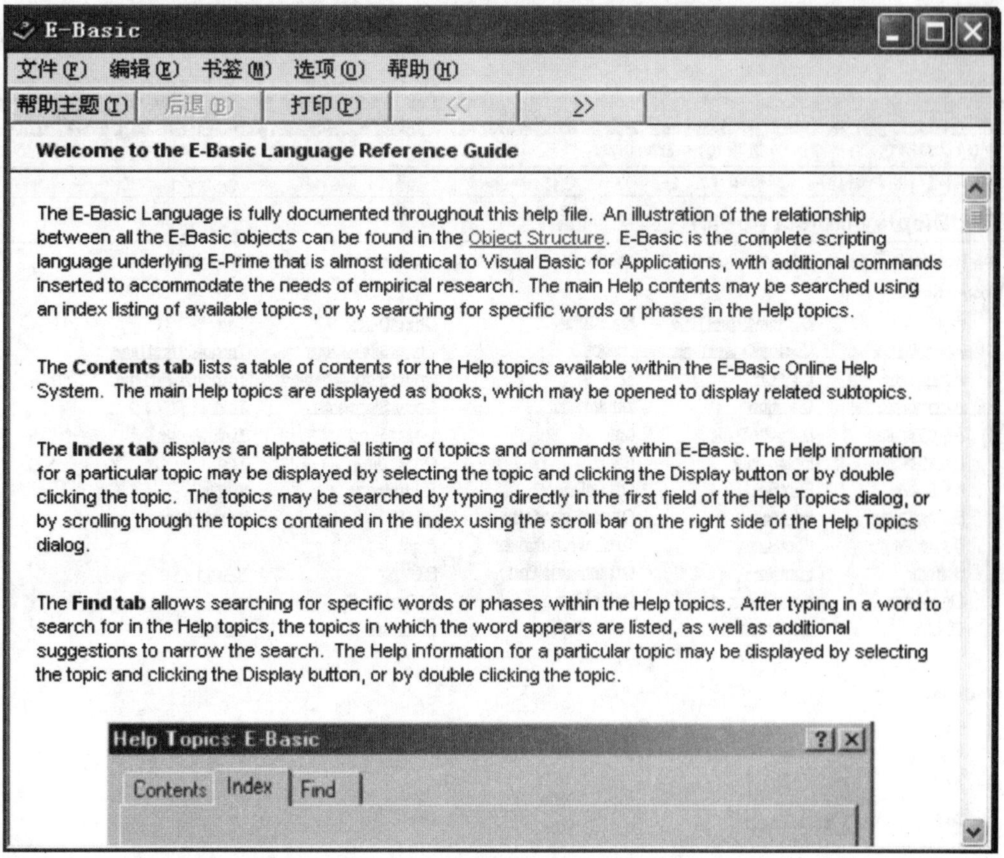

图 6－9　E-Prime 的帮助界面

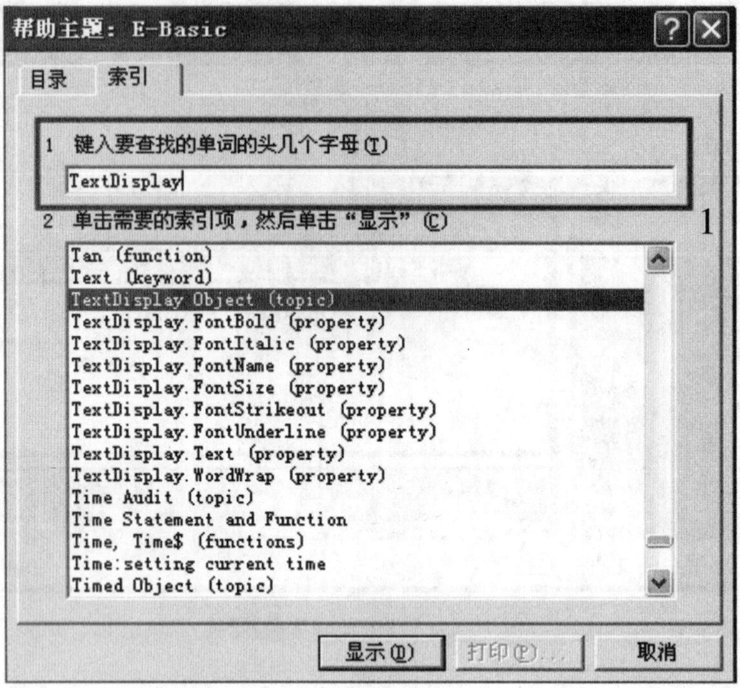

图 6－10　查找帮助内容

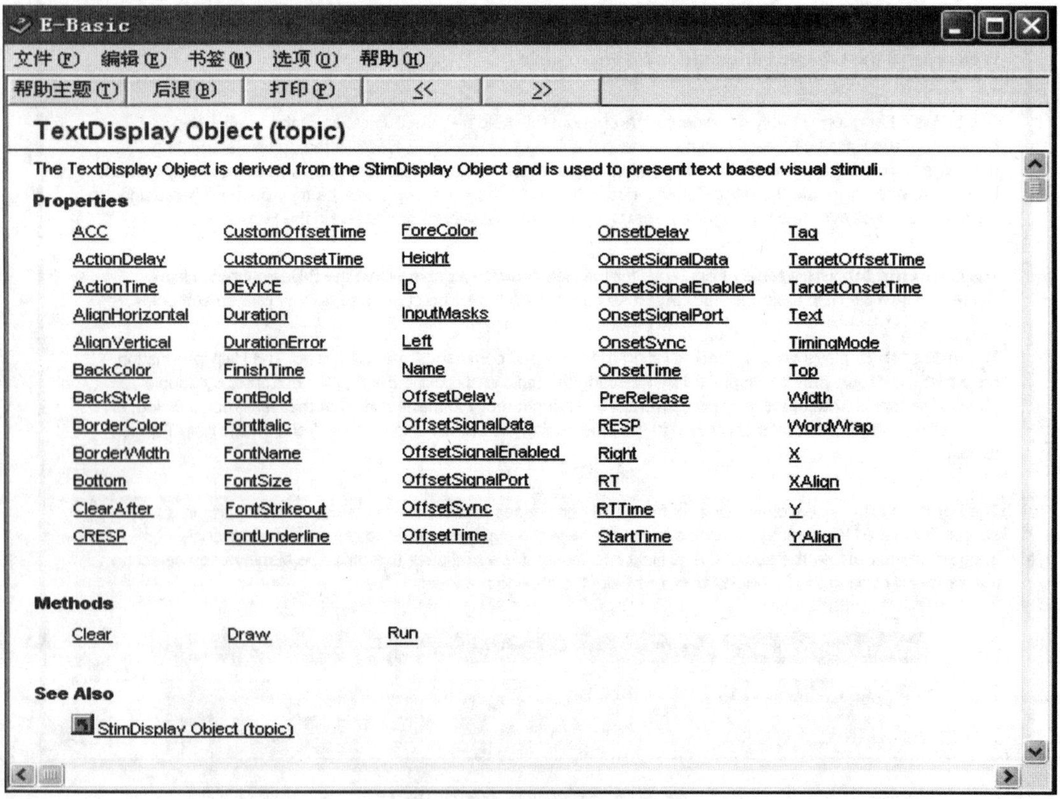

图 6－11　TextDisplay 对象包含的属性和方法项目

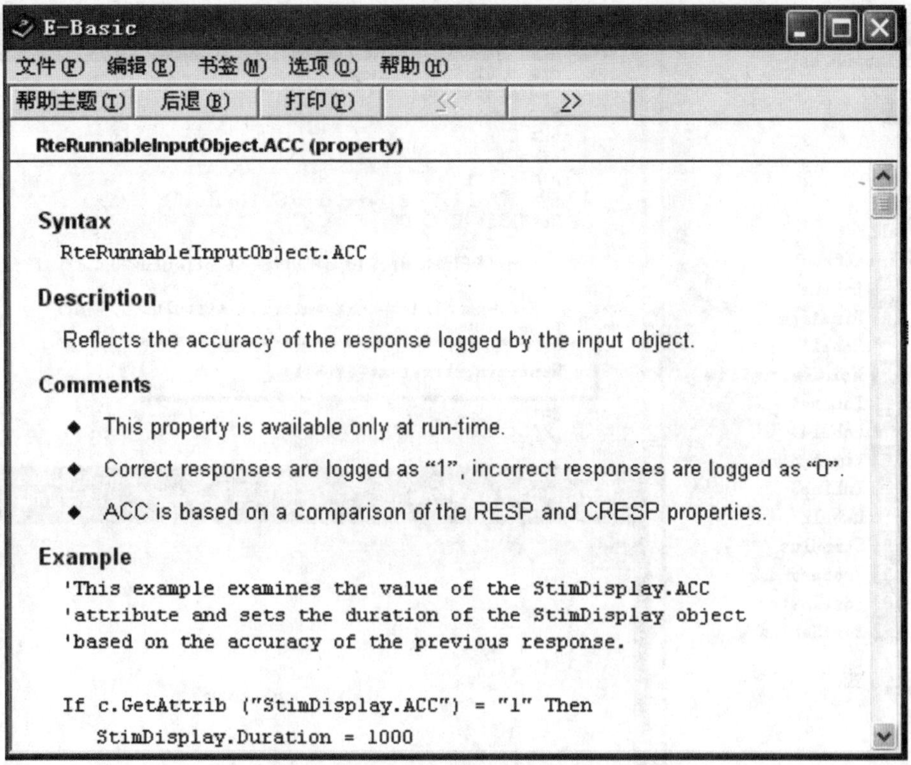

图 6-12　TextDisplay 对象的“ACC”属性介绍

【提示】学会使用 E-Basic 的 Help。

二、对 Object 属性的 InLine 编程控制

1. 在 InLine 中设置对象的属性

在一般的实验设计中，我们都是通过在图形界面中设置对象的属性来控制实验。但有时这种设置并不能达到实验的目的。例如，在篇章阅读实验设计中，一般都采用“移动窗口”实验范式，文章一句一句呈现；同时，由于各篇文章的长短不一样，有 8 句、9 句、10 句、12 句等不同长短篇章，因此，用于呈现刺激（即句子）的 TextDisplay 对象的呈现内容不能像一般实验设计一样通过调用刺激字段的方式（如“[stimulus]”）进行设置，而必须通过 InLine 编程，把呈现内容赋值给 TextDisplay 对象的“text”属性，实现刺激的呈现。如图 6-13 所示，句子是在“NontimingStim”TextDisplay 对象中呈现，但该对象的呈现内容如图中所示为空，“NontimingStim”的呈现内容是通过 InLine 2 对象中方框 1 所示的“Nontimingstim. text = qst $（1）”语句赋值而得。

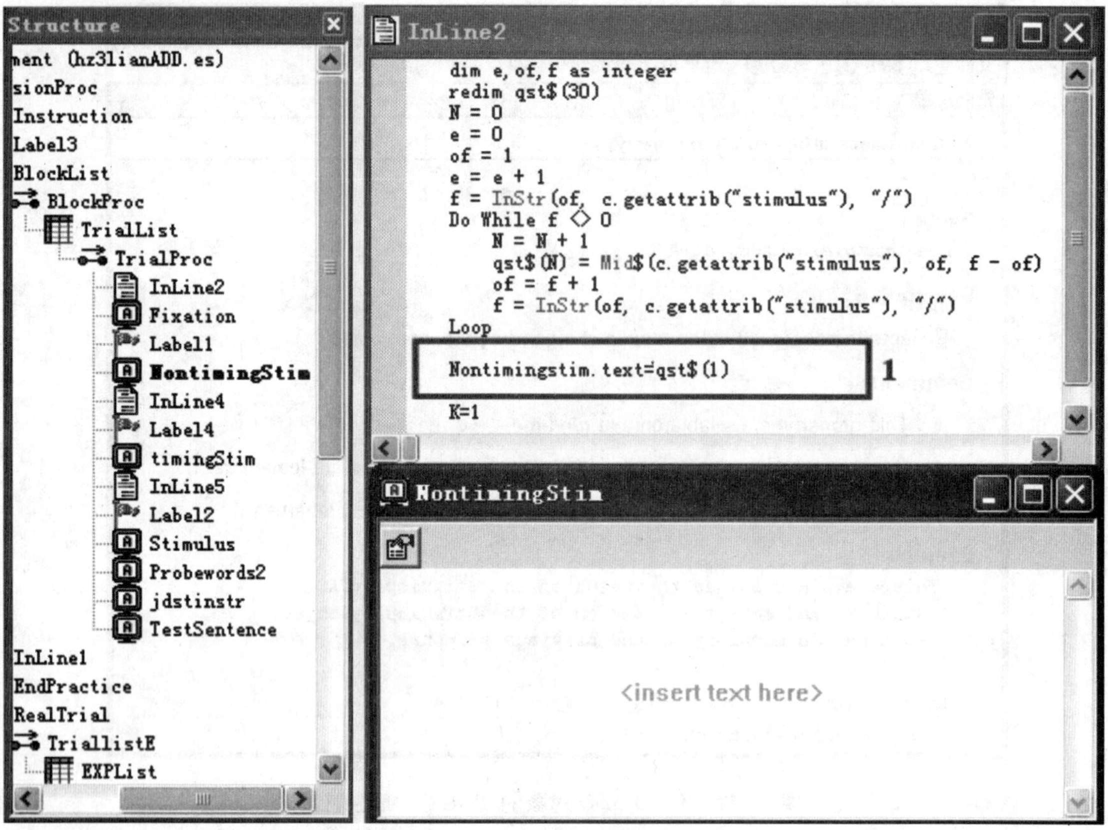

图 6-13　给 TextDisplay 对象的“text”属性赋值

上面的示例只是展示了如何对 TextDisplay 对象的“text”属性进行编程控制。其实，对任何对象的属性控制都可用上例中的方法。其方法为：

（1）需要编程控制的属性在图形界面中无须设置。

（2）在 InLine 中通过“赋值语句”设置该属性。赋值语句的格式如下：

<对象名>. <属性名> = <值>

例如，“Stimulus. ForeColor = CColor (″blue″)”，该语句把 Stimulus 对象的前景颜色设置成蓝色。

各个对象的属性设置用法如何，设置的“值”要符合什么格式，请参阅各对象属性的帮助文件。如前面的例子，给对象的前景颜色赋值，则颜色值如“blue”，必须写成“CColor (″blue″)”格式才能正确赋值。

2. 在 InLine 中获得对象的属性

有时候，实验要求要在实验运行中获得对象的属性，尤其是被试反应以后的对象的属性，根据对象属性的不同值来决定下一步的实验程序走向。如有的实验要求补上被试的反应，因为刺激呈现时间很短（如 200ms），如果在 200ms 内被试没有作出反应，刺激将消失并出现一空屏等待被试的反应，如果在刺激呈现的 200ms 内被试作出反应，则需要跳过空屏进入下一个刺激。这种实验也没有办法在图形界面中通过设置对象属性的方式来完成，必须通过 InLine 编程对反应界面的反应情况作出判断来决定是否进入反应等待界面。本实验的设计如图 6－14 所示，具体的实验设计详见第八章第一节。图中 Stimulus 为探测界面，waitToResp 为反应等待界面。InLine1 对象用于对探测界面的反应情况作出判断。对反应情况的判断是通过探测界面的“RESP”，即“Response”（反应、响应）属性进行判断，方法为：使用 Len 函数判断测界面的“RESP”长度是否大于零，如果大于零，则被试在探测界面已作出了反应，goto label 2 跳过反应等待界面；否则，小于等于零则表明被试没有作出反应，goto label 1 进入反应等待界面。

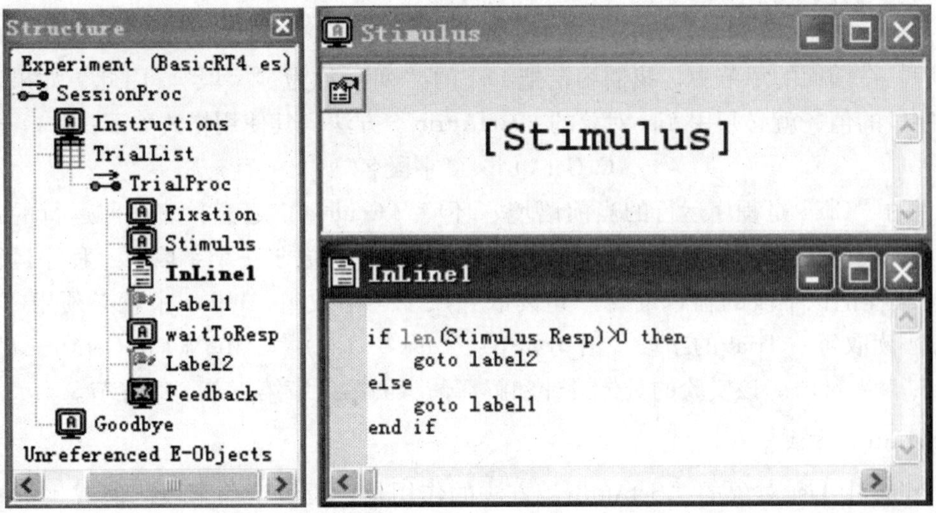

图 6－14　获得 TextDisplay 对象的“RESP”属性

获得对象属性的格式如下：

<对象名>.<属性名><条件>

具体使用哪一个属性和采用什么样的条件判断取决于实验目的。

【提示】 学会编程设置对象的属性和如何获得对象的属性。

三、对 Object 方法的使用

E-Prime 各个对象提供了众多的方法供设计人员使用，以灵活设计出有特殊要求的实验。

对各个对象方法的使用有两种形式：

一种是直接使用，格式如下：

<对象名>.<方法名>

例如，如果练习模块（假定名字为 LxList）的正确率达到了 95%，则中断练习，直接进入实验模块。这里中断练习模块，就必须使用练习模块 List 对象 LxList 的“terminate”方法，练习模块中断即为：

LxList. terminate

又如，“slide1. Run”，此方法是使 slide1 对象运行。

关于 Object 方法的使用案例请参阅第八章第四节。

另一种是按照约定的格式使用，具体的使用格式 E-Basic 有规定。这里，我们重点介绍我们在编程中经常使用的 List 对象的两个方法。

1. GetAttrib 方法

E-Prime 中的 List 对象，是由行和列组成的电子表格，用于存放实验材料和生成核心实验过程。在前面的章节中，我们约定把 List 的“列”称为“字段”。因此，如果我们要取得某字段的值，就必须用 List 对象的“GetAttrib”方法，其使用格式如下：

C. GetAttrib（"字段名"）

这里的“C.”是程序运行的当前语境、环境（Context）之意，即当前运行的 List 对象。例如，我们在篇章阅读实验设计中，把一篇篇文章存放于一个字段中，程序运行时通过 Inline 编程把该字段的篇章的每一句读取并赋予一个数组，Inline 中就必须用“GetAttrib”方法读取每一 Trial 的字段，语句如下：“qst $ （N） = Mid $ (C. GetAttrib ("stimulus"), of, f - of)”。该实验的具体设计和解释请参阅第八章第三节、第五节。

2. SetAttrib 方法

E-Prime 中 List 对象的“SetAttrib”方法的作用是，设置当前字段的值或生成一字段并设置当前字段的值。其使用格式如下：

C. SetAttrib "字段名", 值

如果“字段名”不存在，则会在数据文件中生成该字段，并赋值该字段；如果该字段名已存在于 List 中，则把当前 Trial 的原字段值替换成该命令中的新值。

例如，在篇章阅读实验中，在篇章出现之前通常会有一个现在阅读的文章是“第几篇”的信息提示，如图 6 - 15 所示。因为文章是随机呈现的，因此，在材料中文章的原有序号即图中“LXread” List 对象中的“artNo”字段，不能作为“第几篇”的信息，也就是说，图中方框 1 所示的“第几篇”调用的字段“wzNo”不能出现在 List 对象中（图中“LXread” List 对象中也没有“wzNo”字段），只能由程序自动生成。这种生成字段的方法就必须使用 List 对象的“SetAttrib”方法。图中方框 2 所示的语句“C. SetAttrib "wzNo", M”的作用就是生成“wzNo”字段，并把变量 M 的值赋给字段“wzNo”。生成的字段和相应的值会在数据文件中出现。

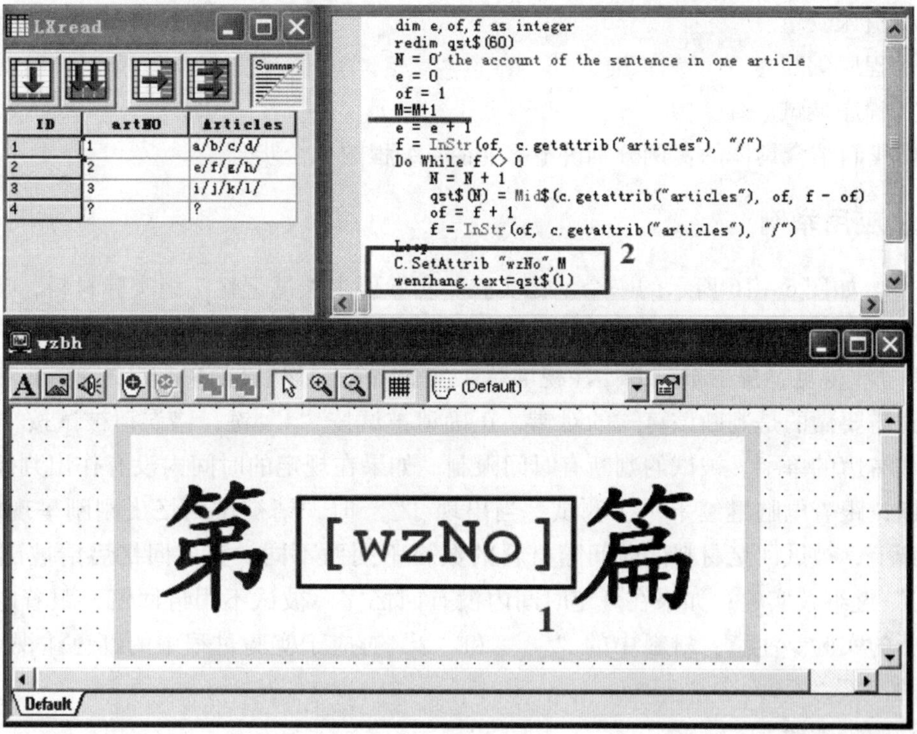

图 6-15　List 对象 "SetAttrib" 方法的使用

【提示】1. 掌握对象方法（Method）的使用。
2. 掌握 List 对象的 GetAttrib 和 SetAttrib 两种方法的使用。

第六节　E-Basic 的编程步骤与应用举例

【技术导航】

学会在 E-Prime 中如何进行 Basic 语言编程。

在前面的章节中，我们学习了 E-Prime 中 E-Basic 编程的基本知识、流程结构和数据结构等编程所需的必备知识。这一节我们结合具体的实例，讲述如何将这些知识储备综合应用到具体的实验设计中。

一、E-Basic 编程步骤

E-Prime 中的 E-Basic 编程一般经过以下五个步骤：

（1）根据实验的要求决定 InLine 插入的位置。

（2）插入 InLine 对象。

（3）引入变量。

（4）程序编写。

（5）程序调试。

下面我们结合具体的实例分别讲解 E-Basic 编程的五个步骤。

二、应用举例

例 13　如图 6－16 所示的一个记忆实验。实验要求被试记忆 7 组实验材料，按顺序记忆，每组材料依次逐渐增多。实验的过程和任务如下：首先在电脑屏幕上出现一个红色“＋”符号注视点，提醒被试开始注视屏幕，实验开始。然后屏幕呈现一道算式和一个单字，被试需要做的是判断该算式的对错，正确请被试按“J”键，错误请被试按“F”键，同时记住右边的单字。被试的判断有时间限制，如果在规定的时间内没有作出判断，被试无须判断，跟着电脑继续下一个测试。当出现“?”时，请被试回忆出刚刚呈现的单字，并写在纸上，被试回忆材料的时间随材料的数目不同而不同，完成回忆后请被试按“F”键或“J”键继续实验；如果在规定时间内没有回忆完，被试不用再回忆，跟着电脑继续完成余下的实验。注意：材料中的“＋”和“?”对应于实验过程中的红色注视点“＋”和出现的“?”。

设计的步骤如下：

1. 根据实验的要求决定 InLine 插入的位置

设计需求分析：本实验设计的难点在于，如何解决数量不等的材料的连续呈现问题，材料要连续呈现的次数为 1～7 次不等。如果纯粹通过设置所需对象的属性是无法完成本实验设计的，必须借助 InLine 编程才能解决上述难点问题。我们先分析材料，材料无非三种类型，一种是注视点“＋”，一种是实验材料“算式及词”，还有一种是回忆线索“?”。只要区分出这三种材料，就可以进入各自的呈现界面呈现，而且不管材料的多少，都可以巧妙地解决“数量不等的材料的连续呈现”问题。这种解决方法的巧妙之处在于它把注视点“＋”和探测线索“?”动态呈现化，并把它们作为检测标志，置于 List 的字段中，把它们之间的内容都作为实验材料呈现，而且不管材料的多少，解决了数量不等的实验材料的呈现问题。而一般的实验设计都是把注视点界面和探测线索界面固定化、静态化，不把注视点“＋”符号和探测线索“?”放置于 List 的字段中。

材料	组别	算式	记忆词	呈现时间
1		+		20 000
	A101	(8*1)-3=5	字	20 000
		?		20 000
2		+		20 000
	A201	(3*3)-5=5	良	20 000
	A202	(2*3)+3=9	轮	20 000
		?		20 000
3		+		20 000
	A301	(2÷1)+1=2	侵	20 000
	A302	(9÷3)+2=5	承	20 000
	A303	(5÷5)+1=2	讨	20 000
		?		20 000
4		+		20 000
	A401	(6*1)+3=8	护	20 000
	A402	(7÷1)+2=9	印	20 000
	A403	(9÷3)+3=5	征	20 000
	A404	(9÷3)+2=5	波	20 000
		?		30 000
5		+		30 000
	A501	(2÷1)+3=4	策	30 000
	A502	(8*1)-2=6	故	30 000
	A503	(1*5)-5=0	夜	30 000
	A504	(9*1)-7=2	财	30 000
	A505	(4÷1)+5=8	晚	30 000
		?		30 000
6		+		30 000
	A601	(5*1)+3=8	功	30 000
	A602	(2*1)+5=8	垂	30 000
	A603	(3*3)-2=7	送	30 000
	A604	(4*2)-3=4	封	30 000
	A605	(8÷1)-7=1	私	30 000
	A606	(5*1)-4=1	域	30 000
		?		30 000
7		+		30 000
	A701	(3*3)-3=6	优	30 000
	A702	(2*2)+4=8	著	30 000
	A703	(9*1)-5=3	班	30 000
	A704	(8÷1)-2=5	犯	30 000
	A705	(9÷3)+3=5	吧	30 000
	A706	(5÷1)+3=8	负	30 000
	A707	(2*1)+7=9	厚	30 000
		?		30 000

图 6－16　记忆实验材料

InLine 位置：因为在材料呈现前就要判断是哪一类型的材料，所以，InLine 必须插入实验程序中“核心实验过程”的起始位置，如图 6－17 中的 InLine 1 所示。

2. 插入 InLine 对象

如图 6－17 所示，从 Toolbox 中拖入一个 InLine 对象到程序结构 Structure 中的核心实验过程 TrialProc 起始位置中，即可创建 InLine 1 对象。InLine 2 和 InLine 3 创建的方法一样。

如图 6－18，在核心实验过程 TrialProc 中，Fixation 为注视点，Stimulus 为探测界面，Recall 为回忆界面。ExpList 对象中的实验材料如图 6－19 所示。

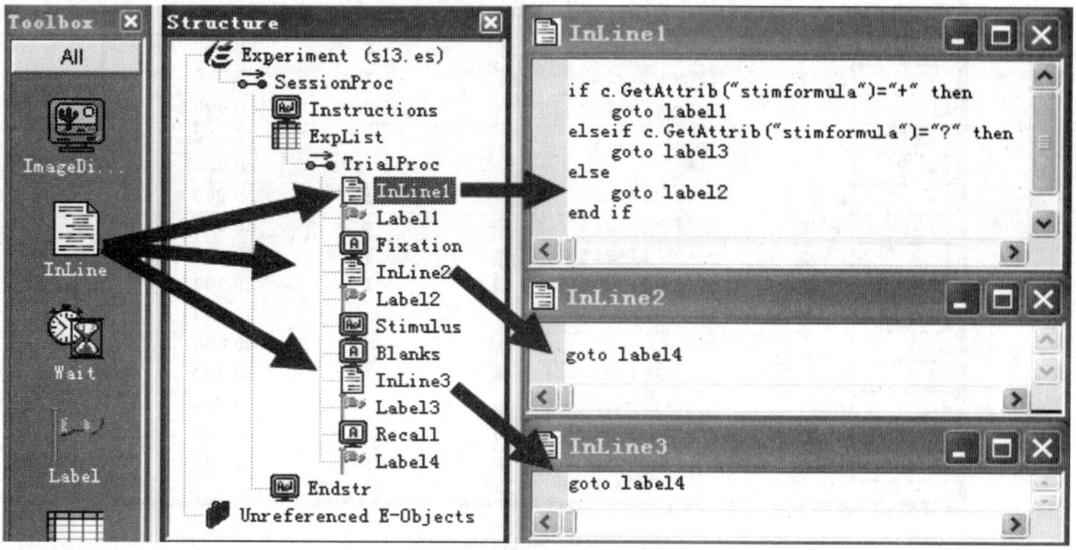

图 6－17　记忆实验设计

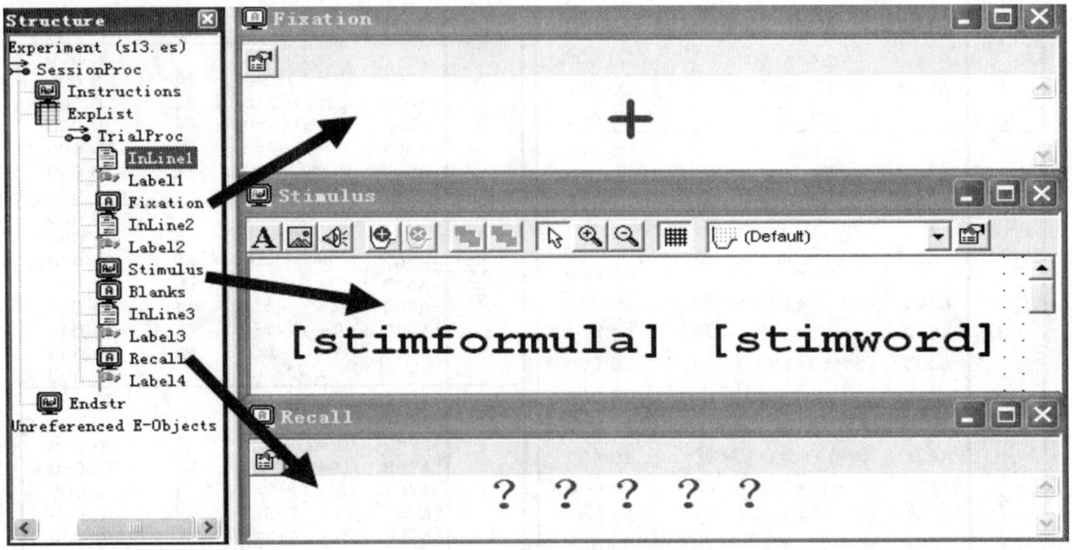

图 6－18　记忆实验设计

ExpList

ID	StimNo	StimFormula	stimWord	Answers	recallTime
1		+			20 000
2	A101	(8*1)-3=5	字	f	20 000
3		?			20 000
4		+			20 000
5	A201	(3*3)-5=5	良	j	20 000
6	A202	(2*3)+3=9	轮	f	20 000
7		?			20 000
8		+			20 000
9	A301	(2÷1)+1=2	侵	j	20 000
10	A302	(9÷3)+2=5	承	f	20 000
11	A303	(5÷5)+1=2	讨	f	20 000
12		?			20 000
13		+			20 000
14	A401	(6*1)+3=8	护	j	20 000
15	A402	(7÷1)+2=9	印	f	20 000
16	A403	(9÷3)+3=5	征	j	20 000
17	A404	(9÷3)+2=5	波	f	20 000
18		?			30 000
19		+			30 000
20	A501	(2÷1)+3=4	策	j	30 000
21	A502	(8*1)-2=6	故	f	30 000
22	A503	(1*5)-5=0	皮	f	30 000
23	A504	(9*1)-7=2	财	f	30 000

图 6－19　实验材料示例

3. 引入变量

本实验中 InLine 编程要求检测刺激的类别，因此，不需要引入变量。对需要引入变量的编程实验则需考虑变量的类型及作用域。引入变量的实验请参阅第八章第二节。

4. 程序编写

程序编写包括给变量赋值、条件判断和输出结果等。本实验需要判断当前的刺激属于上述三种类型中的哪一种，因此，需要用 if…then…Else 语句的嵌套结构编写程序，并且必须用 List 对象的“GetAttrib”方法取得当前 Trial 的值进行判断。具体实验程序语句如图 6－17 中 InLine1 所示。程序语言及解释如图 6－20 所示。

通过对 InLine1 语句进行判断，不管实验材料是多少个，只要是实验材料都进入“Stimulus”界面进行呈现。

`if c.GetAttrib("stimformula")="+" then`	判断刺激是否为“+”，如是
`    goto label1`	呈现注视点 Fixation
`elseif c.GetAttrib("stimformula")="?" then`	如刺激不是“+”，继续判断是否为“？”，如是
`    goto label3`	呈现回忆线索界面 Recall，进行回忆任务。
`Else`	否则(即既不是“+”也不是“？”，即为实验材料)
`    goto label2`	呈现刺激界面 Stimulus
`end if`	判断结束

图 6－20　InLine1 中的材料判断语句

5. 程序调试

程序编写完毕后，我们要运行实验程序，检验程序是否达到实验的要求，以及是否有错漏。根据实验运行的情况和出错信息进一步修缮程序，直到符合实验要求为止。期间，可能需要多次修改和运行才能完成。

以上我们结合具体实例介绍了在 E-Prime 中编写程序的基本过程。从上述实验设计的过程看，实验编程的第一步很重要，即“根据实验的要求决定 InLine 插入的位置”。因为在这一步骤中，需要设计人员认真、详细地对实验进行具体的设计需求分析，以及把复杂的实验程序理清头绪、找出规律、化繁为简，找到实验设计的突破口，即首先要学会对实验进行理性的分析。

【提示】理解材料不等的实验设计技巧。

第七章　E-Prime 实验设计的几种模式

按心理实验程序的结构和核心实验过程设计的复杂性，可把心理实验程序用以下五种模式进行设计：一是单一模式（Baisic），二是并联模式（Paralleling），三是串联模式（Series），四是平衡模式（CounterBalance），五是相嵌模式（Nesting）。各种模式的结构如图 7－1 所示。图 7－1A 为单一模式实验设计，图 7－1B 为并联模式实验设计，图 7－1C 为串联模式实验设计，图 7－1D 为平衡模式实验设计，图 7－1E 为相嵌模式实验设计。

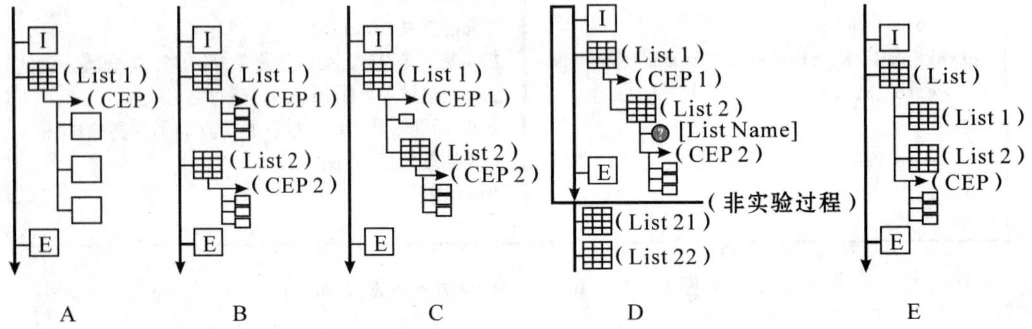

图例：I—指导语，E—结语界面，表格 List 为实验材料及相关控制，CEP 为核心实验过程，空白框为各界面。

图 7－1　E-Prime 实验设计的五种模式

这里所说的心理实验程序的结构和核心实验过程设计的复杂性，是基于实验中包含的存储实验材料及相关控制的 List 的结构关系和核心实验过程 CEP（Core Experimental Procedure）的多少而言，并用实验中包含的 List 的结构关系将心理实验程序划分为上述五种模式进行设计。此外，这里所说的“复杂性”，纯针对正式实验模块而言，不包括练习模块。

下面我们重点讲述各种模式的实验设计。

第一节　单一模式与并联模式

【技术导航】

1. 理解“单一模式”的典型实验。
2. 掌握“单一模式”结构的实验设计方法。
3. 理解“并联模式”的典型实验。
4. 掌握“并联模式”结构的实验设计方法。

一、单一模式

1. 模型结构

单一模式是最为简单的心理实验设计模式，如图 7－2 所示。单一模式由一个存储实验材料及相关控制的 List 和一个核心实验过程 CEP 组成。从图 7－1 中可以看出，其余四种模式中都包含了单一模式的原型。

2. 典型实验

词汇判断的实验、典型的 Stroop 效应实验及启动效应实验等都是典型的单一模式的实验设计。

3. 实验设计

我们在第三章讲 E-Prime 的实验设计时，所举的“词汇判断”实验就是单一模式的实验设计，具体的设计过程这里不再赘述，而且，单一模式的实验设计也是难度最低的实验设计。

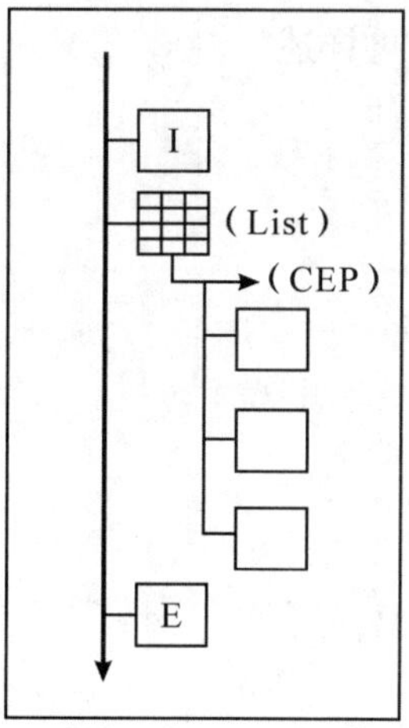

图 7－2　单一模式

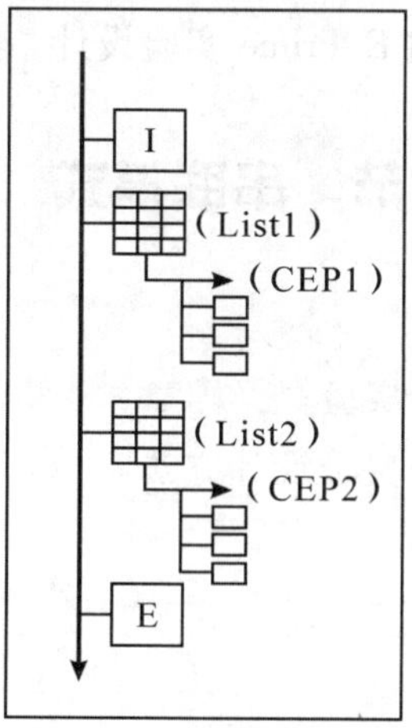

图 7－3　并联模式

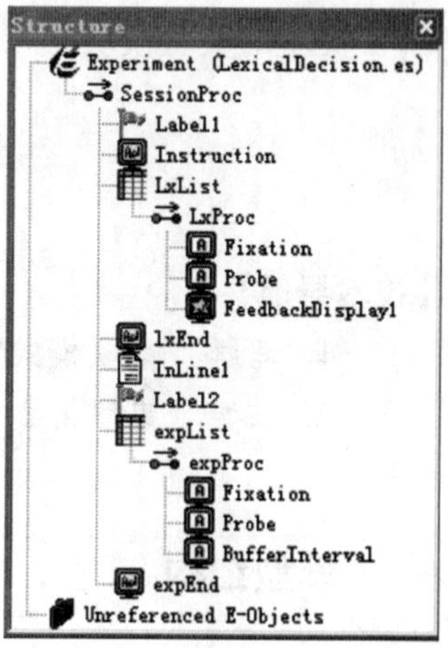

图 7－4　练习模块与实验模块的并联

二、并联模式

1. 模型结构

并联模式如图 7－3 所示。该模式的实验设计由两个或多个存储不同实验材料及相关控制的 List 和两个或多个不同核心实验过程 CEP 组成，各个过程上下组成并联关系。

2. 典型实验

信号检测实验就是大家最为熟悉的最为典型的并联模式的实验设计。如图 7－3 所示，List1 和 CEP1 用于完成学习阶段的任务，List 2 和 CEP 2 用于完成测试阶段的任务。因此，类似于信号检测方面的实验都可以用并联模式进行实验设计。

其实，单一模式实验的实验模块和练习模块在总过程中上下组成并联关系，如图 7－4 所示的词汇判断实验，由两个 List（LxList 和 expList）和两个核心实验过程（LxProc 和 expProc）组成，两个 List 上下成并联关系。被试内设计的复合实验也属于并联模式的实验设计，如图 7－5 所示，各个实验及每个实验的练习和实验模块在实验总过程中成并联关系。

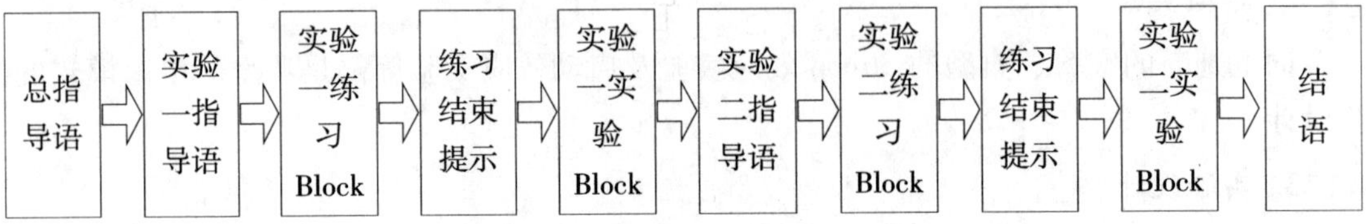

图 7－5　多个分实验组成的并联关系

3. 实验设计

并联模式的实验设计也是较为简单的一种实验设计，类似于我们在第三章进行的“词汇判断”实验的实验模块与练习模块的 E-Prime 实验设计，这里不再详述。

第二节　串联模式

【技术导航】

1. 理解“串联模式”的典型实验。
2. 掌握“串联模式”结构的实验设计方法。

一、模型结构

串联模式如图 7－6 所示，该模式的实验设计由两个存储不同实验材料及相关控制的 List（图中的 List 1 和 List 2）和两个不同核心实验过程 CEP（图中的 CEP 1 和 CEP 2）组成，两个 List 和 CEP 成上下串联关系。

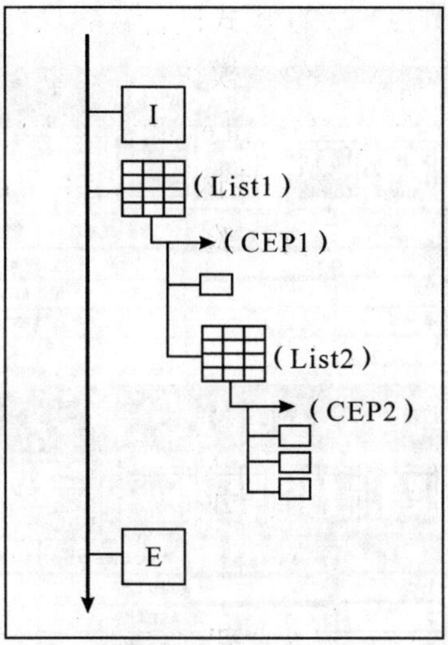

图 7－6　串联模式

二、典型实验

如个性判断实验就属于串联模式的实验设计。

该实验要求对 30 个人物作 50 种个性的有无判断。List 1 用来存储 30 个人物及其相关信息，CEP 1 用来呈现注视点及人物出场介绍，人物出场介绍如图 7－7 左侧所示。List2 用来存放 50 种个性，CEP 2 即用来完成个性的有无判断，图 7－7 右侧所示为个性有无判断界面。每个人物都须进行 50 种个性判断，完成后另一个人物出场进行 50 次判断，依次循环。因此，该模式设计也被称作“循环模式”设计。该模式的实验设计适合于大循环中相嵌小循环的实验设计。

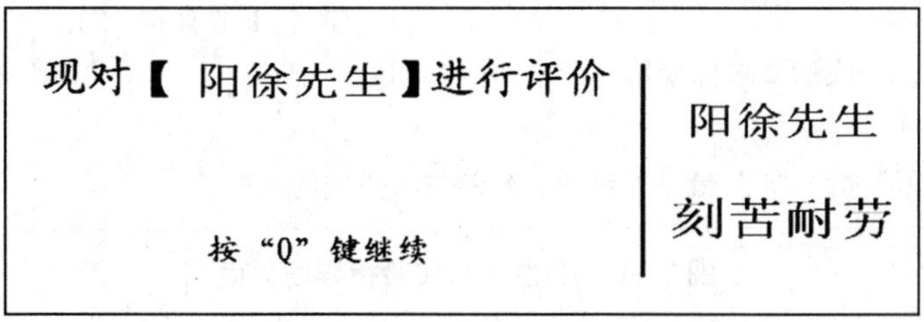

图 7－7　“个性判断”实验

三、实验设计

个性判断实验的程序结构如图 7－8 左半图所示。两个 List 分别是外层大循环的人物信息 PersonList 和内层小循环的个性词 CharacterList（List 中举部分示例）。两个实验过程分别是人物出场的 expProc 实验过程和个性判断的 expTP 实验过程，人物出场界面 PersonPop 如图 7－7 左半图所示，Fixation 为注视点。Probe 界面如图 7－7 右半图所示，Interval 为实验缓冲，Instructions 为指导语界面，如图 7－9 所示。

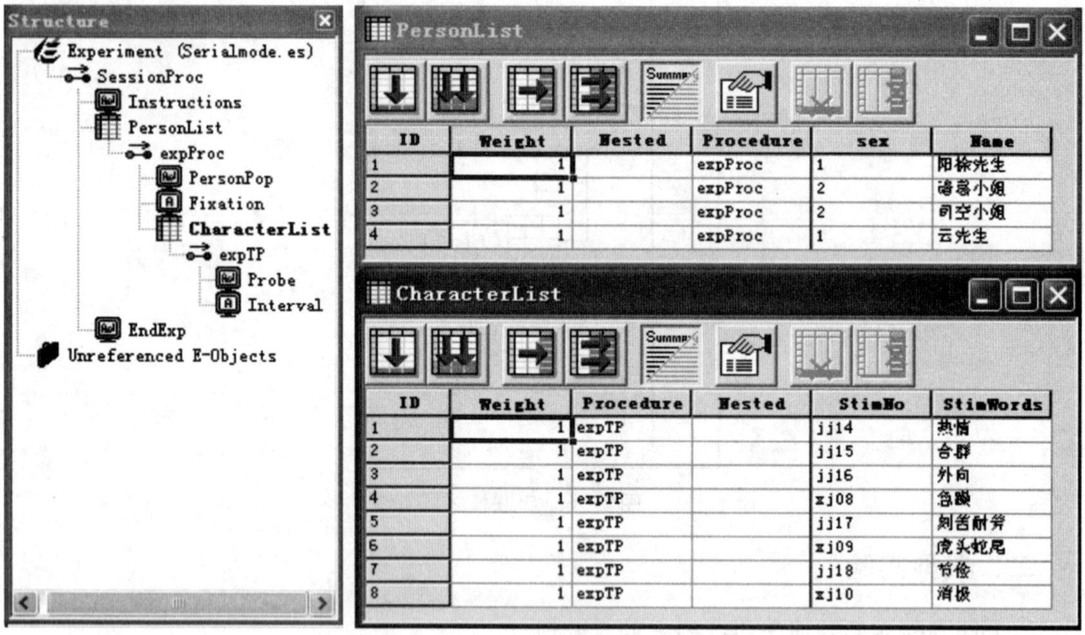

图 7－8　个性判断实验结构图

> 欢迎你参加我们的实验！
>
> 实验首先在电脑屏幕出来一个红色“＋”符号注视点，提醒你开始实验，接着呈现一个带姓氏的称呼，你并不认识其中任何一个人，按照你自己的想法，请你快速地对每个人的性格进行评价。性格的词语呈现在姓氏下面，如果你认为这个人具有给出词语的性格就接“J”键，不具有这种性格就按“F”键。实验呈现时间很短，请你集中注意力，并又快又准地作出判断。
>
> 明白上述指导语后，请你坐好，将双手放在键盘上，把左手的食指放在“F”键上，右手的食指放在“J”键上，实验要求你使用这两个键回答问题。记住，左手作“不具有”的判断，右手作“具有”的判断。
>
> 准备好后，现请你按“F”键开始练习，然后进入正式的实验。

图 7－9　个性判断实验指导语界面

个性判断实验设计的关键在于人物出场的核心实验过程 expProc 中需创建一个存储个性词和个性判断核心实验的 CharacterList，这种创建方法就直接在 expProc 核心实验过程拖入一个 List 即可。这样就构成了每一个人物出场，都进行 CharacterList 中所有 Trial 的个性判断，构成大循环中有小循环的串联模式实验设计，也可称为“循环模式”的实验设计。其余对象的创建和设置过程同词汇判断实验一样进行即可。

第三节　相嵌模式

【技术导航】

1. 理解“相嵌模式”的典型实验。
2. 掌握“相嵌模式”结构的实验设计方法。
3. 理解“行随机”和“列随机”。
4. 掌握“列随机”的实现方法。
5. 掌握 List 相嵌的创建方法。
6. 学会用“相嵌模式”解决复杂的实验设计。

一、模型结构

相嵌模式如图 7-10 所示。该模式的实验设计至少由二个存储不同实验材料及相关控制的 List 和一个核心实验过程 CEP 组成（图中呈现三个 List），两个存放着不同实验材料和控制的 List 1 和 List 2 相嵌在总的 List 中，CEP 调用 List 中的材料和控制，而 List 则调用 List 1 和 List 2 的材料与控制。该模式比较适合较为复杂的实验设计，特别是刺激材料和颜色、方位、大小等属性或变量等需要完全随机化结合的实验设计。

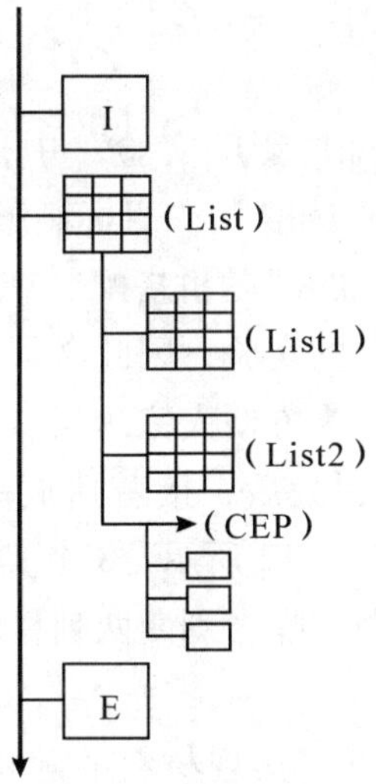

图 7-10　相嵌模式

二、典型实验

如“不同语言对图片认知的影响实验”就可用此模式的实验设计。该实验过程是在电脑屏幕上随机呈现四幅图片，电脑同时呈现图片中某一物品名称的普通话或广东话的文字或声音，要求被试选择该图片的代码。该实验要求 20 幅目标图片随机呈现，并随机搭配 30 幅干扰图片中的 3 幅，目标在屏幕中的位置（左上、右上、左下、右下）要求随机呈现。实验的探测界面如图 7－11 所示。

图 7－11　不同语言对图片认知的影响实验

三、“行随机”与“列随机”

就上面的“不同语言对图片认知的影响实验”中，实验有三种随机，分别是“目标刺激要随机呈现”、“干扰图片要随机选取”、“目标刺激在屏幕中的位置要随机呈现”，实现这三种随机的随机搭配。这里所说的“随机搭配”就是多种刺激或刺激物属性的随机的组合搭配。多种随机组合属控制复杂的实验，因此必须用相嵌模式进行设计。

如何来理解这种随机的搭配呢？为方便大家理解，我们再来举一个例子。如图 7－12 所示，某一实验要求播放一段语音刺激后，接着播放一段噪音进行屏蔽。噪音有 50ms、100ms、150ms 和 200ms 四种。如图 7－12 所示，8 个实验刺激随机播放一个后，随机选择某一噪音进行屏蔽。像这种语音刺激与噪音刺激两列材料之间的随机化组合，我们可称为“随机搭配”或“列随机”。

我们知道，材料过程容器 List 可以实现材料的随机呈现，如图 7－13 所示，只要在“Order”中设置为“Random”即可实现材料的完全随机呈现。“Random”的设置只是使图中 List 中的 6 个材料实现完全随机，也即 List 中 6 行材料之间的随机，因此，我们可把 List 中的“Random”设置的顺序称为“行随机”。

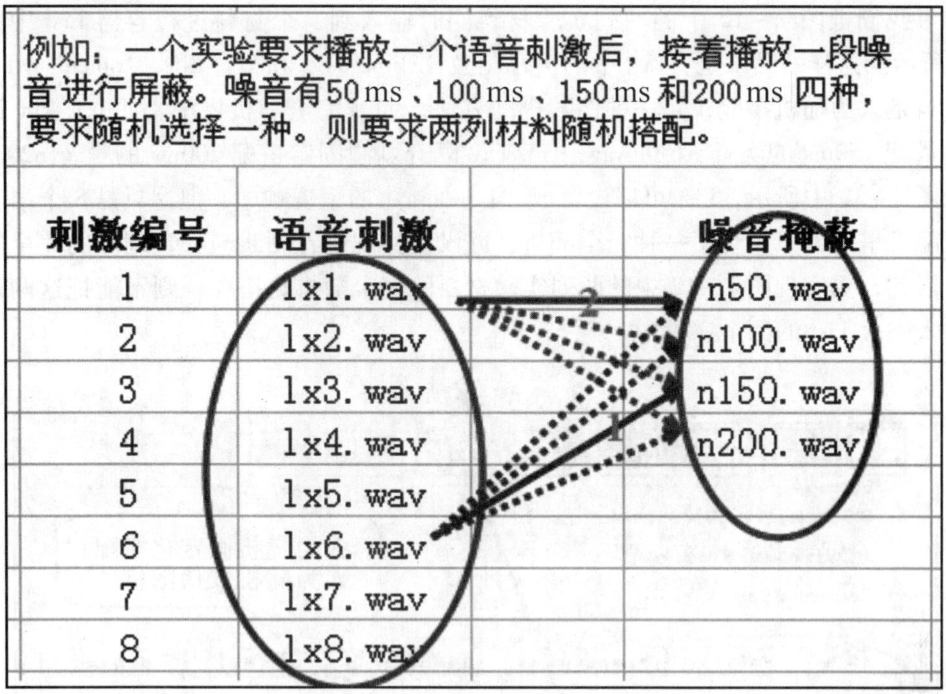

图 7－12　两列材料的随机搭配

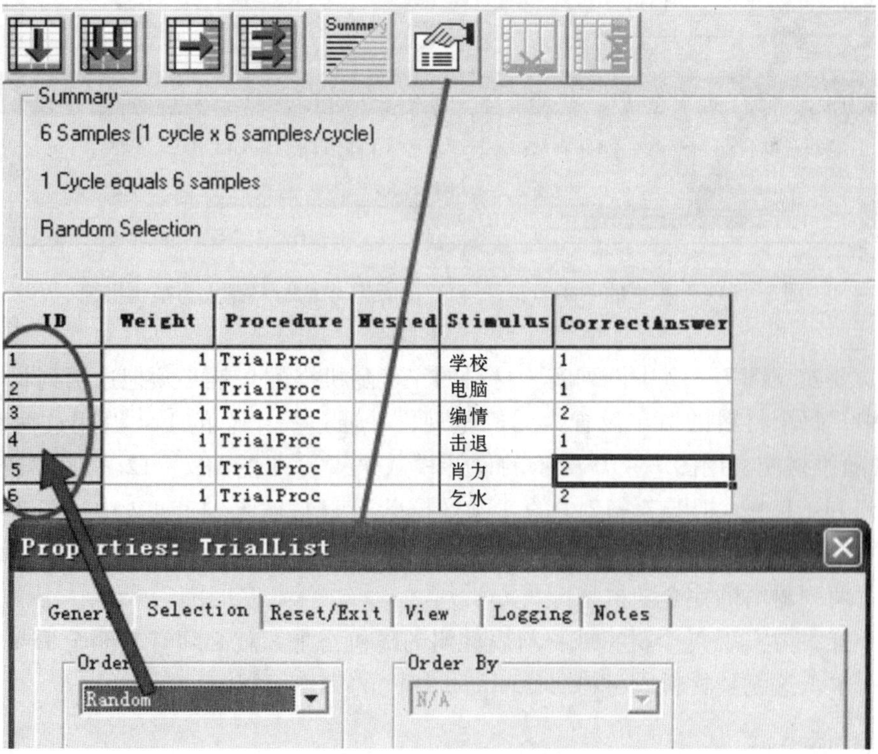

图 7－13　List 中的随机

如果我们把图7－12中的两列实验材料同时输入到一个材料过程容器List中，如图7－14所示。这样的结果是，List中的语音刺激“stimulus”和噪音刺激“noice”两个字段中的材料是人为随机搭配，是一种伪随机的方法，而非完全随机搭配。如lx1. wav语音刺激固定搭配150ms的噪音n150. wav，lx4. wav语音刺激固定搭配200ms的噪音n200. wav。尽管如图7－13中所示，List可以设置成“Random”的呈现顺序，但这只是8个语音刺激的完全随机呈现，只实现了一种完全随机，并没有实现语音刺激与噪音刺激的完全随机化搭配。因此，要实现图7－12中的两列实验材料的完全随机化搭配，则不能把这两列材料同时输入一个List的两个字段中。

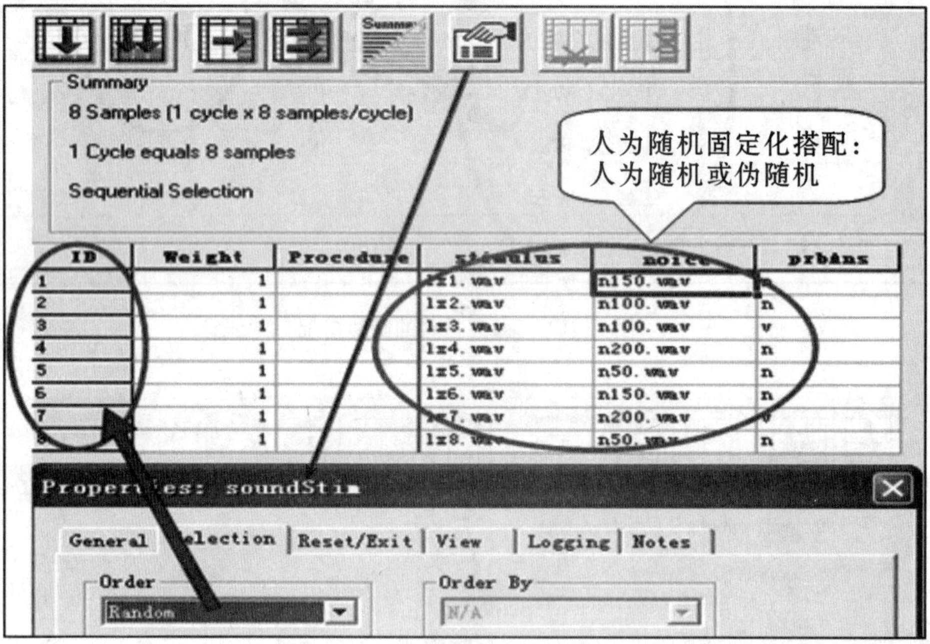

图7－14　List中的“stimulus”和“noice”中的材料是人为随机搭配

因此，要实现图7－12中两列实验材料的完全随机搭配，就必须把这两列材料输入不同的List中，每个材料的List设置为随机呈现，并通过一个总的List调用这两个材料的List，实现随机搭配。用图7－10所示的设计模式来说，即把图7－12中的“语音刺激”材料输入到List 1中，把图7－12中的“噪音掩蔽”材料输入到List 2中，图7－10中的总List调用相嵌的List 1和List 2中的材料，刺激界面或探测界面调用总List中的材料，这样就实现了两列材料的完全随机搭配。

由此类推，要实现*N*个材料或材料属性间的随机搭配，就必须有*N*个分List相嵌在一个总的List中。这就是材料或材料属性间随机搭配的实现机制。

四、实验设计

对“不同语言对图片认知的影响实验”用相嵌模式进行设计。实验的结构和相关的

List 对象如图 7－15 所示，将 30 个目标刺激放置于 WordList 中，随机抽取，将 30 个干扰刺激放置于 NonWordList 中，随机选取。目标图片在屏幕中的位置（左上、右上、左下、右下）通过人工均衡安排在总的 TrialList 中，如图 7－16 所示，实验时随机选取。这里设计的是“2＋1”的随机搭配，即目标刺激和干扰刺激放置在各自的分 List 中，随机选取，目标在图片中的位置放置在总的 List 中，随机选取，实现随机搭配。图 7－11 中 A、B、C、D 四个位置的图片分别调用 TrialList 中的“stim 1”、“stim 2”、“stim 3”及“stim 4”四个字段，屏幕正中央的文字调用 TrialList 中的“words”。

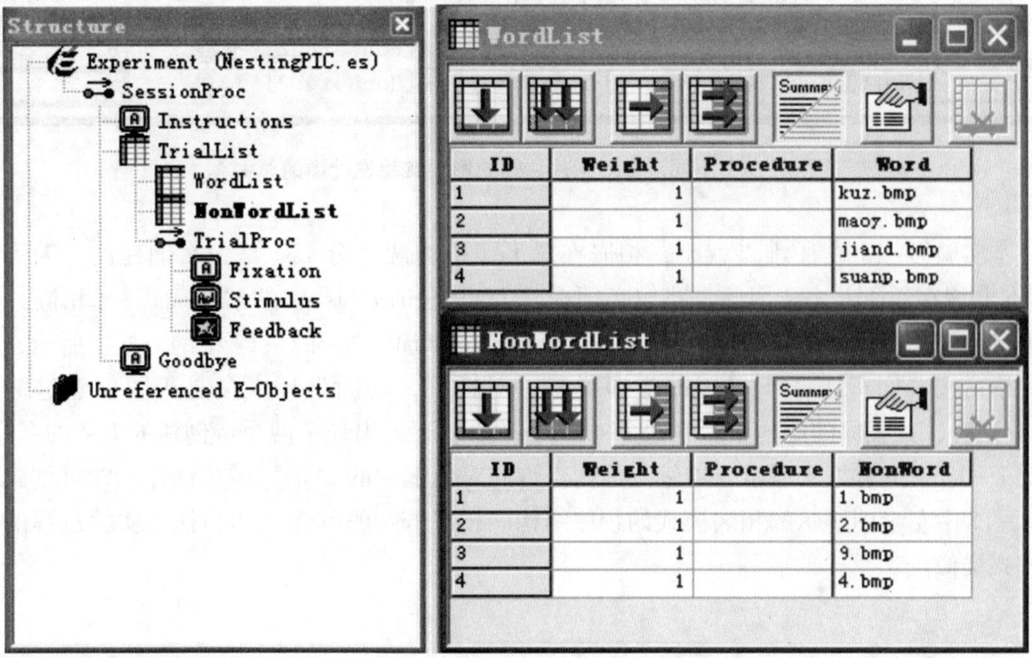

图 7－15 不同语言对图片认知的影响实验的设计

这里需要说明的是，TrialList 中的“stim 1”、“stim 2”、“stim 3”及“stim 4”四个字段分别调用相嵌在总 List 中的两个分 List——NonWordList 和 WordList 中的字段。如第一行，“stim 1”调用 WordList 中的“word”字段，“stim 2”调用 NonWordList 中的“NonWord”字段，因干扰图片是调用 30 幅干扰图片中的随机三个，且不能重复。因此，为了避免重复，“stim 2”、“stim 3”及“stim 4”三个字段调用 NonWordList 中的“NonWord”字段时就需要用 NonWord：0、NonWord：1、NonWord：2 加以区别限制以免重复。当然，如用 NonWord：1、NonWord：2、NonWord：3 加以区别限制也是可以的。这是本实验设计中的一个难点。

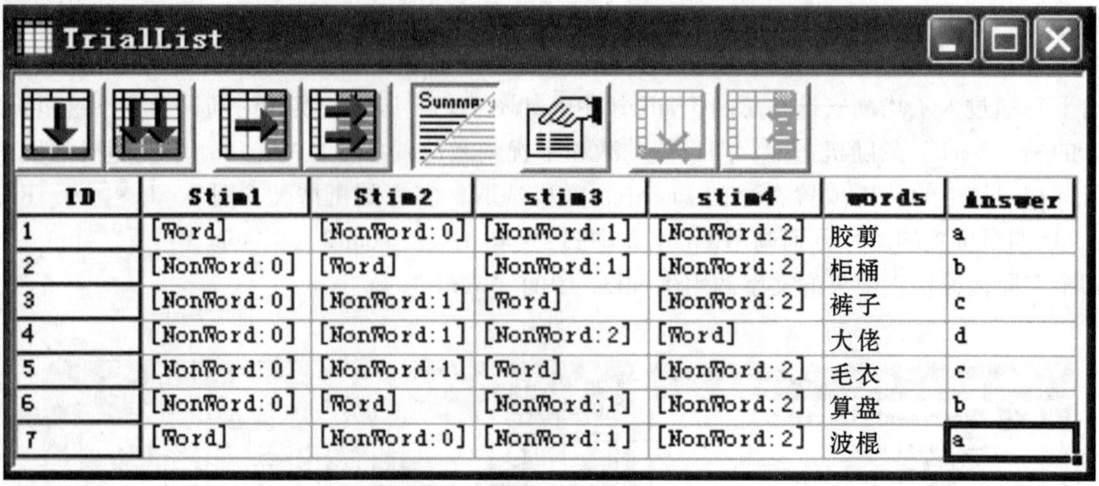

ID	Stim1	Stim2	stim3	stim4	words	Answer
1	[Word]	[NonWord:0]	[NonWord:1]	[NonWord:2]	胶剪	a
2	[NonWord:0]	[Word]	[NonWord:1]	[NonWord:2]	柜桶	b
3	[NonWord:0]	[NonWord:1]	[Word]	[NonWord:2]	裤子	c
4	[NonWord:0]	[NonWord:1]	[NonWord:2]	[Word]	大佬	d
5	[NonWord:0]	[NonWord:1]	[Word]	[NonWord:2]	毛衣	c
6	[NonWord:0]	[Word]	[NonWord:1]	[NonWord:2]	算盘	b
7	[Word]	[NonWord:0]	[NonWord:1]	[NonWord:2]	波棍	a

图 7-16　不同语言对图片认知的影响实验设计中的总 List

本实验另一个设计难点就是，相嵌在总 List 中的两个分 List 是怎么创建的？因为分 List 是相嵌在总 List 中，因此，我们必须在总 List——TrialList 中的“Nested”（相嵌）字段中输入两个分 List 的名字——WordList 和 NonWordList，如图 7-17 中的方框 1 所示，输入完毕后按“回车键”，E-Prime 随即弹出一对话框，询问设计人员是否要创建这两个 List。同时，在程序的结构中，在总 List“TrialList”下方出现了两个待创建的 List 的名字，如图 7-17 中的方框 3 所示。连续点击两次询问对话框中的“是”进行创建，即可创建如图 7-15 中左半图所示的相嵌模式的程序结构。相嵌 List 的创建方式和核心实验过程的创建方式类似。

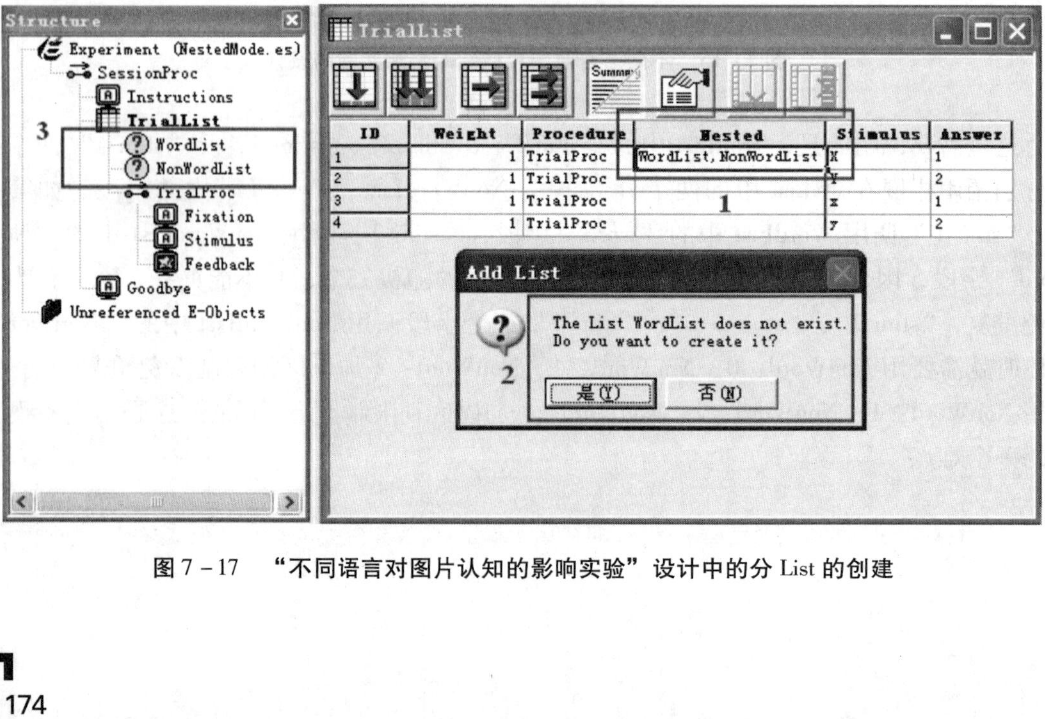

图 7-17　“不同语言对图片认知的影响实验”设计中的分 List 的创建

这里需要注意的有三点：①如相嵌 N 个 List，则需要在总 List 中的“Nested”字段中输入 N 个相嵌 List 的名字，中间用逗号分隔。②输入完相嵌 List 的名字后，一定要记得按“回车键”确认输入和执行创建，并连续点击询问框中的“是”命令执行创建。③创建完毕后，总 List 中的每一个 Trial 中的“Nested”都要填充上相嵌 List 的名字。

五、设计实践

相嵌模式的实验设计类型比较适合复杂实验，特别适合于各种条件和刺激都需要随机搭配的实验设计。因此，相嵌模式的实验设计在心理实验程序设计中应用很广。为了使大家更多地了解和掌握该模式的实验设计技术，请大家用相嵌模式设计以下两个实验。

1. 汉字命名实验

实验以一个红色“+”符号注视点开始，接着在屏幕中央的上下方呈现一对双字词，其中有一个双字词为红色，另一个双字词为黑色。两种颜色在屏幕上下方的位置随机呈现。被试的任务是对着麦克风快速准确地为红色双字词进行命名。实验材料自行安排，各界面及其实验控制的五个要素自行定义。

2. 视听混合任务实验

实验程序流程图如图 7－18 所示。800ms 的注视点消失之后，被试会听到随机呈现的 40 个句子（其中 32 个实验句、8 个填充句），句子听完后，马上呈现音长为 50ms、100ms、150ms 和 200ms 四种长度噪音中随机的一个，噪音呈现完毕后屏幕上呈现一个 200ms 的视觉刺激，视觉刺激有圆形块和方形块两种，每次随机选一种，视觉刺激在屏幕中的位置为屏幕正中央的上、下、左、右四个位置随机呈现，如果是圆形块要求被试按“F”键进行反应，如果是方形块按“J”键进行反应。视觉刺激呈现完毕后，如果是填充句则再进行听力理解，如果句子正确按“J”键，句子错误按“F”键。如果是实验句则跳过听力理解。

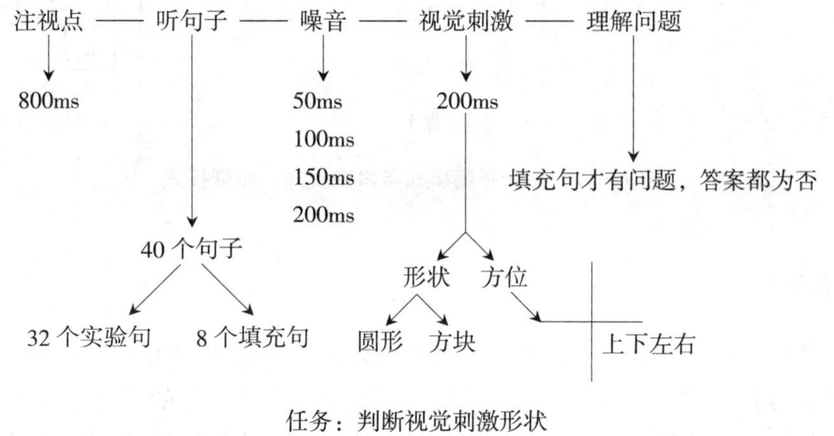

任务：判断视觉刺激形状

注：所有刺激呈现随机化，包括听力材料、噪音和视觉刺激形状与方位

图 7－18　视听混合任务实验设计

第四节　平衡模式

【技术导航】

1. 理解“平衡模式”和“选择模式”的典型实验。
2. 掌握“平衡模式”和“选择模式”结构的实验设计方法。

一、模型结构

平衡模式如图7－19B所示。该模式的实验设计至少由三个存储不同实验材料及相关控制的List和一个核心实验过程CEP组成。List 1存放各种条件信息；List 2存放运行信息，List 21和List 22（还可以有List 23、List 24等多个List）存放各种条件的刺激，并相嵌在List 2中，CEP调用选中条件的材料和控制。通过对比图7－19的A、B、C三图，我们可以发现，平衡模式的设计是串联模式（7－19A）和相嵌模式（7－19C）的混合设计，即串联中带有相嵌。

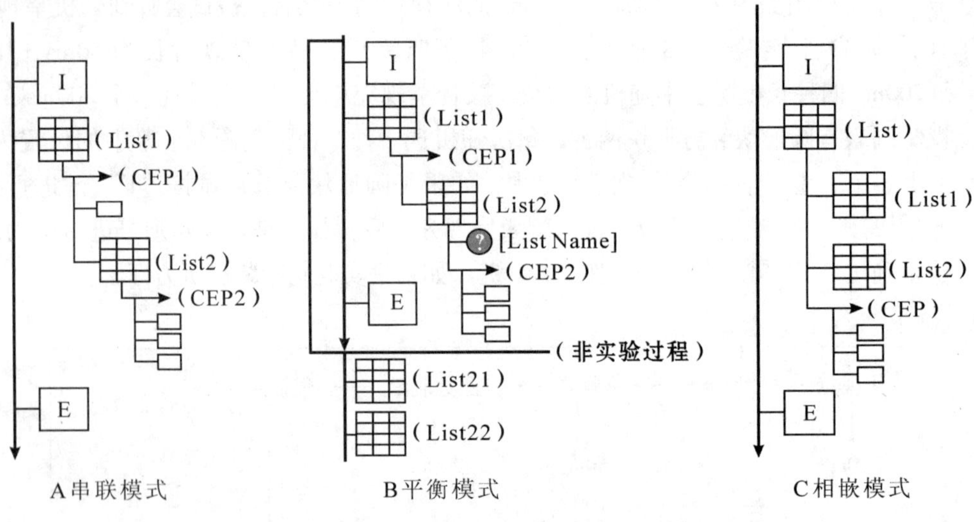

图7－19　比较平衡模式与串联模式、相嵌模式

二、典型实验

该模式的实验设计比较适合需要消除各种条件的顺序效应的实验。如被试内设计有四种实验条件（或四种实验材料），为了消除顺序效应，使条件间的顺序达到平衡，即四种条件必须随机安排，这种实验就必须采用图7－19B所示的平衡模式进行设计。同时，平衡模式设计方式还可用作“选择模式”的实验设计。例如，有10种实验材料，每个被试只随机抽取5种进行实验，这种实验也必须用平衡模式结构进行设计。

三、实验设计

如图 7－20 所示，左半图为平衡模式设计的程序结构图。实验有四种刺激：动物刺激放在“AnimalList”、花卉刺激放在“FlowerList”、数字刺激放在“NumberList”、字母刺激放在“LetterList”，实验要求对每个被试，这四类刺激均随机呈现，以消除顺序效应。这四类刺激对应的 List 创建在“Unreferenced E-Objects”文件夹内，具体创建的方法很简单，直接拖一个 List 控件到“Unreferenced E－Objects”文件夹内即可创建，然后重命名即可。这些 List 中的具体内容我们以“AnimalList”为例，如图 7－20 右半图最下方的 List，从图中可以看出，其实这些 List 都很简单，只是创建了一个刺激字段“Stim”，并设置为随机呈现。

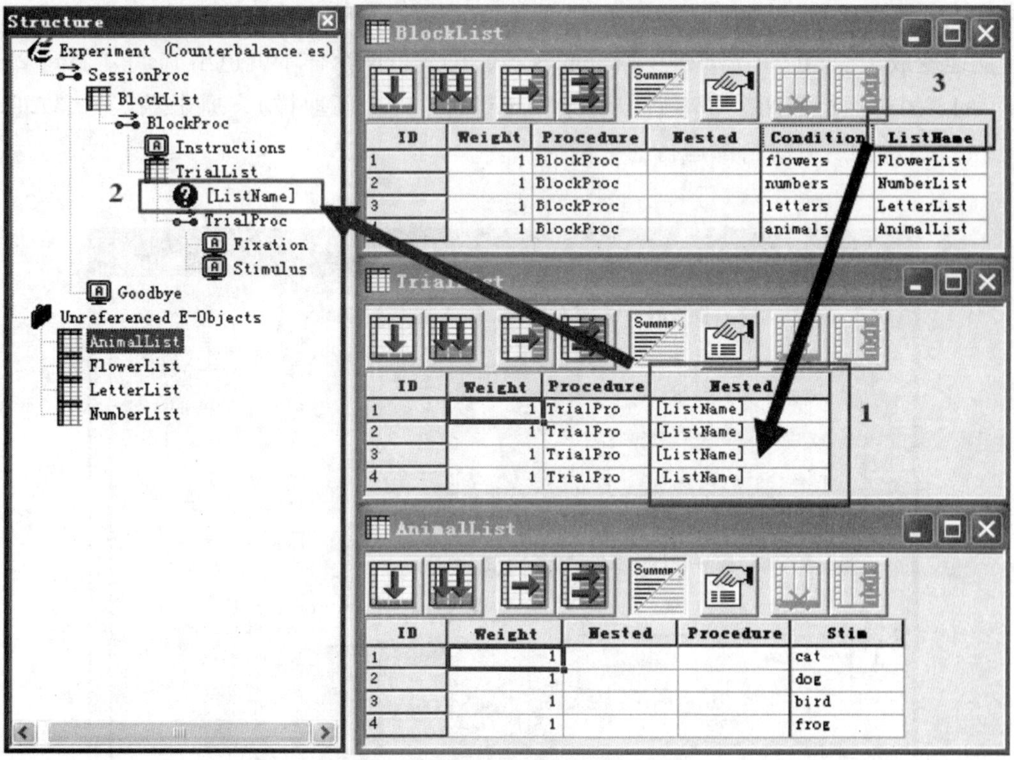

图 7－20　平衡模式实验设计

从图 7－20 的结构图可以看出，存放各种条件信息的 BlockList 和存放运行信息的 TrialList成串联关系，串联的制作我们在第二节中讲述过，大家可以参阅进行创建。BlockList 中的具体内容如图 7－20 右半图最上方的 List，“Condition”字段为各条件信息；“ListName”字段为存放各条件刺激的放置在“Unreferenced E-Objects”文件夹内的 List 的名字。TrialList 中的具体内容如图 7－20 右半图中间 List 所示，TrialList 没有增加新的字段，都是 List 默认的字段。我们说平衡模式是串联中带有相嵌，相嵌的就是图 7－20 中方框 2

所示的 List——“[ListName]”，而“ListName”究竟是哪一个 List，还不清楚，它取决于存放各种条件信息 BlockList 中的随机抽取，如随机抽到“FlowerList”，则“ListName”就为“FlowerList”，所以，方框 2 所示的 List 名“[ListName]”标记为“?”。而方框 2 所示的“[ListName]”是怎么生成的呢？它是在图 7－20 中方框 1 的相嵌字段“Nested”中输入“[ListName]”生成的。方框 1 中“Nested”字段中输入的“[ListName]”，表明是调用“ListName”字段，而“ListName”字段则在 BlockList 中。

我们说，平衡模式的设计还可以用作选择模式的实验设计。如有 10 种实验材料，每个被试只随机抽取 5 种实验材料进行实验。这种选择模式的实验设计与上述平衡模式的实验设计制作的过程和步骤一模一样，只是有一个属性设置不一样，如图 7－21 所示。平衡模式是所有的实验材料都运行，而选择模式只是部分选中的材料运行，其余的都不运行。如图 7－21 中方框 1 所示，我们只要选择该选项即可，在方框中输入“2”（这里我们的实验制作以 4 选 2 为例），同时，右边的“Exit List”选项中的“After 1 cycles (4 samples)”也相应地变成了“After 1 cycles (2 samples)”，即运行两个样本就退出 List。“After 2 samples”的意思是运行完两个样本后“Reset Sampling”（重新取样），原来默认为“All samples (4)”，即为所有材料都运行的平衡模式。

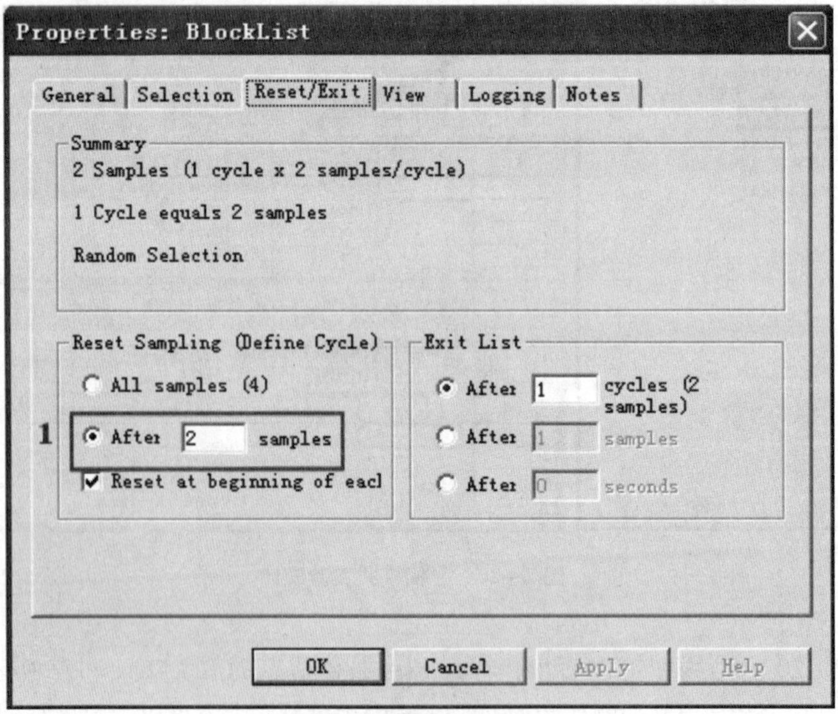

图 7－21　选择模式的设置

四、设计实践

用平衡模式设计下列实验：实验要求被试学习 8 个词表，每个词表 20 个词汇（自行制作词表词汇)。8 个词表随机呈现，每个词表的 20 个词汇也随机呈现。在每个词表学习之前听 4 种不同风格（摇滚乐、爵士乐、民族乐、流行乐）音乐中的一种，音乐长度为 1 分钟。自行选择相应的音乐，并统一转换成 44 100Hz、单声道、8 位的 wav 格式的音乐文件。

前面四节我们详细地讲述了五种模式的模型结构、典型实验和设计制作，运用上述五种模式基本上可以设计出目前心理实验中的各种实验范式及其相关实验。因此，在实验程序设计前，确定你的实验属于五种设计模式的哪一种，将有助于你快速正确地设计出所需要的实验。

第八章　E-Prime 实验设计的常用技术

本章介绍一些在使用 E-Prime 进行心理实验程序设计时常常用到的实验设计及编程技术，为心理实验程序的设计提供一些参考方法，也为设计人员开启实验设计及编程的视野和思路。

第一节　反应问题技术

【技术导航】

1. 理解“反应等待”的典型实验。
2. 掌握“反应等待”实验的两种解决方案。
3. 理解“反应太快太慢”的典型实验。
4. 掌握“反应太快太慢”实验的设计方法。

一、反应等待问题

1. 实验介绍

在我们的心理实验中，有一些实验要求刺激呈现时间很短，如 100ms、200ms 等，被试在这么短的时间内可能来不及作出反应，但又必须收集到被试的反应数据。这种实验该如何设计呢？

2. 实验制作

实验结构如图 8－1 左半图所示，探测界面“Stimulus”的设置如右半图所示。我们假定刺激呈现时间为 200ms，如图中方框 1 所示。因为需收集到被试的反应，因此，方框 2 所示的“Time Limit”必须设置为无限时间“（infinite）”，以等待被试的反应。“Time Limit”的原默认值为“same as duration”，即与刺激的呈现时间 Duration 一致。左图结构中的“waitToResp”界面为等待被试反应界面，该界面为空白界面，即刺激在“Stimulus”界面中呈现 200ms 消失后，进入空白界面“waitToResp”等待被试反应，因此，“waitToResp”界面的呈现时间也必须设置为“infinites”，把反应键设为与图 8－1 所示的探测界面“Stimulus”的反应键即可。其他要素无须设置，如图 8－2 所示。

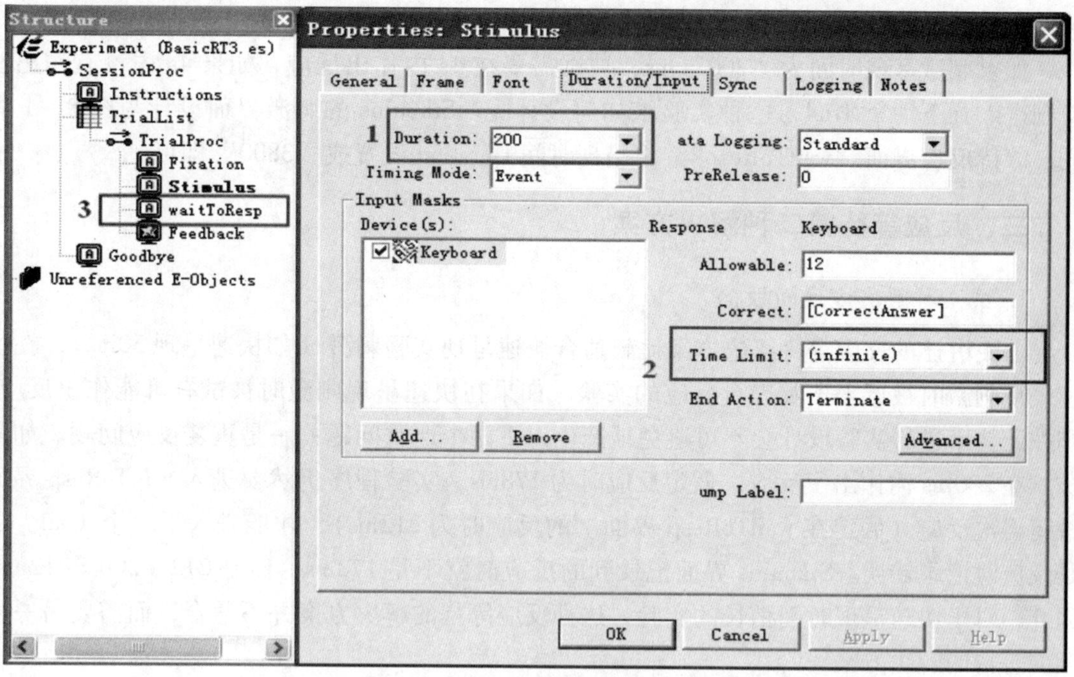

图 8－1　反应等待实验的设计及设置

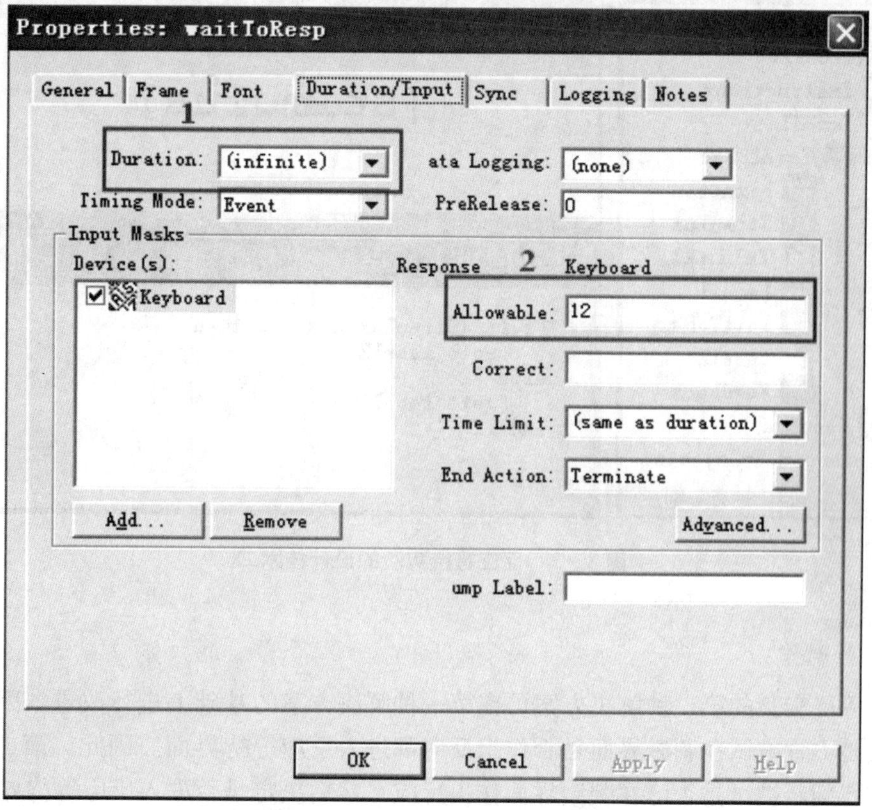

图 8－2　反应等待界面的设置

如果刺激呈现时间为“200” ms，被试需要在4s内作出反应，如果4s内没有作出反应则进入到下一个Trial，这种实验该如何设计呢？Stimulus的刺激界面设计与图8－1相同，等待反应界面“waitToResp”，将呈现时间Duration设置成“3800”即可。

二、反应等待第二种解决方案

1. 第一种解决方案的缺陷

前面讲述的反应等待解决方案比较适合快速呈现实验刺激（如快速呈现50ms），在快速呈现刺激时被试来不及进行反应的实验。如果在快速呈现刺激时被试有可能作出反应，则按此技术进行实验设计会不可避免地产生以下两个严重问题：一是重复反应问题。如果被试在200ms内作出了反应，假定反应时为178ms，实验程序仍然要进入waitToResp界面进行再次反应（假定在waitToResp界面上的反应时为212ms），才能进入下一个Trial。二是反应时记录错误。Stimulus界面记录到的反应时就不是178ms，而是212＋200＝412ms。因此，对于快速呈现时间稍长的实验，这种反应等待的解决方案并不适合，而需要另一种反应等待的解决方案。

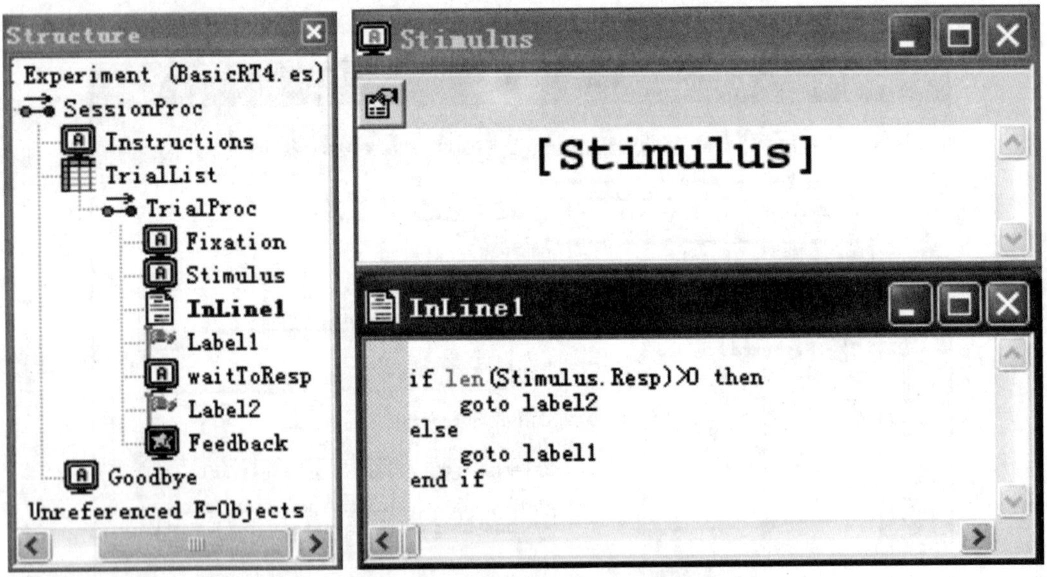

图8－3 反应等待实验的设计技术二

2. 实验制作

反应等待实验的第二种解决方案可在第一种解决方案的基础上进行改进。因为第一种解决方案是不管被试在刺激界面是否作出反应都进入反应等待界面。因此，第二种解决方案是先进行判断被试是否已在刺激界面作出反应，然后决定是否进入反应等待界面。

第二种解决方案的实验结构如图8－3左半图所示，对比第一种解决方案的实验设计

图 8 - 1，第二种解决方案的核心实验过程多了 InLine 1、Label 1 和 Label 2 三个对象，其余各界面各对象的功能和设置与方案一相同。InLine 1 的作用就是用来判断被试是否在 Stimulus 界面中作出了反应，判断语句为如图 8 - 3 右下部分第一行语句“if len（Stimulus. Resp）>0 then”，该语句的意思是如果刺激界面 Stimulus 的反应长度大于零（注：反应长度大于零表明已进行了按键反应，如果反应长度小于等于零则表明没有反应），则“goto label 2”，跳过反应等待界面 waitToResp，进入反馈界面；否则（else），“goto label 1”，进入反应等待界面 waitToResp，等待被试反应。

3. 小结

如果确信被试在刺激呈现时间内不可能作出反应，则用第一种解决方案设计实验即可，如果不确信被试在刺激呈现时间内是否能作出反应，则用第二种解决方案设计实验。

三、反应太快太慢问题

1. 实验介绍

有些实验要求被试的实验数据必须在某一范围之内，如被试在 300 ~ 2 500ms 范围内的反应为符合实验要求的反应，对不在这个时间范围内的反应给被试反馈“反应太快”或“反应太慢”的反馈信息，让被试尽可能形成正确的反应规则。这种实验该如何设计呢？

2. 实验制作

实验结构如图 8 - 4 左半图所示，Stimulus 为刺激界面和探测界面，RespInfo 为反馈信息界面，InLine1 为判断探测界面反应时的编程语言，BufferInterval 为实验缓冲。反馈信息界面 RespInfo 的设计如图 8 - 4 右半图所示，“反应：太快了！反应时：____毫秒”为自行制作的图片；方框 2 中选中的 Text1 文本对象用于显示被试的反应时，呈现在图片中的下划线上；方框 3 中有四个属性页，“correct”属性页呈现被试正确的反应信息（如上述反应时大于等于 300ms 小于等于 2 500ms 为正确的反应），“toofast”属性页呈现被试反应太快的反应信息（如上述反应时小于 300ms 为反应太快），“tooSlow”属性页呈现被试反应太慢的反应信息（如上述反应时大于 2 500ms 则为反应太慢），“wrong”属性页呈现被试错误的反应信息。究竟激活哪一个反应信息属性页，则由 InLine1 对象对“Stimulus”探测界面中被试的反应时进行判断决定。反馈信息界面 RespInfo 的呈现时间 Duration 设为 1 500ms，其他要素无须设置。

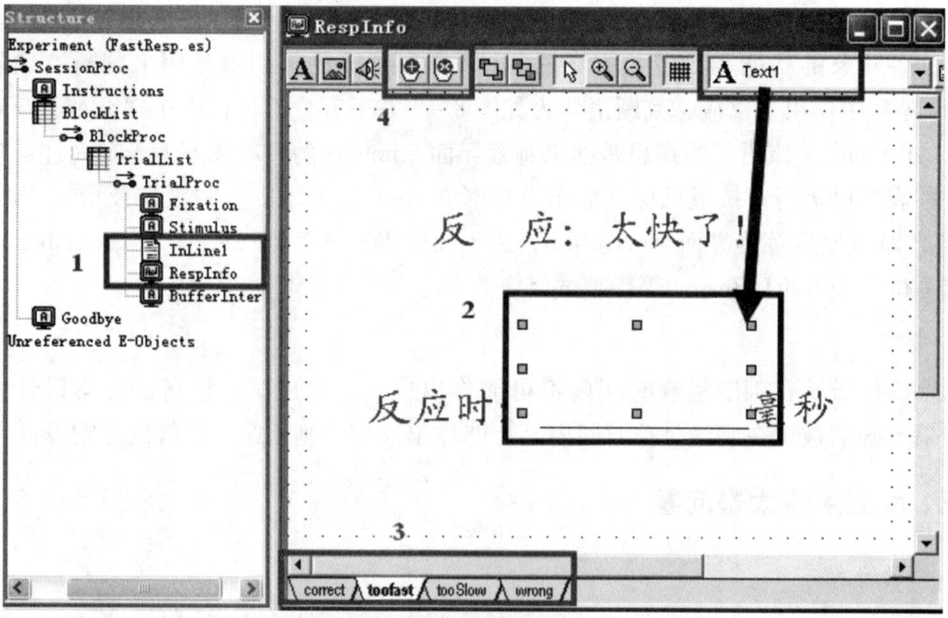

图 8－4 反应太快太慢实验的设计及设置

反馈信息界面“RespInfo”由 Slide 控件制作，Slide 控件默认为没有图中方框 3 所示的各个属性页（State），它的生成是通过点击图中方框 4 所示的左边“Add State”命令生成的，点击一次生成一个属性页，然后把属性页的名字改成方框 3 所示的名字。想删除一个属性页，即点击图中方框 4 所示右边的“Remove State”命令进行删除。

对于本实验，关键在于对被试反应时间的判断，即 InLine 对象中语言的编写。InLine 对象中语言的编写如图 8－5 所示，为方便理解各语句的含义，图中的语句标注了中文注释。这些语句先是判断被试的反应是否正确，即“Stimulus. ACC”是等于“1”（正确）还是等于“0”（错误）。如果反应正确，则对反应时“Stimulus. RT”进行“快”、“慢”和“正确”（即符合反应要求）判断，给出和显示相应的反馈信息；对错误的反应则不进行反应时快慢的判断，直接给出反应错误信息。具体详细语句参阅图 8－5。因为我们需要把被试的反应时也反馈出来，呈现在图 8－4 方框 2 所示的 Text1 对象中，因此，给 RespInfo 界面中的 Text1 对象赋值（即“RespInfo_ SlideText. Text = stimulus. RT”赋值语句）前，需要选定 Text1 对象。“Set RespInfo_ SlideText = CSlideText（RespInfo. States. Item（"toofast"）. Objects（1））”就为选定 Text1 文本对象语句。此选定对象语句为固定用法。

```
If Stimulus.ACC = 1 Then  '反应正确则进行如下判断
    If Stimulus.RT > 2500 Then
        '如果反应时大于2500ms激活"反应太慢"窗口"tooSlow"
        RespInfo.ActiveState = "tooSlow"
        '使图中方框2中的Text1对象显示被试的反应时
        Set RespInfo_SlideText = CSlideText(RespInfo.States.Item("tooSlow").Objects(1))
        RespInfo_SlideText.Text = stimulus.RT
    elseif Stimulus.RT >=300 and Stimulus.RT <= 2500 then
        '如果反应时大于等于300ms小于等于2500ms激活"反应正确"窗口"Correct"
        RespInfo.ActiveState = "Correct"
        '使图中方框2中的Text1对象显示被试的反应时
        Set RespInfo_SlideText = CSlideText(RespInfo.States.Item("Correct").Objects(1))
        RespInfo_SlideText.Text = stimulus.RT
    else
        '否则，如果反应时小于300ms激活"反应太快"窗口"toofast"
        RespInfo.ActiveState = "toofast"
        '使图中方框2中的Text1对象显示被试的反应时
        Set RespInfo_SlideText = CSlideText(RespInfo.States.Item("toofast").Objects(1))
        RespInfo_SlideText.Text = stimulus.RT
    End If
Else
    '反应错误激活"反应错误"窗口"wrong"
    RespInfo.ActiveState = "wrong"
    '使图中方框2中的Text1对象显示被试的反应时
    Set RespInfo_SlideText = CSlideText(RespInfo.States.Item("wrong").Objects(1))
    RespInfo_SlideText.Text = stimulus.RT

End If

RespInfo.Run '反馈界面运行
```

图 8－5　反应太快太慢的 InLine 编程判断

第二节　实验中途休息问题

【技术导航】

掌握“实验中途休息”问题的设计方法。

一、问题提出

我们进行心理学的研究，必须有一定数量的样本，实验的结论才能由样本推广到总体。因此，实验的样本（即实验材料）一般都有十几个至上百个。在进行相当数量材料的实验中，为了防止被试实验疲劳，实验设计时往往会在被试做完一定数量的样本（如 40 个 Trial）后强制休息一小会儿，如图 8－6 所示。这种实验该如何设计呢？

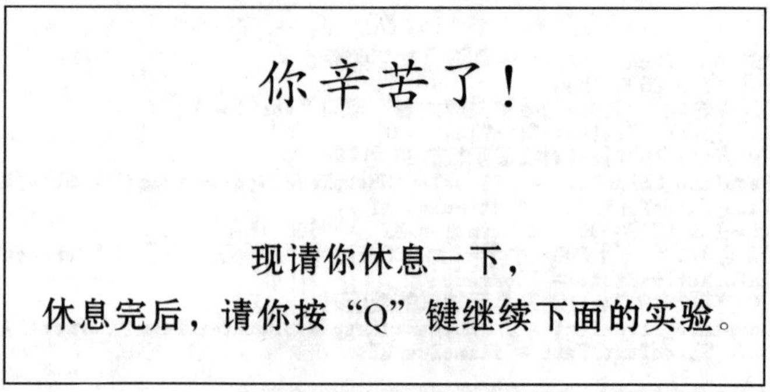

图8－6　实验中途休息界面

二、实验制作

实验结构如图8－7左半图所示，“Stimulus”为探测界面，“RestFlag”为实验中途休息界面，“InLine1”为判断被试做完了多少个Trial是否进行休息的编程语言，“Blank”为实验缓冲。实验中途休息界面“RestFlag”的设计如图8－6所示，将上述文字做成图片即可，由Slide控件制作。RestFlag界面的呈现时间为无限时间“Infinite”，呈现方式为“按键消失”，设置按键盘上的“Q”键进行按键消失。

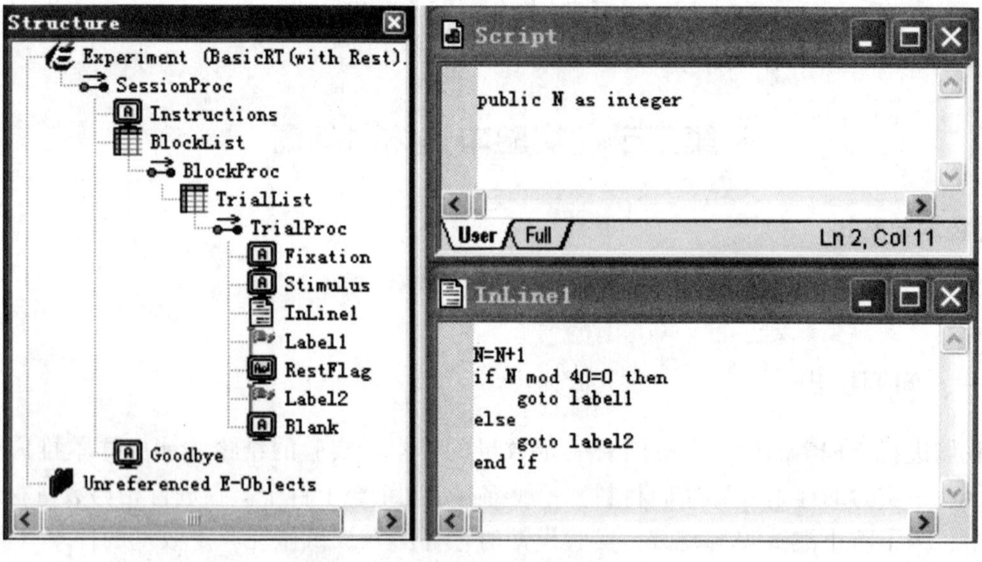

图8－7　实验中途休息的设计及设置

InLine1中的语句如图8－7右半图下图所示，这些语句的作用就是判断被试进行了多少个Trial，是否需要进行休息。本例为被试每做40个Trial休息一次。定义一个变量N，对被试完成的Trial进行计数。定义变量N的操作是点击E-Studio的主菜单View中的Script（脚本），打开脚本界面，点击用户自定义变量“User”页，输入“public N as integer”，把N定义为一个整数型变量，如图8－7右半图上半部所示。“$N=N+1$”表示进行计数，即被试每做完一个 Trial 计数或累加一次；"if N mod 40 = 0 then" 表示判断 N 能否被 40 整除，mod 为求余函数，如果余数为零即能整除，"N mod 40 = 0" 表示 N 能被 40 整除，余数为零。如果 N 能够被 40 整除则 "goto label1" 即进入休息界面，否则（即 N 不能够被 40 整除）"goto label 2" 进入实验缓冲 Blank 界面，继续下一个 Trial。"end if" 结束判断语句。

第三节　多字符信息输入问题

【技术导航】

1. 理解"多字符输入"的典型实验。
2. 掌握"多字符输入"实验的设计方法。
3. 理解"中文字符输入"的典型实验。
4. 掌握"中文字符输入"实验的设计方法。

一、数字字母等多字符输入问题

1. 典型实验

在一些干扰任务心理实验中，要求被试进行一些简单的数学运算，输入运算结果，然后再进行相关心理任务的测试。如图 8-8 所示实验中，在"干扰启动"界面中有一个启动词和一道数学运算题，要求被试进行数学运算，输入数学运算的结果，然后在命名界面中对刺激词进行口头命名，记录口头报告的反应时和正确性。

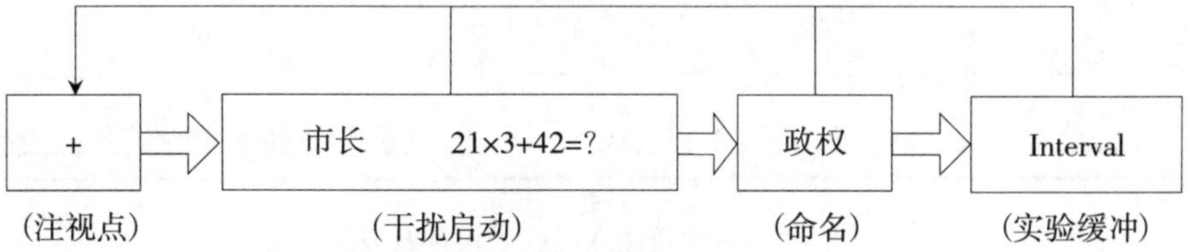

图 8-8　干扰启动实验流程图（多字符输入实验）

一般的心理实验都是要求被试进行按键反应，而这种按键具有单一互斥性，要不按"甲"键，要不按"乙"键，不可能同时或相继按下甲乙两键进行反应，因此，一般的心理实验，其反应的长度为"1"位。如前面设计的"词汇判断"实验中，要求被试真词按"J"键，假词按"F"键，"F"键或"J"键的长度都为 1 位。而对要求输入数学运算结果的心理实验中，其反应的长度可能就不止 1 位。如要求输入"263"的运算结果，其反应的长度就是 3 位。因此，对这种心理实验的设计就不像"词汇判断"实验那样把反应的键值直接输入到输入设备 Keyboard 中的"Allowable"那么简单了。

2. 实验设计

实验结构如图 8－9 方框 1 所示，“Fixation”为注视点，“Prime”为干扰启动界面，“Probe”为探测界面，“Interval”为实验缓冲。本实验的多字符输入是在“Prime”干扰启动界面，因此，我们主要讲述 Prime 干扰启动界面的制作。

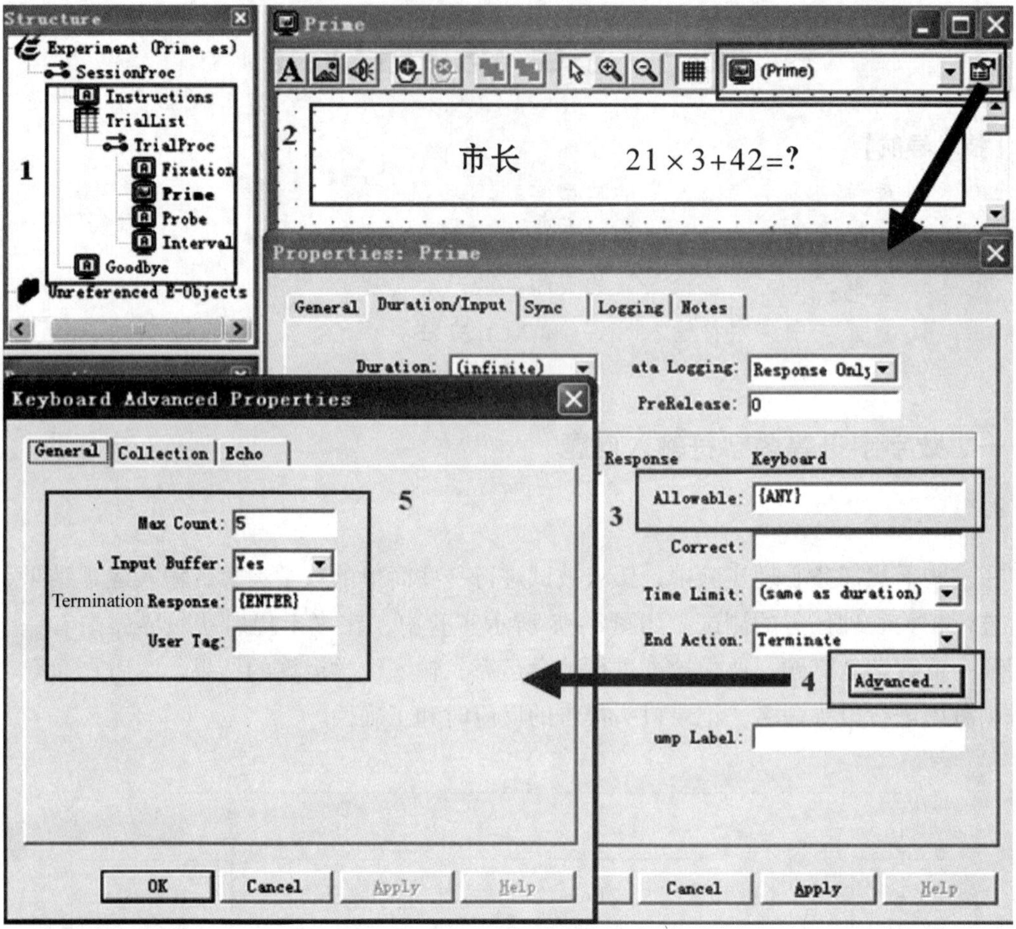

图 8－9　多字符输入实验的设计及设置

干扰启动界面 Prime 可由 Slide 控件制作，如图 8－9 方框 2 所示，其呈现时间为无限时间“Infinite”，呈现方式为“反应消失”，设置按键盘上的任意键，如图中方框 3 所示，Allowable 设为“{ANY}”。点击方框 4 所示的“Advanced”命令，进入反应键键盘的高级设置对话框“Keyboard Advanced Properties”。如图中方框 5 所示的“General”属性页中，在“Max Count”属性中，将默认值“1”修改为“5”，我们假定实验中数学运算结果的最大位数为“5”位，因此必须将“1”改成“5”。这里，“Max Count”的含义是指允许被试输入的最多的字符长度。在反应中断“Termination Response”中输入“{ENTER}”，表明 E-Prime 程序一旦接受到被试按下的功能键“ENTER”时，反应完成，该界面消失进入到下一界面“Probe”中。

既然是数学运算，为什么不直接在“Allowable”中输入“0123456789”这些数字以防止字母错误输入呢？因为在多字符输入的实验中，尽管我们设定允许输入的最大长度（Max Count）为5位，但每个实验材料的运算结果不一定都为5位，有的结果是2位数、3位数或4位数，因此，被试输入完运算结果后必须按回车键才能结束输入，中断响应。而回车键不是数字键，因此，“Allowable”必须设为“{ANY}”。像这种反应需要多字符输入的实验，一般都必须设置反应的中断输入（Termination Response），既可以是回车键也可以是别的功能键。当然，如果运算结果的长度刚好是5位，即不用按回车键也自动结束输入，Prime 界面页自动消失进入 Probe 界面。

在反应键键盘的高级设置对话框“Keyboard Advanced Properties”中，点击字符输入界面设置“Echo”属性页，进入输入界面设置，如图8－10所示。点击“Add”命令，在弹出的对话框中将输入响应设备显示器“Display”添加到 Echo 的空白框中来，如图中方框2所示。选中刚添加进来的 Display，点击“Edit”命令，进行字符输入界面的设置，Edit 对话框如图8－12所示。在这个对话框中，可以设置输入界面在屏幕中的位置，输入界面的大小，输入字符的大小、颜色等属性。对于本例，我们设置了多字符输入界面的大小，Width 为30%，Height 为15%，输入界面在屏幕中的位置为：X＝35%，Y＝75%，其余属性保持 E-Prime 默认的设置。设置好的在实验运行中的多字符输入界面如图8－11所示。

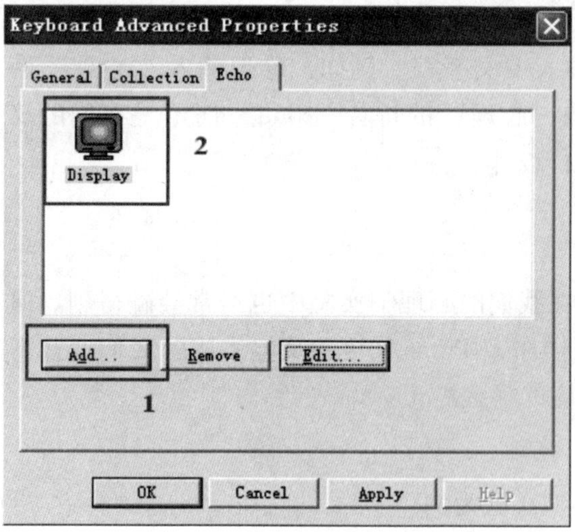

图8－10　多字符输入界面设置

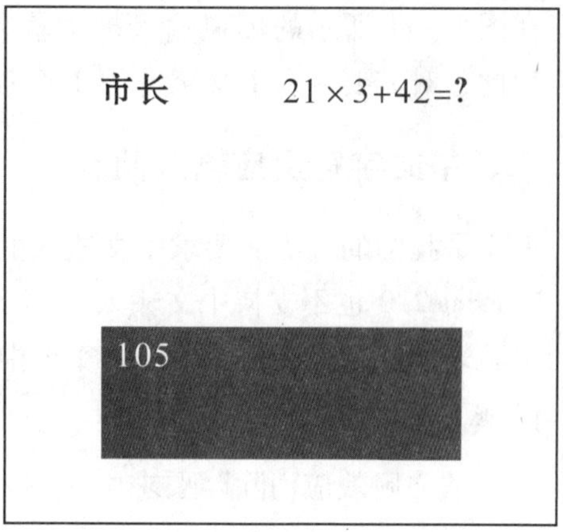

图8－11　设置好的多字符输入界面运行实例

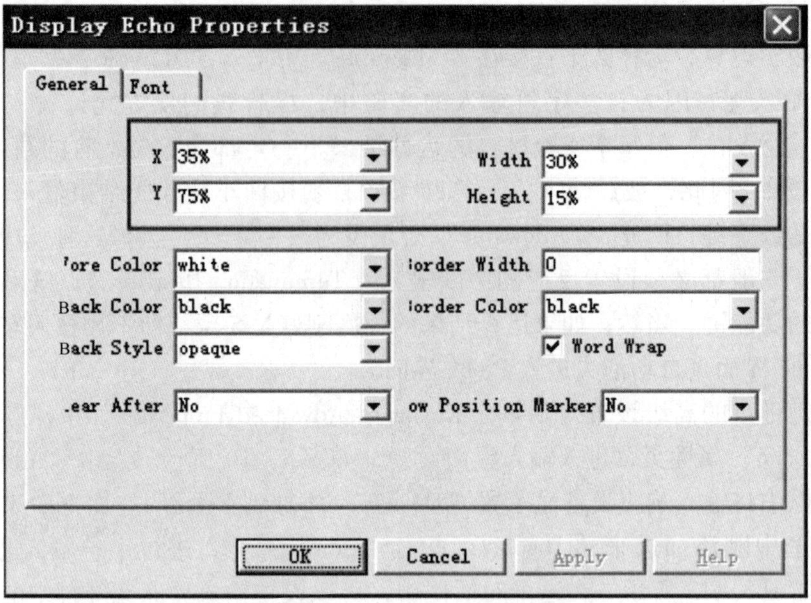

图 8－12　多字符输入界面大小及在屏幕中的位置等属性设置

综上所述，对一般的单一互斥性按键反应实验，我们不需要点击“Advanced”命令进行反应键键盘的高级设置。而对多字符输入实验，我们需要进行反应键键盘的高级设置，需要设置允许被试输入的最大长度“Max Count”，反应中断键“Termination Response”和输入界面 Echo 在屏幕中的位置大小等属性。

在图 8－11 所示的黑色输入框中，不能输入中文字符。例如，你想输入“心理”两字，在图 8－11 所示的黑色输入框中输入的是“心理”的拼音“xinli”而不是我们的汉字。因此，对需要输入中文字符的实验需要另行设计。

二、中文字符反应输入问题

中文是我们的母语。要求中文输入的实验在我们的心理学实验中也经常会碰得到。但是，E-Prime2. 0 也不支持中文输入。那么，怎样在 E-Prime 实现中文输入呢？我们通过下面的实验来讲述怎样在 E-Prime 中实现中文反应的输入。

1. 典型实验

我们举“扇效应消除”要求中文输入的典型实验为例。

欢迎你参加我们的实验！为了更顺利地完成本实验，请首先认真阅读以下内容。

本实验要求阅读 18 个［某物］在［某地］形式的句子，请你尽快记住这些句子，然后做相关的测试。

提示：这些句子描述了一些物体在 1～3 个不同的地方，并且同一物体所在的 2 个或 3 个不同的地方具有包含关系，注意并利用这种包含关系可能有助于你对这 18 个句子的记忆。例：

面条在汤碗里　　面条在橱柜里　　面条在厨房里

汤碗会放在橱柜里，而橱柜又在厨房。因此面条所在的三个地方即汤碗、橱柜、厨房有一种包含关系，这样，为了方便记忆，你还可以用一句话把这三个地方连在一起：

面条在厨房橱柜的汤碗里。

为了能快速准确地完成实验，请你先练习，以熟悉本实验程序。准备好后按键盘上的“Q”键开始练习。每阅读完一个句子，按空格键继续阅读下一句。

图 8－13　“扇效应消除”学习阶段指导语

实验分学习、测试和再认三个部分。学习阶段的实验指导语如图 8－13 所示。实验要求被试先学习 18 个［某物］在［某地］形式的句子，然后进行测试，要求被试输入某物所在的地方，测试阶段的指导语如图 8－14 所示。例如，测试阶段会问“面条在哪里?”，则要求被试输入“汤碗里；橱柜里；厨房里”。

学习完毕，下面将对所学的内容进行测试，每个测试题后将会有一个相应的数字提示该题正确答案的个数，请你在空格中填入测试的答案。答案填入的格式如下：

米粉店；餐桌；面碗里

答案之间用分号隔开，答案末尾不用分号，答案只有一个末尾也不用分号。输入的答案任意顺序都没有关系，只要中间用分号分隔即可。输入完毕后直接按“回车键”结束输入，进入下一题测试。如果你还不懂输入什么答案，也直接按“回车键”进入下一题测试。

按“回车键”结束输入，输完后请认真检查输入是否有错，如有错还可以进行修改。输入的内容必须完全正确，否则都作为错误处理，又必须重新开始学习。

输入的内容正确时，将不提示，直接进入下一题的测试；输入内容错误时，将提示正确答案。直到连续两遍输入正确后，学习和测试才算完成。否则，一旦有错误都要重新进行学习和测试，直到连续两轮正确为止。

为了输入内容，首先必须按组合键“ctrl”键＋“空格键”调出输入方法，然后多次按组合键“ctrl＋shift”选择适合自己的输入方法。

现请你按“Q”键开始进入测试。

图 8－14　“扇效应消除”测试阶段指导语

2. 实验设计

实验设计如图 8－15 所示，LxLearn 为练习模块中的学习阶段；LxTest 为练习模块中的测试阶段；LxZaiRen 为练习模块中的再认阶段。中文输入在测试阶段的 InLine11 中通过编程实现。

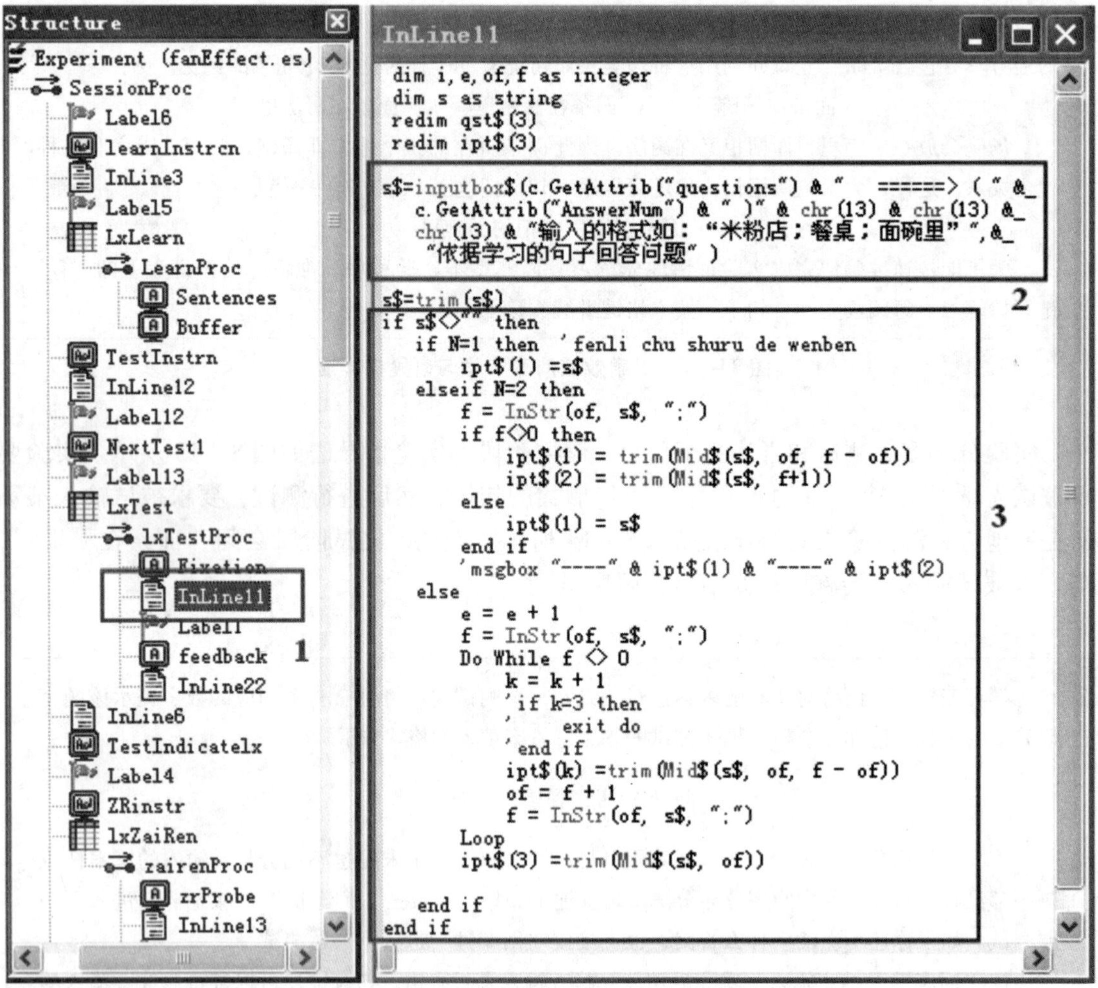

图 8－15　通过编程实现中文信息的输入

在 InLine11 中，中文输入是通过命令 InputBox 生成的输入框中输入中文的。在 E-Prime 中要实现中文的输入，必须在通过 InputBox 命令产生的输入框中输入。图中方框 2 中的语句“inputbox $（c. GetAttrib（"questions"）& " = = = = = = >（ " &_ c. GetAttrib（"AnswerNum"）& ")" & chr(13) & chr(13) & – chr(13) & "输入的格式如：“米粉店；餐桌；面碗里””, &_ "依据学习的句子回答问题")”，执行的结果如图 8－16 所示。（注：语句中含有中文信息是为了演示的方便，在具体的实验设计中用英文代替，最后在脚本文件把这些英文字符替换成中文即可。）在图 8－16 中，问“青菜在哪里?”，其后面紧跟的“= = = = = = >［1］”表示只有一个答案的提示，因此，被试在文本框中输入“菜篮里”一个答案即可按“回车键”结束输入消失该界面，进入反馈界面 feedback 中。

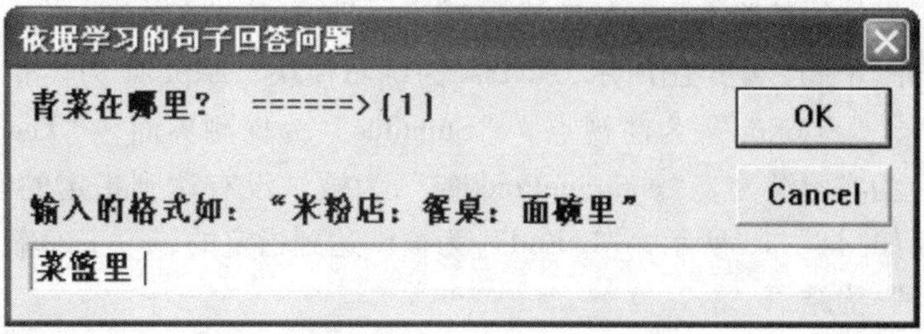

图 8-16　实验中中文的输入示意图

问题“青菜在哪里?”是通过调用 LxTest 的 List 中的“question”字段实现的，调用命令为语句中的“c. GetAttrib（″questions″）”，答案的个数是通过调用 LxTest 的 List 中的“AnswerNum”字段实现的，答案的个数调用命令为语句中的“c. GetAttrib（″AnswerNum″）”。语句中的“chr(13)”为生成一空行，使问题与“输入的格式如：“米粉店；餐桌；面碗里””间空三行。语句中“依据学习的句子回答问题”是输入框的标题。

图 8-15 方框 3 所示的语句用于分离每个输入的答案。因为每个问题的答案不一样，有的是 1 个，有的是 2 个，有的是 3 个，因此需要把被试输入的答案通过输入在文本框中的“;”分离出来。具体的语句就不再讲解。当然，InLine11 中的语句不止图 8-15 所示的内容，图中只是把中文输入的编程命令呈现出来，如被试输入的正确与否的判断语句就没有呈现出来，因为本节重点讲述中文信息的输入。

在本节中，我们讲述了在 E-Prime 中输入多字符信息的实现技术。对半角英文和数字等字符与全角的中文字符的输入需要不同的实现方法。前者直接通过 E-Prime 的设置即可实现半角英文字符或数字的输入；后者则要通过编程调用 E-Prime 自带的 InputBox 命令来实现。

第四节　练习的正确率问题

【技术导航】

1. 学会练习正确率的计算方法。
2. 掌握几种正确率要求不同实验的设计方法。
3. 领会在解决正确率问题实验设计中易犯的错误。

一、正确率的提取

正确率是指在刺激总数范围内被试正确作出反应的百分比。设被试正确反应的个数为 N，刺激总数为 S，即正确率为 $N/S \times 100\%$。

二、达不到指定的正确率继续练习

当练习模块完成后，计算被试的正确率，如果没有达到指定的正确率则返回继续练习，如果达到了指定的正确率则开始正式实验。

实验结构如图 8－17 左半图所示，LxList 为练习模块，ExpList 为实验模块。“Instructions”为指导语，“Fixation”为注视点，“Stimulus”为探测界面，“Feedback”为反馈，“BufferInterval”为实验缓冲，“continuePractice”为被试没有达到指定的正确率则继续练习的提示，界面如图 8－18 所示，“LxEnd”为被试达到指定的练习正确率开始正式实验的提示，“Goodbye”为结语。

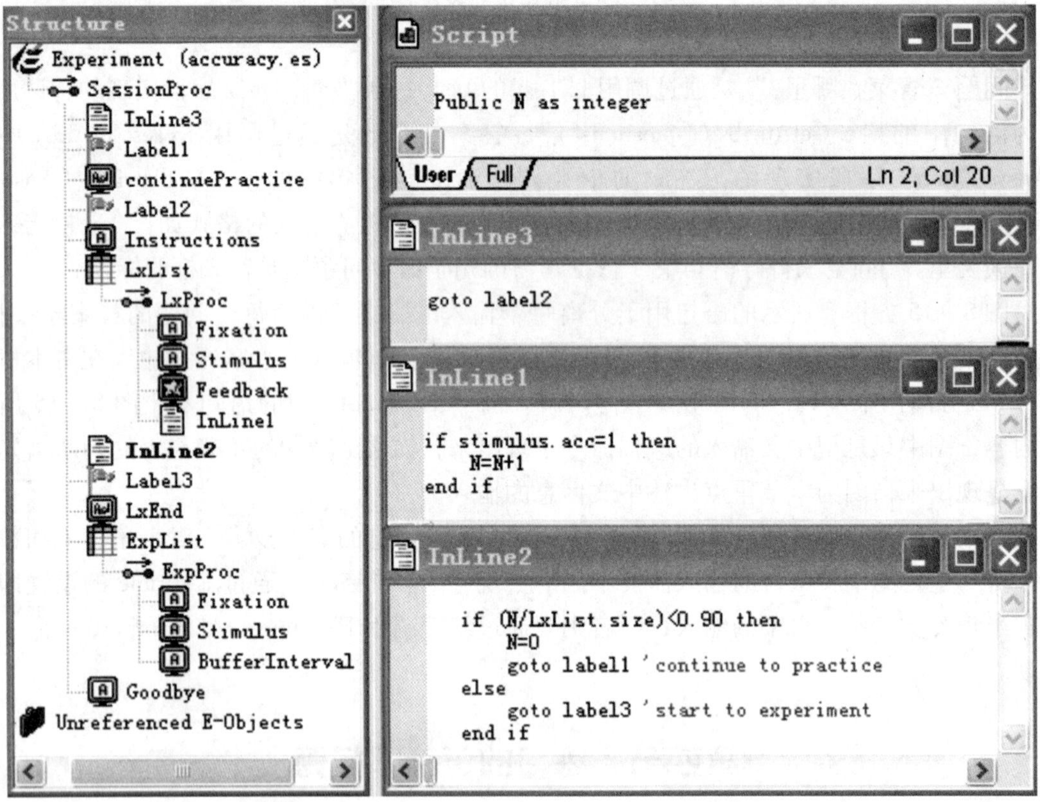

图 8－17　练习正确率的设计与设置

> 你可能还不太理解我们的实验程序，你的练习还没有达到我们需要的正确率！麻烦你再详细看一遍实验指导语，然后继续进行练习，直到达到我们需要的正确率为止。如有不清楚的问题请你咨询实验工作人员。谢谢！
>
> 请按“Q”键继续。

图 8－18　继续练习提示界面

如图 8 - 17 右半图所示 Inline3 对象中的“goto label 2”表明实验开始是先进入指导语“Instructions”，跳过“continuePractice”界面。Inline1 对象用于记录被试正确反应的个数。“if stimulus. acc = 1 then”的意思是，如果探测界面 Stimulus 的反应正确，则“*N* = *N* + 1”正确的个数累加 1；如果反应错误则不用加 1。“stimulus. acc = 1”是探测界面 Stimulus 的反应正确的描述。变量 *N* 在 Script 中的“User”中通过语句“Public *N* as integer”已定义为整数型全局变量。

InLine 2 对象用于判断被试的练习是否达到指定的正确率（本例为 90%），如果达到则进入正式实验“goto label 3”，如果没有达到则返回继续练习“goto label 1”。语句中的“（*N*/LxList. size）”就是练习正确率的计算，其中，“*N*”为正确反应的个数，“LxList. size”是 List 对象获得 List 材料总数的命令。

在这里，我们使用了两个编程 InLine 实现正确率的计算和开始实验还是继续练习的判断。其中一个 InLine 置于练习模块的核心过程中，用于记录被试正确反应的个数，另一个 Inline 置于总过程中，用于计算正确率和判断是否开始正式实验还是继续练习。

三、在刺激总数范围内达到指定的正确率退出练习

前面讲到的“达不到指定的正确率继续练习”适合刺激材料比较少的实验设计，被试需要做完所有的练习材料后才进行正确率的计算，达不到指定的正确率重做练习，达到了指定的正确率进行正式实验。另外一种情况是，对练习刺激材料较多的实验，被试一旦达到了指定的正确率即可以退出练习模块进行正式的实验，这时未做完的练习材料不用继续做完。那么，这种实验该如何设计呢？

实验结构和组成与上例一样，如图 8 - 19 左半图所示。不同的是，InLine1 中的语句不一样。上例中 InLine1 用于记录被试正确反应的个数，而本例中 InLine1 不仅要记录被试正确反应的个数，还要计算被试的正确率并判断是否中断练习。InLine1 第一句是“*N* = *N* + 1”用于计算已做完了多少个 Trial。第二句“if *N* < = LxList. size then”是指 *N* 小于练习材料总数（LxList. size）时即还没有做完练习材料时，进入下一个语句“if stimulus. acc = 1 then”的判断，即判断被试的反应是否正确，如果正确则“*K* = *K* + 1”正确反应的个数累加 1。*K* 累加 1 后进行“if *K*/LxList. size > = 0. 90 then”语句判断，判断正确率是否达到了 90%，如果达到了 90% 则执行“lxList. terminate”语句，lxList. terminate 表明练习模块中断，退出练习进行实验模块。InLine1 中的这些语句表明在练习材料还没有全部做完时，如果被试已达到指定的正确率，则可中断练习进入正式的实验。InLine 2 中的语句用于判断被试达到了指定的正确率则 goto label 3 进行正式的实验，如果没有达到指定的正确率则 goto label 1 继续进行练习。变量 *N* 和 *K* 在 Script 中的“User”中已定义为整数型全局变量。

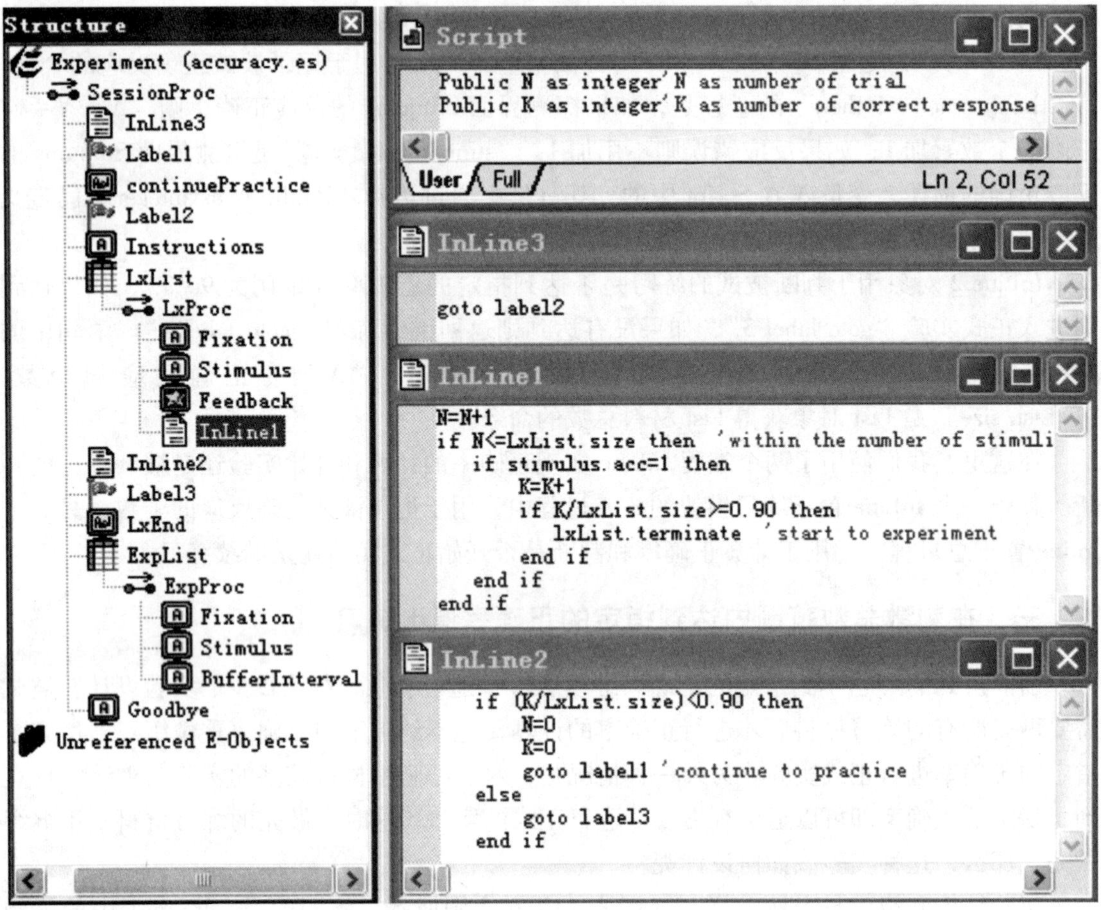

图 8－19　刺激总数范围内达到指定的正确率退出练习的设计与设置

四、易犯的错误

在图 8－19 所示的实验中，既然 InLine 1 中能进行错误率的判断和练习的终止，那为什么还需要 InLine 2 进行判断呢？能否像图 8－20 所示进行设计，只用 InLine 1 一个对象直接进行判断？答案是否定的。如果在练习模块中被试的正确率达到指定的正确率直接中断练习，goto label 3 进入实验模块；如果没有达到指定的正确率，则 goto label 1 继续进行练习模块的练习。这是一种错误的设计，会导致运行出错，出现找不到 Label 的错误信息提示。错误在于局部的 InLine（指在核心过程中的 InLine）不能调用全局中的 label（即总过程 SessionProc 中的 label）。在图 8－20 中，InLine 1 是在核心实验过程 LxProc 中，而 label3 和 label 1 是在总过程 SessionProc 中，因此，InLine 1 中的语句不能调用全局中的 label 3 和 label 1。这也是设计人员易犯的错误。

所以，像这种在乎被试练习正确率的实验设计中，必须有两个 InLine 进行控制。如图 8－19 中，一个 InLine（图中的 InLine 1）置于练习模块中，一个 InLine 置于总过程中（图中的 InLine 2）。

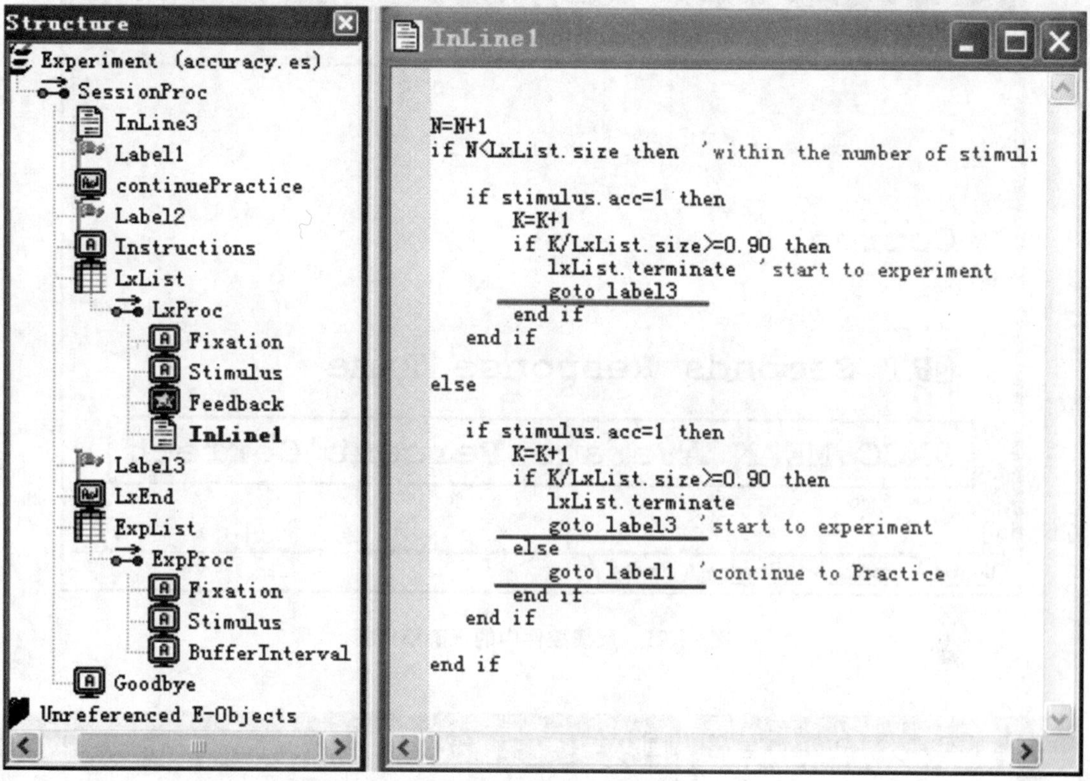

图 8－20　易犯的错误示例一

五、反馈控件中的正确率

我们知道，反馈控件也有一个正确率的指标，如图 8－21 所示的“ACC. MEAN”就为平均正确率指标。那么，能否用图 8－22 所示的“Feedback. ACCStats. Mean > =0. 90”正确率指标来代替图 8－20 所示的“*K*/LxList. size > =0. 90”正确率的计算呢？答案是否定的。因为反馈控件中的正确率指标 ACC. MEAN 是累积的平均正确率指标，它跟我们需要的平均正确率指标的计算和含义不一样。例如，练习材料中有 10 个 Trial，练习运行后假如被试第一个 Trial 反应正确，用图 8－20 所示“*K*/LxList. Size > =0. 90”的正确率的计算则正确率为 10%，而反馈控件的正确率显示为 100%；假如被试对第二个 Trial 的反应为错误，则用前者公式计算的正确率还是 10%，而反馈控件的正确率显示为 50%。因此，我们不能用反馈控件累积的平均正确率指标 ACC. MEAN 来作为我们对被试正确率判断的指标。

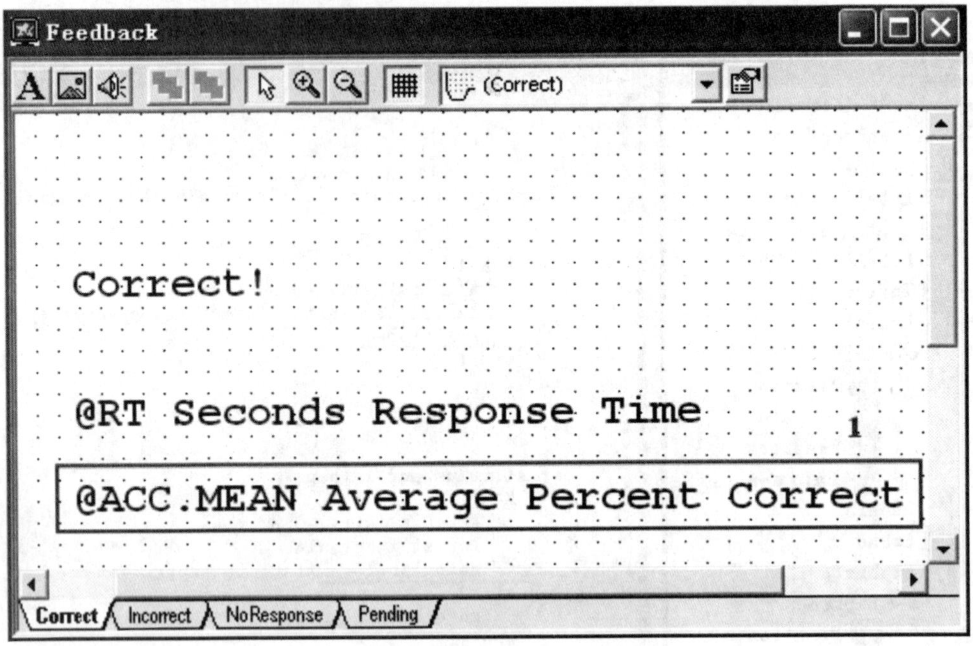

图 8－21　反馈控件中的正确率指标

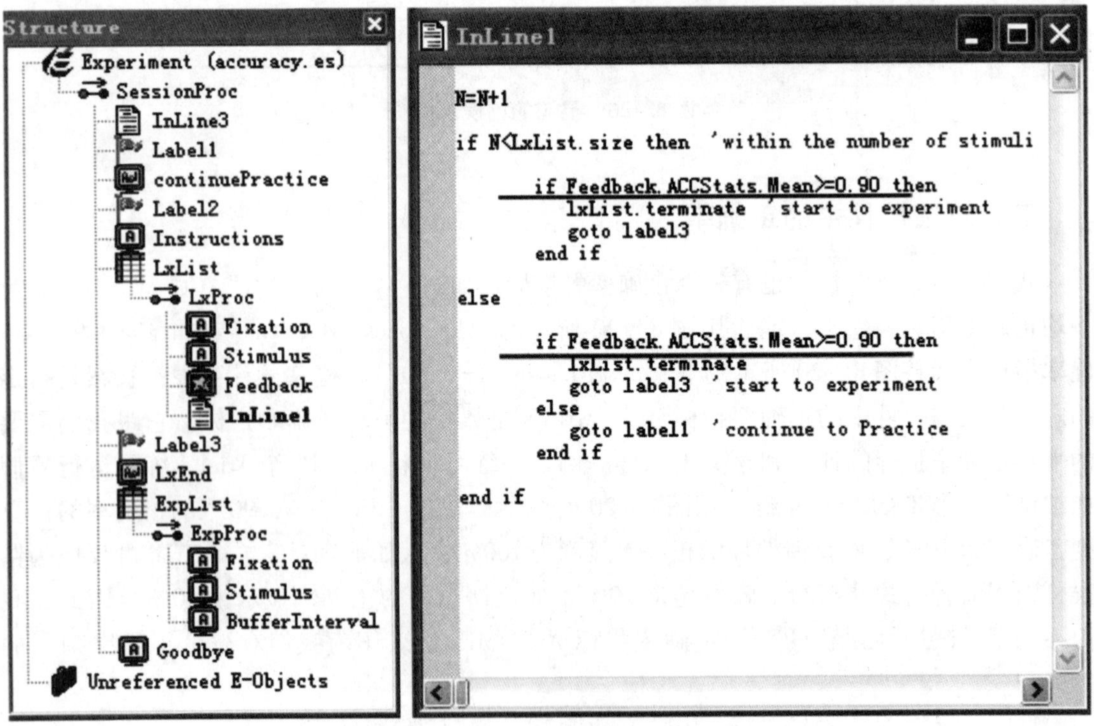

图 8－22　易犯的错误示例二

第五节　移动窗口技术

【技术导航】

1. 理解“移动窗口技术”实验范式三种变式的典型实验。
2. 掌握“移动窗口技术”实验范式三种变式的设计方法。

移动窗口（Moving Windows）技术是心理学研究中常用到的一项技术。移动窗口技术常有以下三种变式：一是逐词（句）掩蔽范式，二是逐词（句）呈现范式，三是逐词（句）消失范式。移动窗口技术是心理学研究中常用的研究技术或范式，而且这种实验范式的设计相对较难。下面我们分别详细介绍这三种范式的实验设计。

一、逐词（句）掩蔽范式

1. 实验介绍

逐词（句）掩蔽范式如图 8－23 所示，被试每读完句中的一个词句，按空格键后，刚阅读过的词句被相等字符长度的小横线“－”掩蔽起来，在下一个位置呈现将要阅读的词句。在本例的图中，被试正在阅读的词句是“to turn”，前面阅读的“Peter”和“was rushing”已被相等长度的小横线“－”掩蔽起来了，后面未曾读到的词句“the TPS report”和“in by noon.”也被相等长度的小横线“－”隐藏起来。

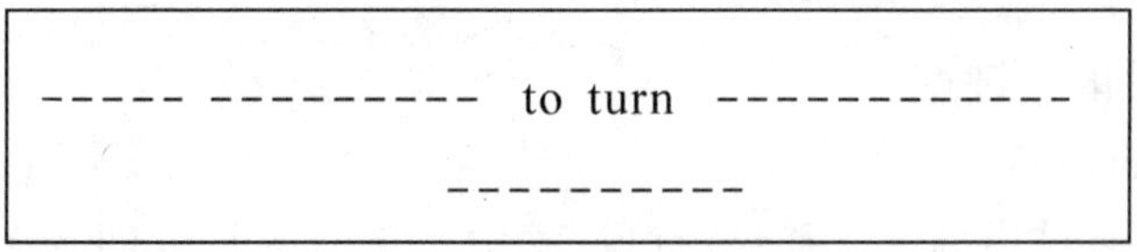

图 8－23　移动窗口技术中的逐词（句）掩蔽范式

2. 实验设计

实验结构如图 8－24 左半图所示，核心实验过程由 6 个 Text 对象、3 个 InLine 对象、1 个 question 对象、1 个反馈对象和 1 个 Label 对象组成。每一个 Text 对象用来呈现相应的句子中的每一个被分隔的词句。这里共有 6 个 Text 对象，即表明每个句子最大的分句数是 6 个。每个分句的内容则由右半图 List 对象中的 6 列“window1～6”字段调用。但这里所说的调用不是我们先前讲述的用方括号“［ ］”调用 List 中字段名的方式，而是通过“CreatWindow”对象编程对各个呈现分句的 Text 进行赋值的方式实现分句的呈现。当然，如果实验材料中最长的分句数为 10 个，设计时则需要有 10 个 Text 对象和 List 中对应的 10 列字段。Question 对象调用 List 中的“Question”字段，用于呈现阅读理解的问题，让被试根据刚才阅读的内容进行回答。

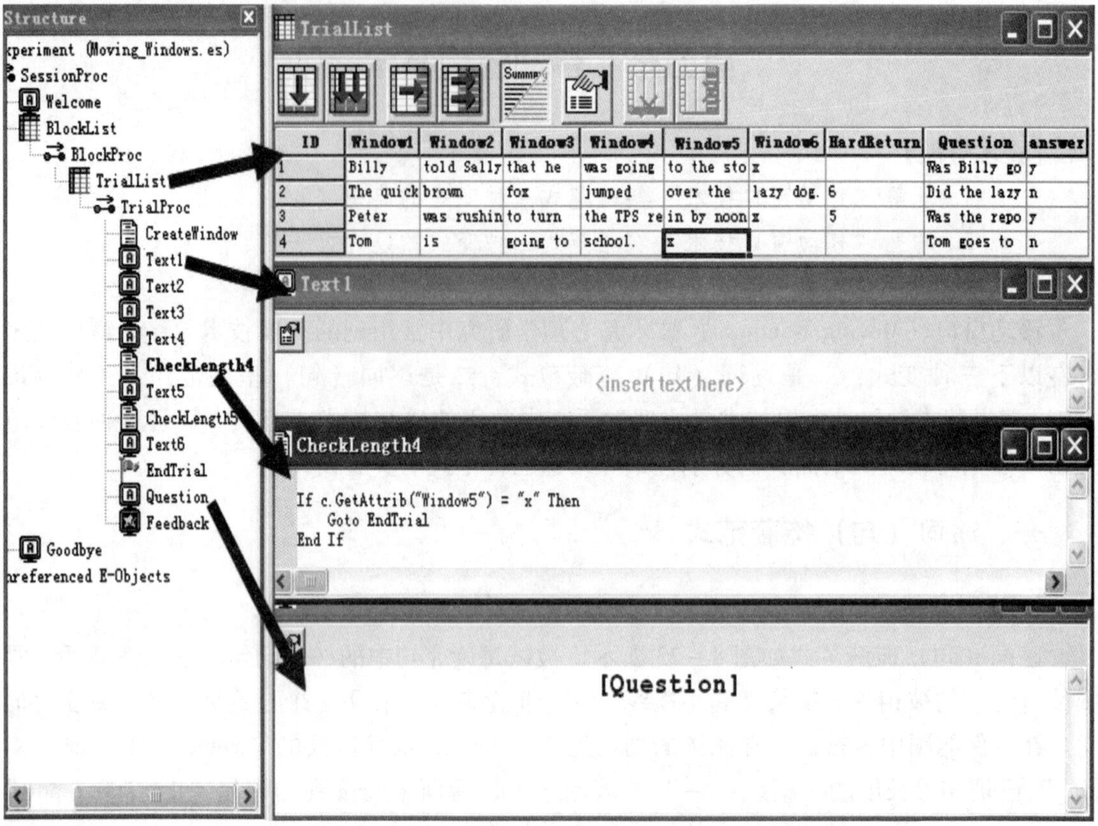

图 8－24　移动窗口技术中的逐词掩蔽范式实验设计

这里有几个设计的关键点。

（1）句子长度的判断。

①List 材料中要有结束标记。移动窗口技术中，文章的长度即有多少个分句或在句子阅读中将句子切分成多少个词在设计时是一个关键点。如图中 List 所示，因此，句子的最大长度是6，最小长度是4。在本例中，在句子长度不够 6 时，即句子结束后的下一个窗口标上“X”标记，作为句子结束标记。如图中第四句所示，“Tom/ is/going to/ school. /”句子分成四个小分句，即在“Window 5”中标记了“X”。如果句子分句数为5，则需要在“window 6”中填上“X”，如图中1、3 句所示。

②核心过程中的 InLine 编程判断。在 List 材料中标记了结束标记后，在程序运行时则需要对各个分句进行判断其值是否为“X”，如果是，则句子呈现完毕，进入到回答问题的界面中；如果不是，则继续呈现下一分句。进行这样的判断需要 InLine 编程判断来完成。因为在本例中，最小的句子长度为4，则我们在呈现完第四个分句就需要进行判断了，我们需要在呈现第四个分句的界面如图中的 Text 4 后面插入 InLine 对象进行编程判断，图中的“CheckLength 4”就是判断句子长度的 InLine。CheckLength 4 中的判断语句如图 8－25 左半图所示。语句的意思是如果字段“window 5”的值为“X”，则“Goto EndTrial”进入“question”界面；否则继续呈现下一分句。同理，在呈现完第五个分句后也需要进行

句子结束的判断，即用图中的“CheckLength 5”进行判断。“CheckLength 5”如图 8－25 右半图所示。依此类推，如果句子的最大长度为 10，最小长度为 4，则需要在 Text 4 ~ Text 9 每一个 Text 对象后插入是否结束的 InLine 对象（如 CheckLength 4 所示的句子）进行编程判断。

If c.GetAttrib("Window5") = "x" Then
    Goto EndTrial
End If
	If c.GetAttrib("Window6") = "x" Then
	    Goto EndTrial
	End If

图 8－25　句子结束的 InLine 编程判断

（2）句子分行的判断。

当句子太长导致一行显示不下时，则需要把句子分行呈现。那么，需要在哪里分行呢？这可由设计人员自己决定。在本例中设定了一个分行标志，就是图 8－24 所示的 List 中的“HardReturn”字段。在第一个 Trial 中，“HardReturn”字段没有设定值，表明不需要分行显示；第二个 Trial 中，“HardReturn”字段设定值为“6”，则表明第 6 个分句“lazy dog.”需要在下一行显示；第三个 Trial 中，“HardReturn”字段设定值为“5”，则表明第 5 个分句“in by noon.”需要在下一行显示；第四个 trial 中，“HardReturn”字段也没有设定值，表明不需要分行显示。

分行标志设定后，如何实现使它分行呢？这也需要通过编程控制。这部分程序内容写入在图 8－24 结构中的“CreatWindow”InLine 对象中。打开 CreatWindow，如图 8－26 所示。图中方框 3 所示的内容就是用于检测分行标志并实现分行。语句“If c. GetAttrib ("HardReturn") = "5" Then”意思为如果分行标记“HardReturn”值为 5，则执行“arrPhrases(5) = "\ n" & arrPhrases(5)”和“arrMask(5) = "\ n" & arrMask(5)”两语句，这两句语句中都有“\ n”符号，该符号执行的就是分行功能。一个“\ n”则表示执行一次“回车”的功能，两个“\ n”则表示执行两次“回车”功能。

（3）句子呈现。

前面提到，用来呈现每一个句子的各个分句的 Text1 至 Text6 对象是通过“CreatWindow”对象编程对各个 Text 对象进行赋值的方式实现分句的呈现。CreatWindow 的编程语句如图 8－26 所示。下面我们详细讲述句子是如何呈现的。

```
Dim arrPhrases(6) As String
arrPhrases(1)= c.GetAttrib ("Window1"):arrPhrases(2)= c.GetAttrib ("Window2")
arrPhrases(3)= c.GetAttrib ("Window3"):arrPhrases(4)= c.GetAttrib ("Window4")    1
arrPhrases(5)= c.GetAttrib ("Window5"):arrPhrases(6)= c.GetAttrib ("Window6")

Dim arrMask(6) As String
arrMask(1)= String$(Len(arrPhrases(1)), "-"):arrMask(2)= String$(Len(arrPhrases(2)), "-")    2
arrMask(3)= String$(Len(arrPhrases(3)), "-"):arrMask(4)= String$(Len(arrPhrases(4)), "-")
arrMask(5)= String$(Len(arrPhrases(5)), "-"):arrMask(6)= String$(Len(arrPhrases(6)), "-")

Dim nCount As Integer

''''''''''''''''''''''''''''''''''''''''''''''''''''''''''''''''''''''''''''''''''''
If c.GetAttrib("HardReturn") = "5" Then
    arrPhrases(5) = "\n" & arrPhrases(5)
    arrMask(5) = "\n" & arrMask(5)
End If
                                                   3
If c.GetAttrib("HardReturn") = "6" Then
    arrPhrases(6) = "\n" & arrPhrases(6)
    arrMask(6) = "\n" & arrMask(6)
End If

If arrPhrases(5) = "x" Then
    arrMask(5)=""
    arrMask(6)=""                                  4
End If

If arrPhrases(6) = "x" Then
    arrMask(6) = ""
End If                                                                         5

For nCount = 1 To 6
    Select case nCount
    Case 1
        Text1.Text = arrPhrases(1)&" " &arrMask(2) & " " &arrMask(3) & " " &arrMask(4) & " " &arrMask(5) & " " & arrMask(6)
    Case 2
        Text2.Text = arrMask(1)&" " &arrPhrases(2) & " " &arrMask(3) & " " &arrMask(4) & " " &arrMask(5) & " " & arrMask(6)
    Case 3
        Text3.Text = arrMask(1)&" " &arrMask(2) & " " &arrPhrases(3) & " " &arrMask(4) & " " &arrMask(5) & " " & arrMask(6)
    Case 4
        Text4.Text = arrMask(1)&" " &arrMask(2) & " " &arrMask(3) & " " &arrPhrases(4) & " " &arrMask(5) & " " & arrMask(6)
    Case 5
        Text5.Text = arrMask(1)&" " &arrMask(2) & " " &arrMask(3) & " " &arrMask(4) & " " &arrPhrases(5) & " " & arrMask(6)
    Case 6
        Text6.Text = arrMask(1)&" " &arrMask(2) & " " &arrMask(3) & " " &arrMask(4) & " " &arrMask(5) & " " & arrPhrases(6)
    End Select
Next nCount
```

图 8－26　CreatWindow 程序内容

本实验的范式是逐词掩蔽范式，该范式是把读过的和未读到的分句用相等长度的小横线“－”掩蔽起来，将正在阅读的分句呈现出来。因此，在 CreatWindow 对象中定义了两个字符型数组（String），一个数组 arrPhrases 用于记录每个 Trial 的每个分句的内容，即用于存储图 8－24 中 List 的 Window1 ~ Window6 各个字段的值，图 8－26 方框 1 所示的语句就是把一次 Trial 中 Window1 ~ Window6 字段值赋值给相应的 arrPhrases 数组，如语句“arrPhrases(3) = c. GetAttrib（"Window3"）”执行的就是赋值功能。另一个数组 arrMask 用于记录每个 Trial 与每个分句相等长度的掩蔽符“－”。图 8－26 方框 2 所示的语句就是把一次 Trial 中的与 arrPhrases（1） ~ arrPhrases（6）字段内容相等长度的“－”赋值给相应的 arrMask 数组，如语句“arrMask(2) = String $ （Len(arrPhrases(2)),"－")”执行的就是此赋值功能。其中，“Len(arrPhrases(2))”用于计算字符型数组 arrPhrases(2) 的字符长度。

图 8－26 方框 4 所示的语句用于判断，如果分句内容为句子结束标记“X”（如 If arrPhrases(5) = ″x″ Then)，则对该分句重新进行赋值，赋值为空值“″″”，即“arrMask(5) = “″″”和“arrMask(6) = “″″”，目的是为了不将句子结束标记“X”呈现出来。

图 8 –26 方框 5 所示的语句为用一循环语句“For…Next”把各个分句的内容赋值给 Text1 ~ Text 6 对象，实现句子的呈现。因为对每一个 Text 对象，其只呈现相应分句的内容，句子的其余部分都用等长的掩蔽符“ – ”掩盖。因此，对每一个 Text 进行赋值，只是在相应部分为承载句子内容的数组 arrPhrases，其余部分都为掩蔽符数组 arrMask。如对 Text1 对象的赋值语句为“arrPhrases(1) & ″ ″ & arrMask(2) & ″ ″ & arrMask(3) & ″ ″ & arrMask(4) & ″ ″ & arrMask(5) & ″ ″ & arrMask(6)”，只是在第一个位置赋值为 arrPhrases (1)，其余部分都赋值为 arrMask(2) arrMask(6)。同理，如对 Text4 对象的赋值语句为“Text4. Text = arrMask(1) & ″ ″ & arrMask(2) & ″ ″ & arrMask(3) & ″ ″ & arrPhrases(4) & ″ ″ & arrMask(5) & ″ ″ & arrMask(6)”，只是在第四个位置赋值为 arrPhrases(4)，其余部分都赋值为等长的掩蔽符“ – ”。因为本例中，最大的分句长度为“6”，所以对每一个 Text 对象的赋值都按最大长度进行赋值，一旦该句没有达到最大长度，剩余的句子在方框 4 语句中将转换为空值。

二、逐词（句）呈现范式

1. 实验介绍

逐词（句）呈现范式可以说是逐词掩蔽范式的一种变式，如图 8 –27 所示，随着阅读的进行，阅读的句子逐渐呈现出来，还没有读到的句子仍用掩蔽符“ – ”掩蔽起来。

Billy told Sally that he -------- ------------

图 8 –27　移动窗口技术中的逐词（句）呈现范式

2. 实验设计

实验设计与逐词掩蔽范式的设计基本一样，不同的是，在句子呈现时编程语句部分不同，即图 8 –26 中方框 5 的程序部分不同，其余都一样。因为阅读过的句子都需要呈现，因此，对每一个 Text 进行赋值，其相应部分及之前分句都应为承载句子内容的数组 arrPhrases，其余部分都为掩蔽符数组 arrMask。如对 Text1 对象的赋值语句为“arrPhrases (1) & ″ ″ & arrMask(2) & ″ ″ & arrMask(3) & ″ ″ & arrMask(4) & ″ ″ & arrMask(5) & ″ ″ & arrMask(6)”，只是在第一个位置赋值为 arrPhrases(1)，其余部分都赋值为 arrMask(2) ~ arrMask(6)。同理，如对 Text4 对象的赋值语句为“Text4. Text = arrPhrases(1) & ″ ″ & arrPhrases(2) & ″ ″ & arrPhrases(3) & ″ ″ &arrPhrases(4) & ″ ″ & arrMask(5) & ″ ″ & arrMask (6)”，在第一至第四个位置赋值为各分句内容 arrPhrases（1） ~ arrPhrases（4），其余部分都赋值为等长的掩蔽符“ – ”。

三、逐词（句）消失范式

1. 实验介绍

逐词（句）消失范式也是移动窗口技术范式中应用较多的一种范式。如图 8－28 所示，界面只呈现当前阅读的词语或句子，按某一键（通常设置为空格键）后当前阅读的词或句消失，呈现下一词（句）继续阅读。

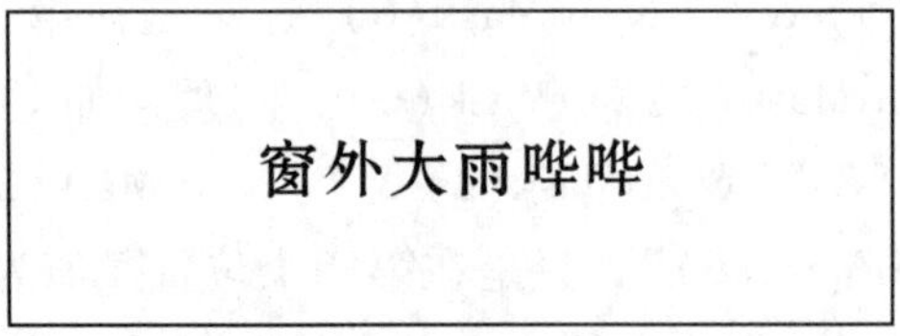

图 8－28　移动窗口技术中的逐词/逐句消失范式

为方便讲解我们还是举例来说明。实验要求被试阅读几篇文章，然后基于阅读的文章信息，回答几个问题。实验的流程如下：实验开始后，首先在电脑屏幕出现一个红色“+”符号注视点，提醒你开始实验。注视点自动消失之后，出现文章的第一句，阅读开始。第一句阅读完毕后，由被试自行按空格键阅读下一句，直至阅读完所有的句子。句子阅读完毕后，屏幕会呈现一串红色问号“?????”，提示被试接下来要开始基于刚才阅读的文章回答问题。红色问号消失之后，会逐次呈现两个词，要求被试判断这两个词是否在刚才阅读的文章中出现过，如果出现过则按“J”键，如果没有出现过则按“F”键。两个词判断完毕后，屏幕又呈现一串红色问号“?????”，接着呈现一个问题，由被试基于文章的信息进行回答，如果问题正确则被试按“J”键，如果问题不正确则按“F”键。实验要求被试又快又准地作出回答，同时要求记录文章中某一句的阅读时间。

2. 实验设计

逐词（句）消失范式的实验设计与上述两种范式的设计有根本的不同。根本的不同在于我们把文章的每个分句或句子的每个分词都全部放置于一个字段中，如图 8－29 中 List 的“articles”篇章存放字段，分句或分词用斜杠符号“/”进行分隔，并用一个 InLine 程序读出每个分句或分词的内容，赋值给呈现对象进行呈现。该设计思路没有把每个分句或分词单独用一个字段承载，这样设计的好处有两点：一是可以避免长篇文章或长句需要在 List 中创建大量的字段；二是避免因文章或句子的长短不一，检测句子结束的 InLine 的需求多，造成设计复杂和程序的庞大。

本实验程序的结构及设计如图 8－30 所示，“Instructions”为指导语；“TrialList”如图 8－29 所示，“Fixation”为注视点；“NonTimingStim”用于呈现不用记录阅读时间的句子；“TimingStim”用于呈现需要记录阅读时间的句子；“Probecue 1”和“Probecue 2”为探测线索，为一串红色问号“?????”；“ProbeW 1”和“ProbeW 2”为两个探测词的呈现界面，分别调用字段“probeword 1”和“probeword 2”；“ProbeS”为探测句的呈现界面，调用“probeSentence”字段；“blank”为实验缓冲。

StimNo	articles	Probe-Word 1	pw 1-Answer	Probe-Word 2	pw 2-Answer	Probe-Sentence	ps-Answer
1	窗外大雨哗哗/我的心很乱我无心答题/我想到了住院的妈妈/还有爱哭鼻子的弟弟/半小时后/？试卷的作文我还没动笔/它的题就叫《梅雨》/唉梅雨梅雨这倒霉的雨/	弟弟	j	杨梅	j	作文题目叫《梅雨》	j
2	我昨晚睡到半夜发高烧/我慢慢地爬起床/用毛巾沾了些热水/我把它敷在额头上/我逐渐感觉到舒服起来/我拿起电话/？给在外地出差的妈妈打电话/要她注意保重身体/	病人	f	妈妈	j	我妈妈出差去了	j
3	我常常想念我的高中母校/我觉得那里的一切都值得留恋/？碰巧上个月出差到母校所在的小城/我决定去看看我的母校/我发现母校的气氛一如当年/可是我觉得我是一个陌生人/我明白了我已不是当年的我/我早晨六点三十分起/我匆匆穿好校服/我顾不得洗脸刷牙/我收拾好书包/？我谢谢她之后匆忙打扮了一下/便上了楼/	学校	f	留恋	j	母校的气氛还是当年	f

图 8－29　移动窗口技术中的逐词/逐句消失范式中的 List 设计

实验设计的关键和难点主要在以下三个方面：

（1）每个分句或分词的读取。

每个分句或分词的读取是本范式实验设计中最关键也是最难的地方。这个读取动作需要借助 InLine 进行设计。图 8－30 中的 InLine1 对象是分词（句）读取对象。InLine1 的具体程序如图 8－31 所示，该编程的思路为，两个分隔符之间的字符串即每个分句，因此，需要用 InStr 函数取得分隔符的位置，并用 Mid $ 函数将两个分隔符之间的字符串赋值给一数组，再将数组的值逐个赋值给各呈现界面以实现刺激的呈现。

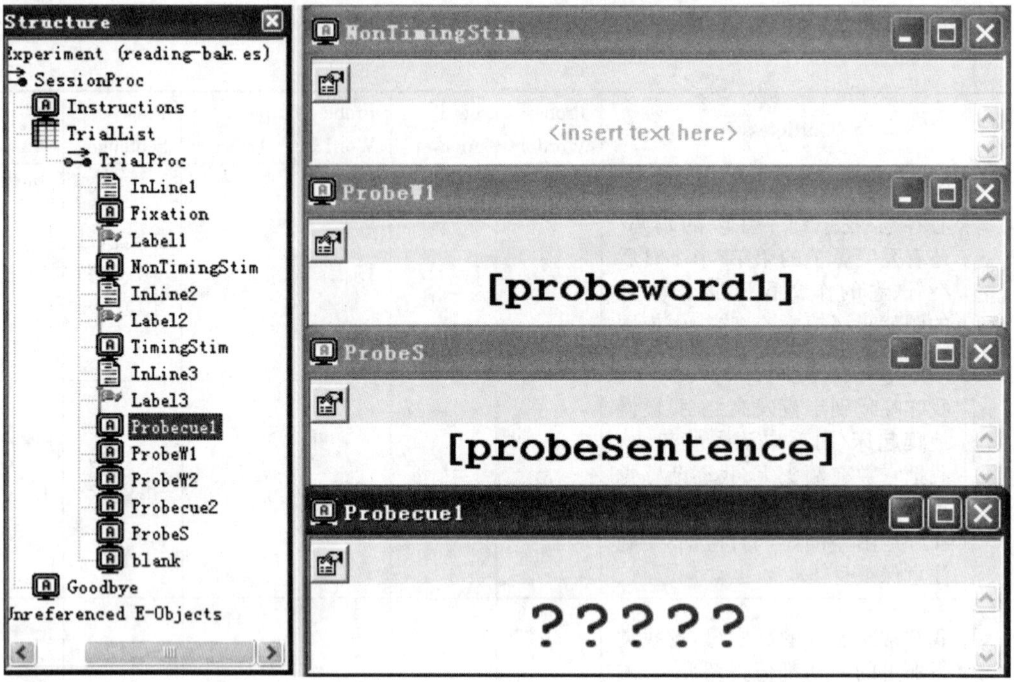

图 8－30　移动窗口技术中的逐词/逐句消失范式实验设计

第 1 行定义“of”、“f”三个局部整型变量，其中，“f”用于记录分隔符“/”在篇章或句子中的位置，“of”为起始位置。第 2 行重新定义字符型数组变量 qst $ 的容量最大值为 30。字符型数组变量 qst $ 在 Script 中的 User 页中已定义为全局变量，同时定义的全局变量还有 N、K 两个整型变量，如图 8－31 所示，其中“N”用于记录篇章或句子中有多少个分句或分词语；“K”用于记录当前阅读的句子是第几句。第 3 ~ 4 行给变量赋初始值。第 5 行语句用于读取篇章中第一个分隔符“/”的位置，其中，InStr 函数的意思为在“articles”字段中从 of 位置开始查找下一个分隔符“/”的位置。第 6 ~ 11 行语句为一个循环语句，用于读取篇章中用分隔符分隔的每一个分句，并赋值给数组 qts $，其中，函数 Mid $ 的意思是在篇章中从 of 起始位置开始取长度为“f－of”字符串，即两个分隔符之间的分句内容，并赋值给数组 qts $。第 12 ~ 13 行语句为在不计时界面中呈现篇章的第一个句子，当前阅读句子变量 $K = 1$。

```
Dim of,f as integer
Redim qst$(30)

N=0
of=1

f=InStr(of, c.getattrib("articles"), "/")
do While f<>0
    N=N+1
    qst$(N)=Mid$( c.getattrib("articles"), of, f-of)
    of=of+1
    f= InStr(of, c.getattrib("articles"), "/")
loop
Nontimingstim.text=qst$(1)
K=1
```

图 8-31 逐词/逐句消失范式中分词句的读取一

（2）阅读结束的判断。

因每篇文章的分句或每个句子的分词语的长度都不一样，所以，我们需要每读一句或一词后都判断阅读是否结束，因此，需要在“NonTimingStim”界面和“TimingStim”界面后分别插入 InLine 2 和 InLine 3 进行判断。InLine 2 和 InLine 3 的编程语句都一样，如图 8-32 左半图所示。前面讲到，全局变量“N”用于记录篇章或句子中有多少个分句或分词语；全局变量“K”用于记录当前阅读的句子是第几句，每阅读完一句后 K 都必须累加一次，即 $K=K+1$。当 $K \leqslant N$ 时，表明阅读没有完成，需继续阅读；一旦 $K>N$ 即阅读完毕，执行“goto label 3”进入探测线索界面进行阅读测试任务。

（3）阅读时间的记录。

实验要求记录篇章中其中一句的阅读时间。为了实现此功能，我们设计时可以这样考虑，在需要记录阅读时间的句子前面加一个问号“？”作为标记。程序一旦检测到句子前面有一个问号，则该句子跳转到“timingStim”界面进行呈现并记录阅读时间。要实现此功能当然也必须用 InLine 编程实现，其编程设计如图 8-32 左半图中的 3 ~ 9 行语句所示。第 3 行语句用 Mid 函数检测每个分句中第一个位置起长度为 1 的字符是否等于“？”，如果等于“？”表明是计时句（需要记录阅读时间的句子），goto label 2 跳转到“timingStim”界面，同时，“timingStim”界面呈现的内容需要把计时标记“？”去除，则 timingStim. text

=mid(qst $ (k), 2)，即从第2个位置开始重取分句内容。如果不等于“?”，表明是非计时句，则 goto label1 跳转到“NonTimingStim”界面呈现非计时分句。

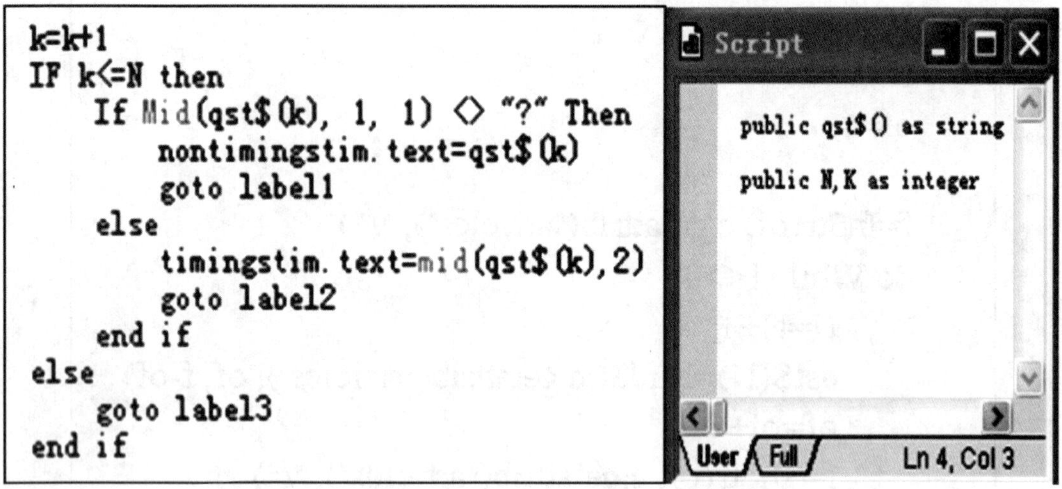

图8－32　逐词/逐句消失范式中分词句的读取二

四、小结

前面介绍了移动窗口技术三种实验范式的实验设计，用了两种不同的方法和编程技术。逐词（句）掩蔽范式和逐词（句）呈现范式使用相同的实验设计方法，这种方法的特点是篇章或句子有多少个分词句，就需要创建多少个字段，并将各个字段的值赋值给一数组。而逐词（句）消失范式则用一个字段承载篇章或句子，用编程读出每个分词句，然后赋值给一数组。为了方便大家理解这两种不同的方法，我们可以把前一种方法形象地称为“满字段方法”，因为字段的多少取决于分词句的多少；后一种方法也可形象地称为“单字段方法”，因为再长的篇章或句子都放在一个字段中即可。

“满字段方法”和“单字段方法”设计的相同之处在于都需要定义一数组变量，用于存储各个分词句，每个分词句呈现时再读取数组变量。这两种方法都可以互用于移动窗口技术三种实验范式的实验设计。但“满字段方法”比较适合篇章或句子的分词句较短且长度相当、差异不大的实验材料，而“单字段方法”适合任何长度的篇章或句子材料。

第六节　功能键的使用

【技术导航】

1. 掌握功能键的调用方式。
2. 学会用编程解决在实验中需要使用功能键的问题。

功能键在心理实验中也常常用到。常用的功能键主要是左右“Alt”键、左右“Shift”

键及左右“Ctrl”键。在 E-Prime 实验设计中，尽管这些键可以设置在输入设备的“Allowable”中，让被试进行反应。但 E-Prime 程序却不能直接判断被试按的是左边的还是右边的“Alt”键、“Shift”键或“Ctrl”键，因此，E-Prime 程序不能直接判断被试的反应是否正确。为了让左右的“Alt”键、“Shift”键或“Ctrl”键起到反应选择作用，E-Prime 还得进行额外的处理，即通过 Inline 编程来实现左右“Alt”键、“Shift”键或“Ctrl”键的反应选择作用。

一、功能键的 E-Prime 实验设计

1. 实验介绍

我们先进行简单的左右“Shift”键和左右“Alt”键测试反馈实验（这里只以“Shift”、“Alt”键为例）。注视点消失之后，屏幕提示被试按左右“Shift”、“Alt”键的哪一个键；被试反应之后，出现一反馈界面，反馈反应时和反应正误等信息。

2. 实验设计

设计好的实验程序如图 8－33 所示。在 AllowableList 中，有四个实验材料，分别是按右“Shift”键“RIGHT SHIFT”、按左“Shift”键“LEFT SHIFT”，按右“Alt”键“RIGHT ALT”、按左“Alt”键“LEFT ALT”。这四个键对应的 ASCII 值分别是“KeyNum”字段的“54”、“42”、“184”及“56”。刺激界面 Stimulus 提示被试按何键，被试按相应的键进行反应。刺激界面 Stimulus 的五个要素的设置如图 8－34 所示，Allowable 属性设置为“{ALT}{SHIFT}”，表示该界面只允许输入功能键“ALT”和“SHIFT”。（注：调用功能键我们用一对大括号“{ }”，且功能键必须大写。）呈现时间设为无限时间，设置 Data Logging 进行数据记录。刺激界面 Stimulus 的其余设置保持默认即可。反馈界面 Feedback 与刺激界面 Stimulus 关联。

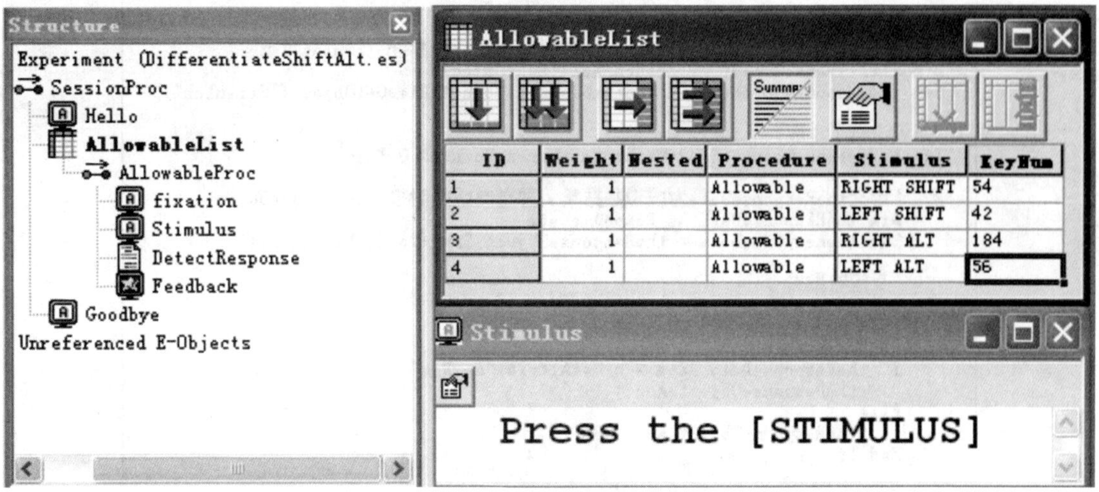

图 8－33　功能键的使用实验设计

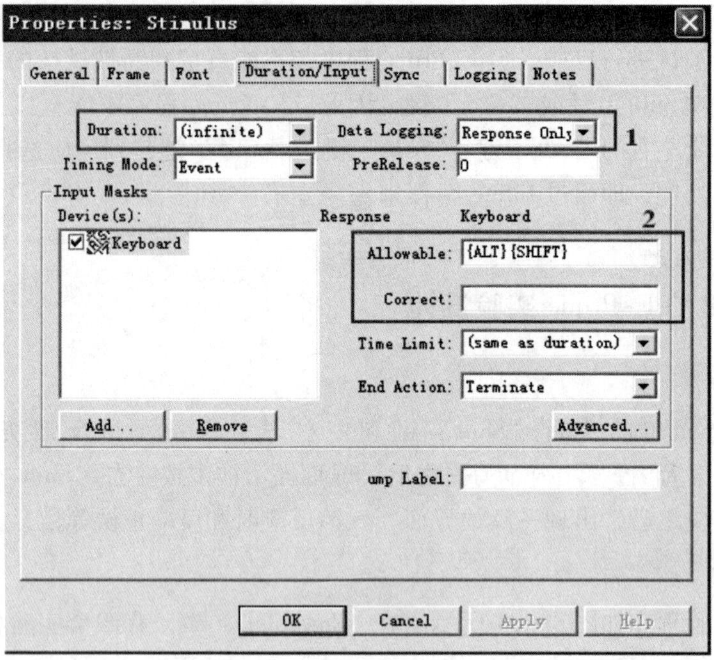

图 8－34　刺激界面的设置

因为 E-Prime 不能直接判断被试按的是左边的还是右边的“Alt”键、“Shift”键或“Ctrl”键，因此都把左右“Alt”键、“Shift”键或“Ctrl”键认为是同一个“Alt”键、“Shift”键或“Ctrl”键。这样，E-Prime 也无法直接记录被试反应的正误。要实现此功能，必须借助 InLine 编程来实现，即借助图中的“DetectResponse”对象来实现。因此，“DetectResponse”对象语句的编写就是本实验设计的关键，也是本实验的难点所在。

```
'定义一个临时虚拟对象theResponseObject
'并把临时虚拟对象theResponseObject虚拟成刺激反应界面Stimulus对象
Dim theResponseObject As RteRunnableInputObject
Set theResponseObject = CRteRunnableInputObject(Rte.GetObject("Stimulus"))

'是否进行了反应?
If theResponseObject.InputMasks.Responses.Count > 0 Then

    '定义theResponseData为虚拟数据集，并指向虚拟对象theResponseObject
    Dim theResponseData As ResponseData
    Set theResponseData = theResponseObject.InputMasks.Responses(1)

    '反应时数据
    theResponseObject.RT = theResponseData.RT

    '反应正误判断
    If theResponseData.Data = c.GetAttrib("KeyNum") Then
        theResponseObject.Acc = 1
    Else
        theResponseObject.Acc = 0
    End If

End If
```

图 8－35　判断功能键反应正误的编程语句

"DetectResponse" 对象编程语句如图 8 - 35 所示。"DetectResponse" 编程设计的思路是：因为刺激反应界面 Stimulus 不能直接记录被试反应的正误，因此需要虚拟一个"临时反应对象"，并把"临时反应对象"与实体的刺激反应对象 Stimulus 进行绑定，即"临时反应对象"与刺激反应界面 Stimulus 实为一体。由于"临时反应对象"能自行检测被试按的是左右"Alt"键、"Shift"键还是"Ctrl"键，因此就能判断被试反应的正误。可以结合图 8 - 35 所示的中文注释理解各语句，这里就不再逐条详细说明。值得注意的是："RteRunnableInputObject"为虚拟对象类型变量。虚拟数据集 theResponseData 的数据 theResponseData. Data 就是被试所按键的 ASCII 值，所以，某一个 Trial 时，如果 theResponseData. Data 与字段"KeyNum"一致，则反应正确；否则反应错误。

二、键盘的 ASCII 值

为了方便设计人员对一些特殊键的使用，我们把 E-Prime 中 E-Basic 对键盘上各个键规定的键值归纳如表 8 - 1 所示，以备查用。

表 8 - 1　E-Basic 中键盘各键对应的键值

键	键值	键	键值	键	键值	键	键值
ESCAPE	1	t	20	;	39	CAPSLOCK	58
1	2	y	21	´	40	F1	59
2	3	u	22	`	41	F2	60
3	4	i	23	左 SHIFT	42	F3	61
4	5	o	24	\	43	F4	62
5	6	p	25	z	44	F5	63
6	7	[	26	x	45	F6	64
7	8	]	27	c	46	F7	65
8	9	ENTER	28	v	47	F8	66
9	10	左 CONTROL	29	b	48	F9	67
0	11	a	30	n	49	F10	68
-	12	s	31	m	50	NUMLOCK	69
=	13	d	32	,	51	SCROLLLOCK	70
BackSpace	14	f	33	.	52	7（数字键盘）	71
TAB	15	g	34	/	53	8（数字键盘）	72
q	16	h	35	右 SHIFT	54	9（数字键盘）	73
w	17	j	36	*（数字键盘）	55	-（数字键盘）	74
e	18	k	37	左 ALT	56	4（数字键盘）	75
r	19	l	38	SPACE	57	5（数字键盘）	76

（续上表）

键	键值	键	键值	键	键值	键	键值
6（数字键盘）	77	F11	87	PAUSE	197	DOWNARROW	208
+（数字键盘）	78	F12	88	HOME	199	PageDOWN	209
1（数字键盘）	79	ENTER(数字键盘)	156	UPARROW	200	INSERT	210
2（数字键盘）	80	右 CONTROL	157	PageUP	201	DELETE	211
3（数字键盘）	81	/（数字键盘）	181	LEFTARROW	203		
0（数字键盘）	82	SYSRQ	183	RIGHTARROW	205		
.（数字键盘）	83	右 ALT	184	END	207		

第七节　InLine 呈现刺激的反应时记录

【技术导航】

1. 理解用 InLine 呈现刺激的典型实验。
2. 理解 Wait 控件的功能。
3. 学会 Wait 控件的使用。

心理学实验千变万化，形形色色。有时候用 E-Prime 自带的 Object 并通过设置对象的方式并不能实现实验所要求的效果。这时候就必须借助 E-Prime 自带的 InLine 对象，通过扩展编程才能实现实验的需求。

但用 InLine 编程来呈现刺激时，记录反应时却成了一个难以解决的问题，因为 InLine 不像 TextDisplay、Slide、Sound 等实体对象一样，可以通过设置属性来记录反应时，InLine 是一个流程控制对象，是非图形化实体对象。这时，要实现 Inline 呈现刺激的反应时记录，就必须用 Wait 对象和另一实体对象共同实现反应时的记录。

一、实验介绍

实验要求：快速呈现一个各种颜色的“*”号，每隔 50ms 闪一次，闪现时间为 50ms，颜色有红、绿、蓝三种变化。要求被试在“*”号闪现时用鼠标作出反应。

本实验用常规的 E-Prime 设计方式不能实现实验的要求，必须用 InLine 编程才能实现。为了记录“*”号闪现时被试的反应时，必须启用 Wait 对象。

二、Wait 控件与实验制作

Wait 控件图标如图 8－36 方框 1 所示，Wait 控件直接从 Toolbox 中调用。

Wait 控件的作用为：

（1）延长前一对象的呈现时间。具体延长多久取决于 Wait 对象的“Duration”属性的设置值。Wait 对象的属性页如图 8－37 所示，该属性页与前面介绍的 TextDisplay 对象的属性页一致。如图 8－36 中的 Structure 所示，Wait 1 对象的作用是使用延长前一对象 Fixation（注视点）呈现，Wait 对象的“Duration”属性的设置为调用 List 中的字段“VarWaitTime”，如图 8－36 方框 2 所示，“VarWaitTime”字段有 500 和 1 000 两种值，即 Wait1 对象的作用是使注视点 Fixation 延长呈现 500ms 或 1 000ms。

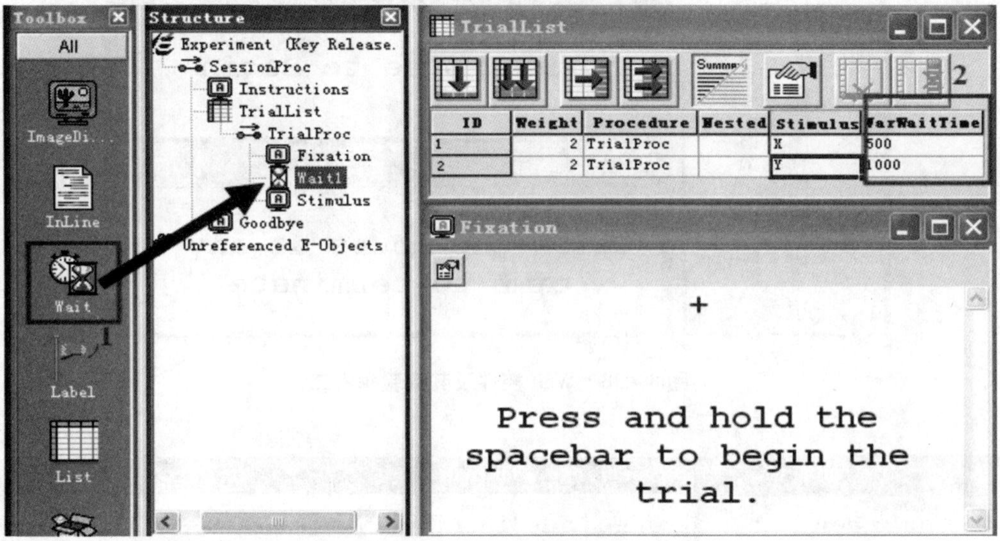

图 8－36　Wait 控件及其实验举例

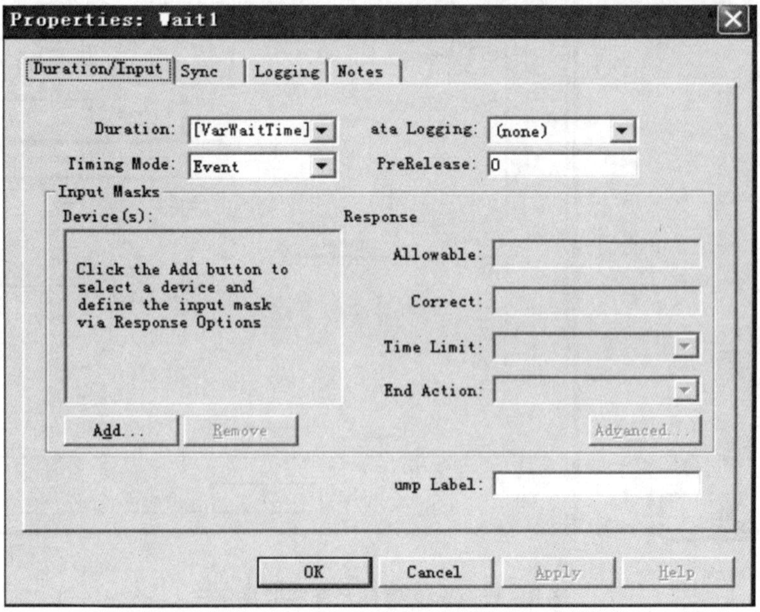

图 8－37　Wait 控件及其属性

（2）检测和收集前一对象的反应。

如图 8－38 左半图“Structure”实验结构图所示，刚才实验介绍中的刺激“＊”号用 InLine 对象 Flash 编程呈现，Flash 的具体代码如图 8－39 左半图所示。Flash 刺激要实现反应时的记录必须借助结构图中的“EndFlash”对象和“Wait1”对象共同作用。

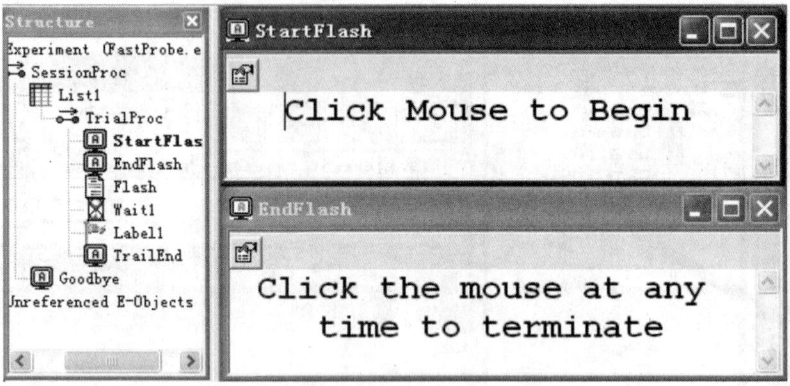

图 8－38　Wait 控件及其实验举例二

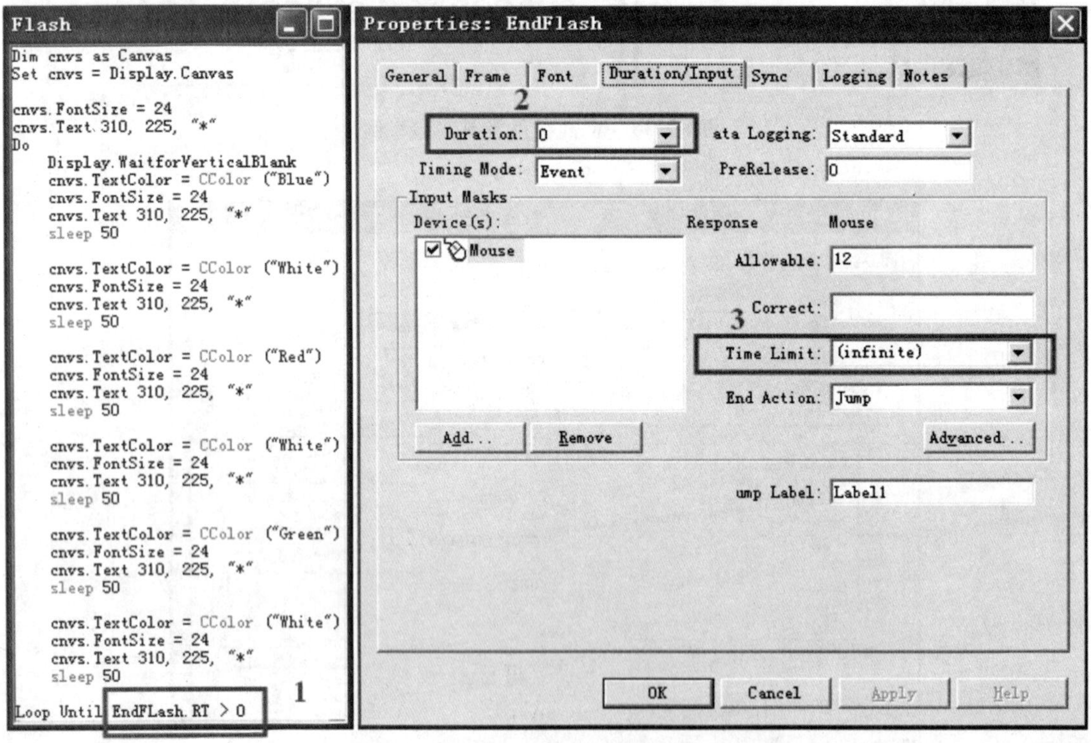

图 8－39　Wait 控件及其实验举例三

我们看图 8－39 中 Flash 代码的最后一行，用“EndFlash. RT＞0”条件判断来结束循环，借助 InLine 对象的前一 TextDisplay 对象“EndFlash”来实现反应时的判断与记录。但如图 8－39 方框 2 所示，EndFlash 对象的呈现时间为“0”，如何记录反应时呢？这时必须借助 Flash 对象后面的 Wait 对象，如结构图中的“Wait1”，延长前一对象（这里包括了实体图形对象 EndFlash 和流程控制对象 Flash 所产生的实体刺激图形）的呈现时间，并收集被试的反应，记录反应时。同时，为了收集被试的反应，EndFlash 对象的反应时间限制“Time Limit”属性必须设置为无限时间“infinite”，如图 8－39 方框 3 所示，否则也无法收集被试的反应。这类实验中，“Time Limit”属性务必设置。Wait1 对象的属性页如图 8－40 所示，只需把 Duration 属性设置为“0”即可，其余属性保持默认值即可。

这样，通过前面对象 EndFlash 和后面 Wait1 对象的共同调用，使 Flash 流程控制对象中所产生的刺激实现了反应时的记录。

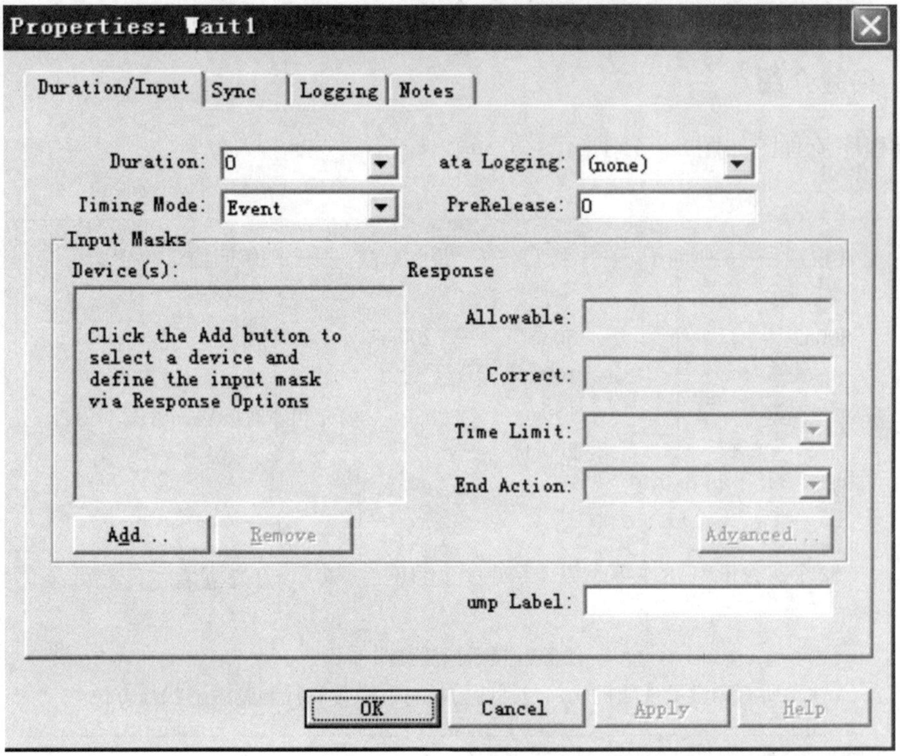

图 8－40　Wait 控件属性

本实验设计如图 8－38 所示，由“StartFlash”对象点击鼠标开始，接着呈现界面“EndFlash”，告诉被试“Click the mouse at any time to terminate”（点击鼠标结束时实验），同时呈现 Flash 对象产生的三种颜色变换闪现的“＊”号刺激。被试看到刺激后，点击鼠标实验即结束。

第八节　复杂实验设计技术

【技术导航】

1. 理解程序设计复杂的典型实验。
2. 掌握刺激在屏幕中位置变化的设计技术。
3. 掌握填充材料与实验材料不同设计的设计方法。
4. 掌握多种随机搭配的实验设计技术。

本节我们以第七章第三节在“设计实践”中提到的供大家思考的“视听混合任务实验”的复杂实验设计为例，讲述以下三种实验设计技术：一是刺激在屏幕中的位置变化设计技术；二是填充材料与实验材料的不同设计技术；三是多种随机的搭配实验设计技术。

一、实验介绍

实验程序流程图如图 8－41 所示。

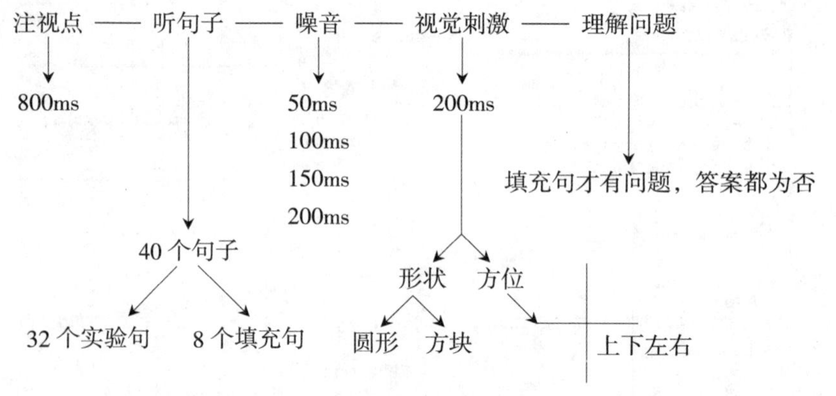

任务：判断视觉刺激形状

注：所有刺激呈现随机化，包括听力材料、噪音和视觉刺激形状与方位。

图 8－41　视听混合任务实验示意图

800ms 的注视点消失之后，被试会听到随机呈现的 40 个句子（其中 32 个实验句、8 个填充句），句子听完后，马上呈现音长为 50ms、100ms、150ms 和 200ms 四种长度的噪音中的随机一个，噪音呈现完毕后屏幕呈现一个 200ms 的视觉刺激。视觉刺激有圆形块和方形块两种，每次随机选一种，视觉刺激在屏幕中的位置为屏幕正中央的上、下、左、右四个位置随机呈现，如果是圆形块要求被试按“F”键进行反应，如果是方形块按“J”键进行反应。视觉刺激呈现完毕后，如果是填充句则再进行听力理解，如果句子正确按“V”键，句子错误按“N”键。如果是实验句则跳过听力理解。

二、实验设计

设计好的实验程序如图 8－42 所示：

1. 随机搭配的实现

在前面的实验介绍中，我们知道实验有四种随机要求，分别是 40 个语音句随机呈现、4 种噪音刺激随机呈现、方形和圆形两种图片刺激随机呈现、图片刺激在屏幕中的位置随机呈现。这四种随机要求搭配在一起，就必须用第七章所讲的“相嵌模式”进行设计。相嵌模式要求必须有一个总的 List，本设计中 TrialList 为总 List，相嵌（Nested）了 40 个语音刺激句 soundList、噪音刺激 noiceList、图片刺激在屏幕中的位置 fangwei 和图片形状 xingzh 四个 List；同时，TrialList 中的过程输入了“[Procedure]”，表示是调用图中 soundList 中的“Procedure”字段，非实体核心实验过程，所以在程序结构中 Procedure 呈现出问号。

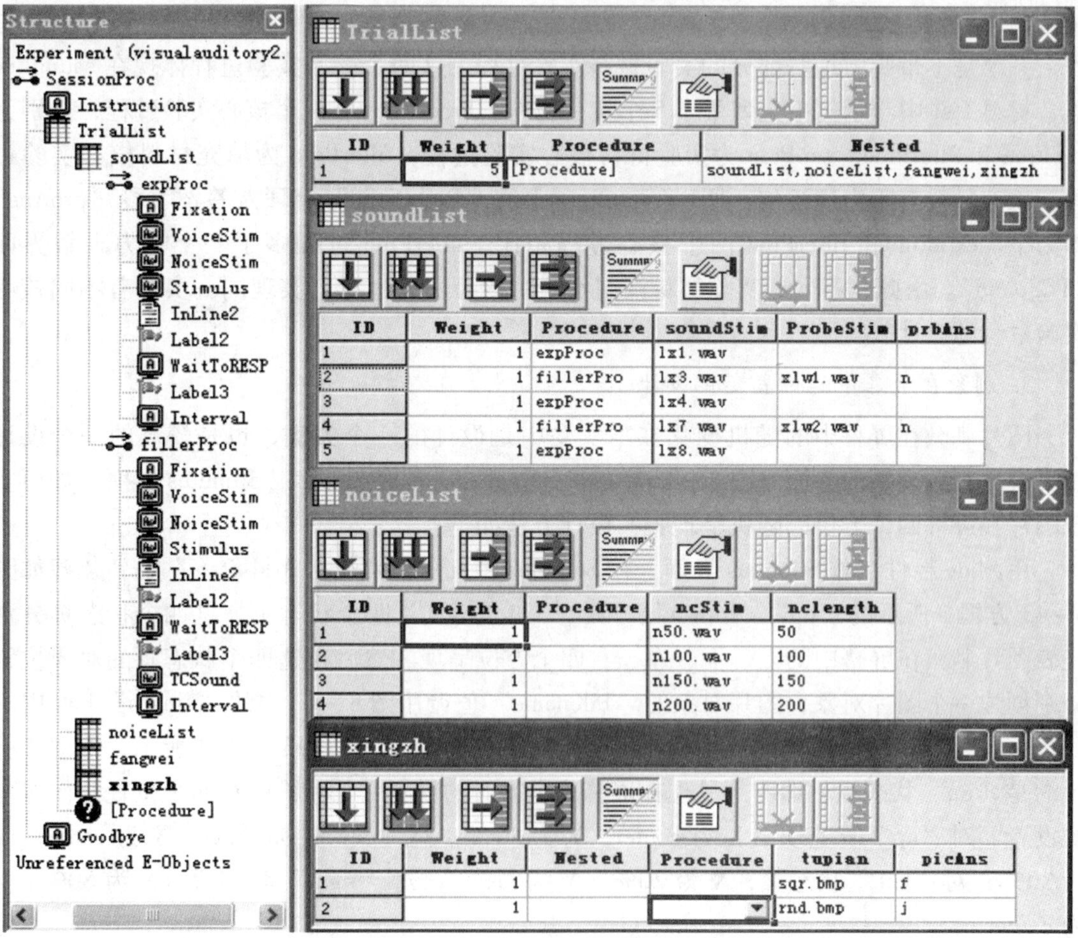

图 8－42　视听混合任务实验设计

2. 填充材料与实验材料的设计

在心理实验设计中，通常，实验材料中会混入一定数量的与实验材料无关但相类似的材料，以混淆实验材料的意图性或检测被试对实验的认真程度。这些材料就叫“填充材料”（filler）。尤其是当实验意图的外显性较强或较明显时，更需要在实验材料中添加填充材料。填充材料的数据一般不需要进行数据的统计分析。

在本实验中，填充材料所起的作用是检测被试对实验的认真程度。因为本实验的填充材料要求进行听力理解，回答问题，以检测被试是否是随便答题还是根据题意进行答题。而实验材料则不需要进行听力理解。因此，实验材料和填充材料的设计不同，填充材料多一个听力理解部分。那么，该如何进行设计呢？

在前面的章节中，我们所举的实验设计的例子，都只有一个核心实验过程，即 List 中的“Procedure”字段中只有一个核心实验过程的名字。那么，对于这种同一实验有不同实验过程，即对于我们的实验来说有填充材料和实验材料两种不同的过程，List 中的“Procedure”字段中就必须创建两个核心实验过程，一个是带听力理解部分的填充材料实验过程，一个是不带听力理解部分的实验材料实验过程。这两个核心实验过程体现在 soundList 语音材料 List 中。示例中只列举了 5 个实验材料，Procedure 有两个核心实验过程，分别为 expProc 和 fillerProc。expProc 为实验材料核心实验过程，fillerProc 为填充材料核心实验过程。填充材料有听力理解句，所以 soundList 中的“ProbeStim”字段及答案字段“prbAns”不为空。expProc 和 fillerProc 两个核心过程相比，fillerProc 过程多了一个听力理解界面“TCSound”。由此，不同的实验材料调用不同的核心实验过程，实现同一实验有不同核心实验过程的设计。

3. 刺激在屏幕中的位置变化设计

图片刺激在屏幕中的随机变化在本实验中是设计的一个关键，也是较难的一个设计点。视觉刺激判断的界面为图 8－43 中的“Stimulus”界面。那么，Stimulus 界面该如何实现图片在屏幕四个方位的随机呈现呢？设计方法如下：

用 Slide 控件制作 Stimulus 界面。在 Stimulus 界面中，点击“Add State”按钮创建如图 8－43 方框 1 所示的“up”、“down”、“left”和“right”四个状态页。这四个状态页分别代表图片刺激在屏幕中的上、下、左、右四个方位呈现。然后在这四个状态页的对应位置分别创建一个图片对象，图片对象的“Filename”值调用图 8－42 中的“xingzh”List 中的“tupian”字段。图片对象的大小和在屏幕中的位置设置如图 8－43 方框 2 所示。方框 2 所示的是“up”状态页，即图片呈现在屏幕正上方时的设置：Size 属性对四个位置都作相同的设置。对“up”状态页，X 为 center，Y 为 20%；对“down”状态页，X 为 center，Y 为 80%；对“left”状态页，X 为 20%；Y 为 center，对“right”状态页，X 为 80%，Y 为 center。

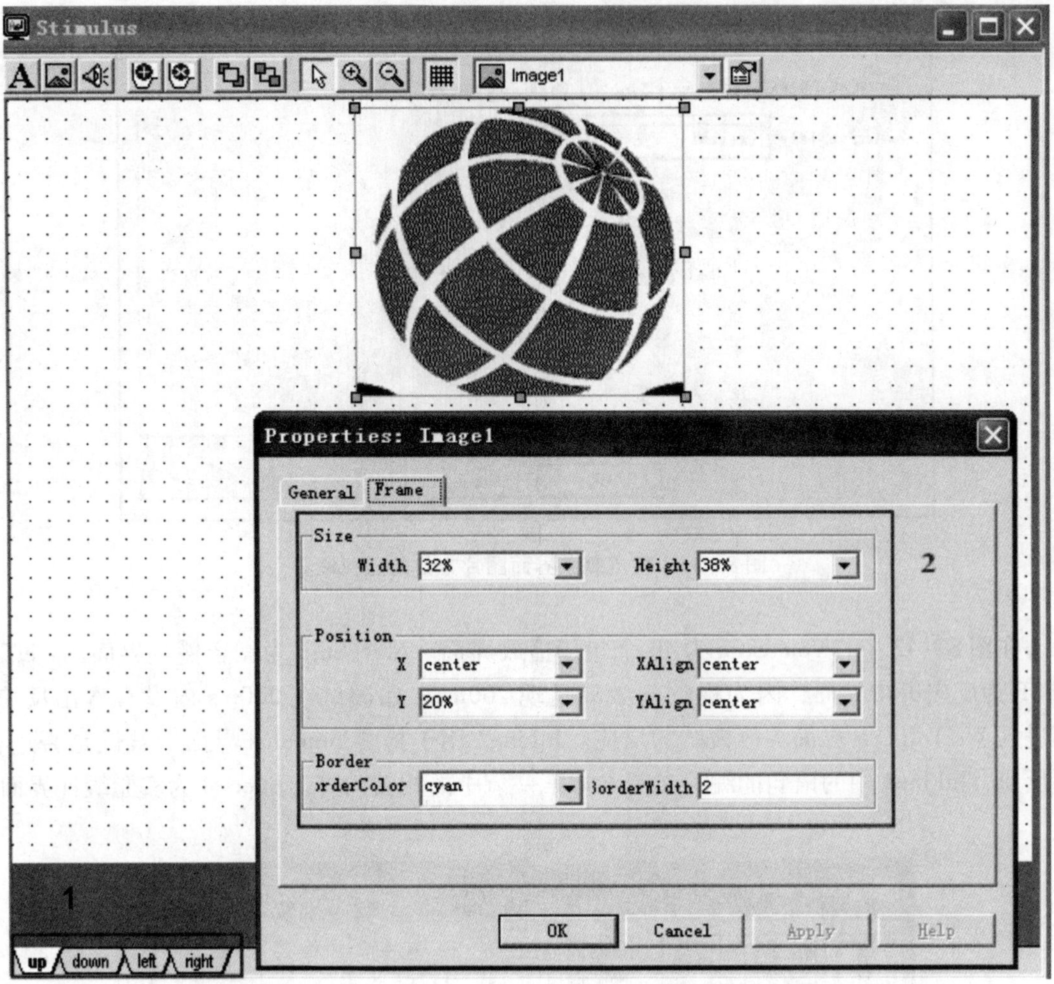

图 8-43　视觉刺激界面的制作与设置

呈现格式设置好后，如何实现随机呈现呢？即如何随机激活“up”、“down”、“left”和“right”四个状态页呢？这就需要设置 Stimulus 的一个属性，即 Stimulus 属性页中的“General”选项卡下的“ActiveState”属性，如图 8-44 所示。在“ActiveState”属性输入“[weizhi]”，调用图 8-45 所示的“fangwei” List 中的“weizhi”字段。通过“fangwei” List 的随机选取，达到随机激活“up”、“down”、“left”和“right”四个状态页的效果，即实现四个方位的随机呈现。

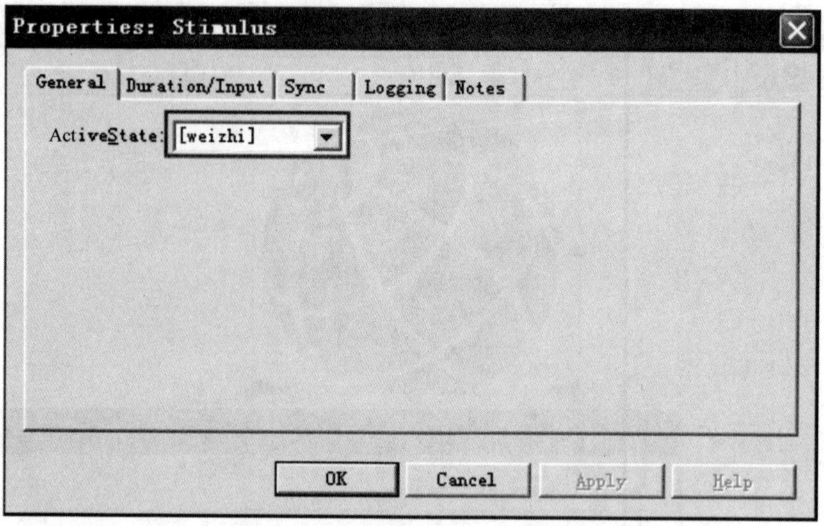

图 8-44　视觉刺激界面图片方位的随机设置

在图 8-42 中，VoiceStim 为 40 个句子播放界面。NoiceStim 为噪音播放界面。WeiToRESP 为反应等待界面，因为视觉刺激只呈现 200ms，如被试在 200ms 内没有作出反应，则进入 WeiToRESP 界面等待被试的反应。InLine2 用于检测 Stimulus 界面中被试是否进行了反应，InLine2 中的语句的编写参阅本章第一节中的相关内容。Interval 为实验缓冲界面。

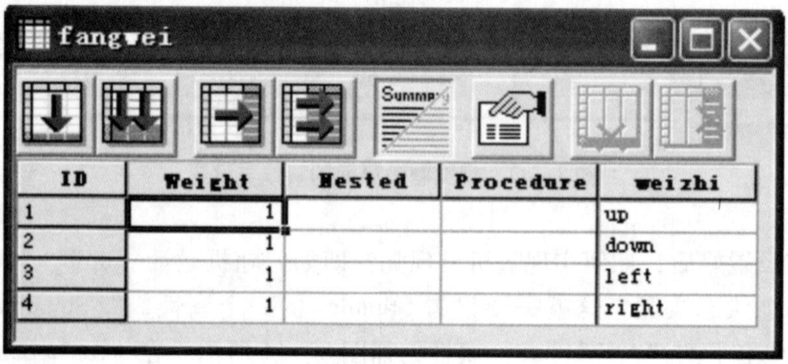

图 8-45　视觉刺激四个方位置于"fangwei" List

三、第二种设计方法

前面介绍了用一个 List 调用两个不同核心实验过程的方法实现填充材料和实验材料不同设计的实验程序设计。本实验也可以用第二种设计方法，即用一个核心实验过程解决填充材料和实验材料过程不同的设计，这需要借助一个 InLine 编程来检测当前运行的 Trial 是实验材料还是填充材料，如图 8-46 所示，可以实现同一个实验中两种材料不同的设计方法。

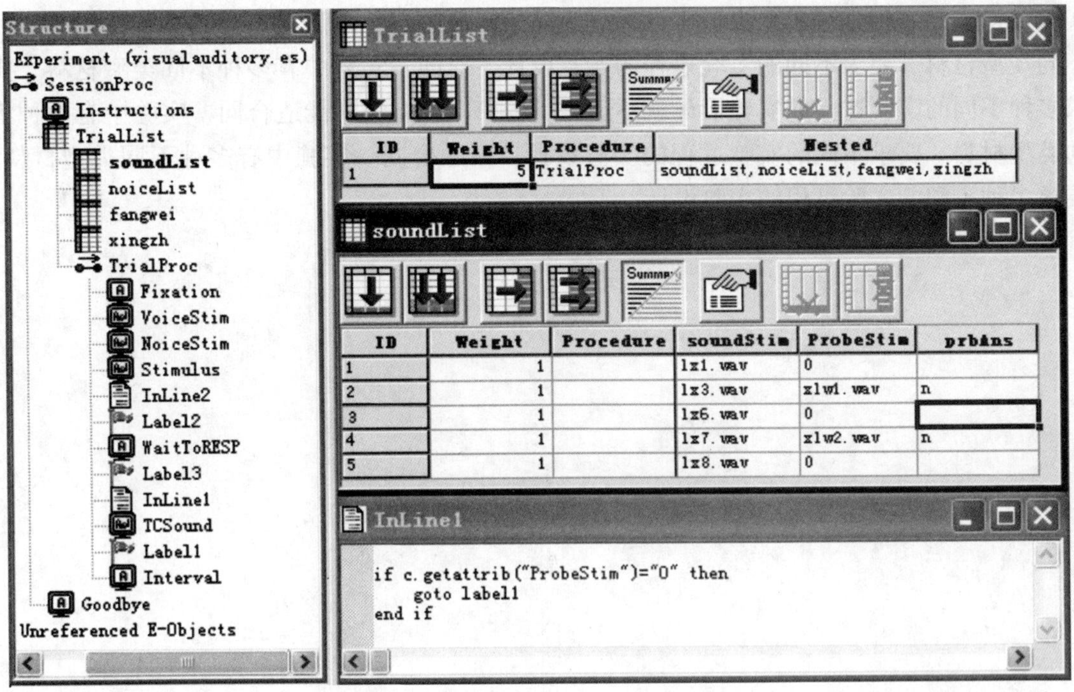

图 8 - 46　视听混合任务实验设计方法二

对比图 8 - 42，第二种设计方法只有一个核心实验过程 TrialProc，并且 TrialProc 与图 8 - 42 中的 fillerProc 相比，核心实验过程 TrialProc 只是多了一个 InLine1 和一个 Label1 对象。这个 InLine1 对象的作用就是用来检测当前运行的 Trial 是实验材料还是填充材料。InLine1 中的语句如图 8 - 46 右下部分所示。

在图 8 - 46 中，我们把语音刺激都放置在 soundList 中，"soundStim" 字段为 40 个语音文件（图中只列举了 5 个），"ProbeStim" 字段用来存放填充材料的听力理解句子，各行中该字段值为"0"的 Trial 表示的是实验材料，值不为"0"的 Trial 即表示填充材料。所以 InLine1 中的语句只要检测""ProbeStim"" 字段的值是否为"0"就可以判断该 Trial 是实验材料还是填充材料，即第一行判断语句"if c. getattrib("ProbeStim") = "0" then"，如果不是填充材料则"goto label1"，跳过听力理解界面 TCSound，进入实验缓冲界面 Interval；如果是填充材料，则进入听力理解界面 TCSound 进行听力理解并进行反应。

图 8 - 46 中，soundList 中的"Procedure"字段的值为空，与第一种方法不一样，第一种方法中该字段的值为填充材料和实验材料两个核心实验过程。同时，在总 List "TrialList"中，"Procedure"字段的值即为核心实验过程 TrialProc 的名字，而第一种方法中，其值非实体名字，是调用 soundList 中的"Procedure"字段。除了这些不同外，其余各界面的功能及其制作与第一种方法一致。

四、小结

上述两种方法都可以解决同一个实验中有两种不同类型材料、要求不同的实验过程的实验设计。第二种方法看上去似乎设计更为简单，但第二种方法只适合同一实验中有两种不同类型材料、要求不同的实验过程的实验设计，对同一实验中有多种不同类型材料、要求多种不同的实验过程的实验设计就不适合了。第一种方法既能适合同一实验中有两种不同类型材料、要求不同的实验过程的实验设计，又适合同一实验中有多种不同类型材料、要求多种不同的实验过程的实验设计。

参考文献

1. 张学民，舒华．实验心理学纲要．北京：北京师范大学出版社，2004

2. 郭秀艳，杨治良．实验心理学．北京：人民教育出版社，2007

3. 张侃，杜峰．序列呈现的刺激可以被并行加工：来自注意瞬脱研究的证据．心理学报，2004，36（4）：417～425

4. Sara Burgess. *E-Prime USER'S GUIDE*. U. S. A：Psychology Software Tools，Inc.，2002

5. Sara Burgess. *E-Prime Reference GUIDE*. U. S. A：Psychology Software Tools，Inc.，2002

6. 陈文锋，崔耀，张建新．心理实验系统 E-Prime 介绍及其应用．心理科学，2005，28（6）：1456～1458

7. 陈庆荣，单艳红，邓铸．E-Prime 实验系统及其在心理学中的应用．实验室研究与探索，2006，25（12）：1488～1491

8. 张一中．心理学实验教学及其发展趋势．实验室研究与探索，2002，21（2）：17～18

9. 曾祥炎．基于 E-Prime 实现“实验心理学”实验教学的新方法．实验技术与管理，2007，24（11）：89～91

10. 曾祥炎．心理实验的计算机化和实验生成系统的标准化．实验科学与技术，2008，31（6）：67～69

11. 曾祥炎．现代心理学研究技术发展与应用概况．中山大学学报论丛，2007，27（9）：206～210

11. [illegible]